"十三五"国家重点出版物出版规划项目
现代机械工程系列精品教材
新工科·普通高等教育机电类系列教材

现代机械制图

主　编　陶　冶　张洪军
副主编　樊　宁　王　静　何扬清
参　编　肖　露　关尚军　王永泉　吕小彪
　　　　王永彪　高辉松　姚春东

机械工业出版社

本书根据教育部高等学校工程图学课程教学指导分委员会制定的《普通高等院校工程图学课程教学基本要求》编写。

全书共9章，内容包括：制图基本知识、投影基础、立体的投影、组合体的投影、轴测图、机件的表达方法、标准件与常用件、零件图、装配图和附录。本书采用现行国家标准，理论知识系统严谨，所选例题由浅入深，循序渐进。书中安排有本章要点、思考题以及大量的动画资源，部分章节还安排了一些经典例题、国内外图学名人思想及图学发展史等内容。由高辉松、肖露主编的《现代机械制图习题集》与本书配套使用。

本书可作为高等院校机械类、近机械类等工科专业的工程制图教材，也可供其他类型学校的相关专业选用。

图书在版编目（CIP）数据

现代机械制图/陶冶，张洪军主编. —北京：机械工业出版社，2020.9
（2024.6重印）
新工科·普通高等教育机电类系列教材 "十三五"国家重点出版物出版规划项目 现代机械工程系列精品教材
ISBN 978-7-111-66650-9

Ⅰ.①现… Ⅱ.①陶… ②张… Ⅲ.①机械制图-高等学校-教材
Ⅳ.①TH126

中国版本图书馆CIP数据核字（2020）第184214号

机械工业出版社（北京市百万庄大街22号 邮政编码100037）
策划编辑：蔡开颖 责任编辑：蔡开颖 段晓雅
责任校对：梁 静 封面设计：张 静
责任印制：单爱军
保定市中画美凯印刷有限公司印刷
2024年6月第1版第6次印刷
184mm×260mm·20.25印张·496千字
标准书号：ISBN 978-7-111-66650-9
定价：54.80元

电话服务 网络服务
客服电话：010-88361066 机 工 官 网：www.cmpbook.com
　　　　　010-88379833 机 工 官 博：weibo.com/cmp1952
　　　　　010-68326294 金 书 网：www.golden-book.com
封底无防伪标均为盗版 机工教育服务网：www.cmpedu.com

序

  机械图样是设计与制造中工程与产品信息的载体、表达和传递设计信息的主要媒介，在工程领域的技术与管理工作中发挥着重要作用。以图形表达为核心，以形象思维为主线，通过工程图样与形体建模培养学生工程设计与表达能力，是提高工程素质、增强创新意识的知识纽带与桥梁。

  该教材由"全国大学生先进成图技术与产品信息建模大赛"组委会秘书长陶冶教授担任主编，组织九所同类高校图学教师，根据教育部高等学校工程图学课程教学指导分委员会制定的《普通高等院校工程图学课程教学基本要求》，深入研讨图学教育的内涵及外延，结合多年来图学课程建设、教学改革的经验，以及先进成图技术与产品信息建模技术的发展编写而成。教材内容将传统与现代有机结合，既保持图样手工绘制方法，又突出虚拟现实技术的零部件模型展示。教材形式具有时代特色，对重点难点部分，可随时随地扫二维码反复研习；多方位将古今中外图学名人思想及图学发展史融入教材，探索课程思政；将先进成图大赛经典赛题编入教材，以期达到以赛促学、以赛促教、以赛促改的目的。

  愿该教材的出版能够为培养学生成为拥有更强的现代图学能力、工程素质及创新意识的新时代工程技术人才做出贡献。

        教育部高等学校工程图学课程教学指导分委员会副主任委员
        享受国务院特殊津贴专家，中国石油大学（华东）教授/博导

前言

  机械制图是高等院校工科各专业的一门重要的专业基础课。随着国家对高等教育本科教学的不断重视，高等教育、教学方法改革的不断深入，各高校的课程体系、教学内容和手段都有较大的改变。本书以科学性、先进性、系统性和实用性为目标，结合新时期高等院校机械制图课程教学大纲的基本要求编写而成。参加编写的人员都是长期在第一线从事教学工作且具有丰富教学经验的教师。

  教材编写除了注重在图学专业知识方面的阐述外，还特别注重培养学生的家国情怀。党的二十大报告指出："必须坚持科技是第一生产力、人才是第一资源、创新是第一动力，深入实施科教兴国战略、人才强国战略、创新驱动发展战略，开辟发展新领域新赛道，不断塑造发展新动能新优势。"在不断推进党的二十大精神进教材、进课堂、进头脑的同时，还要注重学生实践能力的培养，努力使理论与应用有机地结合起来。本书致力于培养学生的大国工匠精神、合作精神，提高学生的组织能力、沟通能力和创新能力；在内容的编排上，尽量覆盖主要的知识点，内容由浅入深，循序渐进，文字简洁，通俗易懂，结构紧凑，图文并茂，而且突出了实用性和先进性。本书先介绍机械制图的基本知识及应用，结合了"全国大学生先进成图技术与产品信息建模创新大赛"的试题（以例题号上标星号 * 表示），最后在零件图和装配图中总结和提高。本书采用了国家颁布的现行标准，充分体现了工程图学学科的发展。

  本书内容编排有以下特点：

  1) 实用性强。在零件设计过程中，充分考虑零件使用的材料、加工工艺、成形工艺等要素，确定零件的结构形状和表达方法。

  2) 可读性强。与本书配套的习题集中包含了大量经典题型，帮助学生深入掌握画图技能，提高画图速度。

  3) 适用范围广。本书可为机械类各专业学生的学习和相关设计提供帮助，还可帮助化工等近机械类专业的学生学习基础画法几何知识。

  4) 文化底蕴浓厚。本书增添了图学思想及其发展史，令学生在学习专业知识之余，通过对比国内外的设计思想，能更加了解机械制图的发展历程。

  5) 标准新。本书全部采用我国现行的技术制图与机械制图国家标准及与制图有关的其他标准。

6）创新性突出。本书配有大量免费的动画资源，学生可以多角度观察立体的凹外结构，有助于对知识的理解。用手机扫描书中的二维码，即可观看（建议在 WiFi 环境下）这些资源。书中还配有教学课件和一些三维模型文件（用图标表示），向授课教师免费提供，请需要者登录机械工业出版社教育服务网（www.cmpedu.com）下载。

本书由陶冶、张洪军担任主编并统稿，刘衍聪教授为本书作序。全书共 9 章，由华南农业大学的陶冶编写第 1 章，湖北工业大学的吕小彪编写第 2 章，三峡大学的肖露编写第 3 章，三峡大学的王静编写第 4 章，南京农业大学的何扬清、高辉松编写第 5 章，北华大学的关尚军编写第 6 章，湖北汽车学院的王永泉编写第 7 章，岭南师范学院的张洪军编写第 8 章，郑州轻工业大学的樊宁、王永彪编写第 9 章，燕山大学的姚春东编写附录。另外为本书编写工作提供帮助的有华南农业大学的李捷、文晟、罗菊川，岭南师范学院的吕莹、李杞超。感谢所有关心和帮助本书出版的人员。

由于编者水平有限，编写时间仓促，本书难免存在缺点和不足，欢迎读者指正。

编　者

目 录

序
前言
第1章 制图基本知识 ... 1
1.1 国家标准的基本要求 ... 1
1.2 绘图工具及其使用 ... 12
1.3 几何作图 ... 14
1.4 平面图形的尺寸和线段分析 ... 17
1.5 徒手作图 ... 20
思考题 ... 21

第2章 投影基础 ... 22
2.1 投影图的概念与分类 ... 22
2.2 正投影的基本性质 ... 23
2.3 点的投影 ... 26
2.4 直线的投影 ... 30
2.5 平面的投影 ... 42
2.6 换面法 ... 54
思考题 ... 60

第3章 立体的投影 ... 61
3.1 平面立体的投影 ... 61
3.2 曲面立体的投影 ... 66
3.3 平面与平面立体表面相交 ... 77
3.4 平面与回转体表面相交 ... 81
3.5 两回转体表面相交 ... 92
思考题 ... 101

第4章 组合体的投影 ... 102
4.1 组合体的形成 ... 102
4.2 组合体视图的画法 ... 109
4.3 读组合体的视图 ... 113
4.4 组合体的尺寸标注 ... 126
4.5 组合体构形设计基础 ... 134
思考题 ... 142

第5章 轴测图 ... 143
5.1 轴测图的基本知识 ... 143
5.2 正等轴测图的画法 ... 145
5.3 斜二轴测图 ... 150
5.4 轴测剖视图 ... 151
思考题 ... 153

第6章 机件的表达方法 ... 154
6.1 视图 ... 154
6.2 剖视图 ... 157
6.3 断面图 ... 166
6.4 局部放大图及常用简化画法 ... 169
6.5 表达方法的综合应用 ... 173
6.6 第三角投影简介 ... 175
思考题 ... 176

第7章 标准件与常用件 ... 177
7.1 螺纹 ... 177
7.2 常用螺纹紧固件的规定标记及其连接画法 ... 184
7.3 键和销 ... 189
7.4 齿轮 ... 192
7.5 滚动轴承 ... 201
7.6 弹簧 ... 207
思考题 ... 210

第8章 零件图 ... 211
8.1 零件图的内容 ... 212

8.2 零件图的视图选择 …………… 213
8.3 零件图的尺寸标注 …………… 216
8.4 零件结构的工艺性 …………… 219
8.5 零件图的技术要求 …………… 222
8.6 零件测绘 ……………………… 238
8.7 读零件图 ……………………… 244
思考题 …………………………… 246

第9章 装配图 …………………… 247
9.1 装配图的作用和内容 ………… 247
9.2 装配图的表达方法 …………… 249
9.3 装配图中的尺寸 ……………… 253
9.4 装配图的零件序号和明细栏 … 253
9.5 装配图中的配合尺寸及技术要求 …… 255
9.6 常见的合理装配结构 ………… 256
9.7 画装配图的步骤 ……………… 257
9.8 读装配图及由装配图拆画零件图 … 265
9.9 装配示意图的画法 …………… 279
思考题 …………………………… 284

附录 ………………………………… 285
附录A 螺纹 ……………………… 285
附录B 常用标准件 ……………… 289
附录C 常用材料与热处理 ……… 301
附录D 常用标准结构 …………… 303
附录E 公差与配合 ……………… 305

参考文献 …………………………… 313

第 1 章

制图基本知识

> **本章要点**
>
> 本章主要介绍现行国家标准技术制图和机械制图中的图纸幅面及格式、比例、字体、图线、尺寸标注等部分内容，并介绍绘图工具及仪器使用、常用几何作图法等内容。

1.1 国家标准的基本要求

技术图样是设计和制造机械过程中的重要技术资料，是工程界的语言，国家标准对图样的画法、尺寸的标注等各方面作了统一的规定，每一个工程技术人员都应严格遵守国家标准的相关规定。

1.1.1 图纸幅面和格式

国家标准《技术制图 图纸幅面和格式》的标准号为 GB/T 14689—2008，贯彻该标准的目的是为了使图纸幅面和格式达到统一，便于图样的使用和管理。

1. 图纸幅面（GB/T 14689—2008）

绘制技术图样时应优先采用代号为 A0、A1、A2、A3、A4 的五种基本幅面，表示图幅大小的纸边界线用细实线绘制，基本幅面的尺寸见表 1-1。在五种基本幅面中，各相邻幅面的面积大小均相差一倍，如 A0 为 A1 幅面的两倍，以此类推。

表 1-1 基本幅面的代号及尺寸（第一选择） （单位：mm）

幅面代号	A0	A1	A2	A3	A4
$B×L$	841×1189	594×841	420×594	297×420	210×297

幅面尺寸中，B 表示短边，L 表示长边。对各种幅面的 B 和 L 均表示为一常数关系，即 $L=\sqrt{2}B$。必要时允许选用加长幅面，加长幅面的尺寸由基本幅面尺寸的短边成整倍数增加后得出，具体尺寸可参看国家标准规定。

2. 图框格式（GB/T 14689—2008）

图框格式有两种：一种是保留装订边的图纸，用于需要装订的图样，其图框格式如图 1-1

所示。

图框线用粗实线绘制，图框线与表示图幅大小的纸边界线之间的区域称为周边，各周边的具体尺寸与图纸幅面大小有关，见表 1-2。当图样需要装订时，一般采用 A3 幅面横装，A4 幅面竖装。

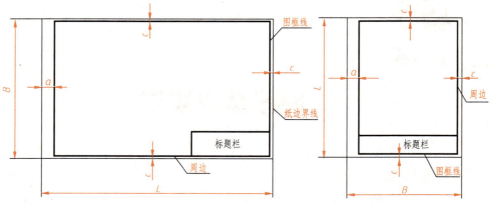

图 1-1　留有装订边的图框格式

表 1-2　周边尺寸

幅面代号	A0	A1	A2	A3	A4
$B×L$	841×1189	594×841	420×594	297×420	210×297
e	20			10	
c	10			5	
a	25				

另外一种是图纸不留装订边的图框格式，用于不需装订的图样，如图 1-2 所示。注意：同一产品的图样应采用同一种图框格式。

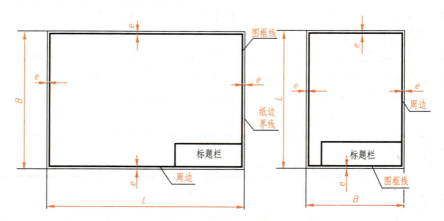

图 1-2　不留装订边的图框格式

在图框上和图纸周边上，还可按需画出附加符号，如对中符号、方向符号、剪切符号等，这些内容不详细介绍，需要时可查阅国家标准。

3. 标题栏及明细栏（GB/T 10609.1—2008）

（1）标题栏的格式 在每张技术图样上，均应画出标题栏，标题栏位于图纸的右下角，其外框线用粗实线绘出。标题栏的格式由 GB/T 10609.1—2008 规定，如图 1-3 所示，学校制图作业中使用的标题栏可以简化，建议采用如图 1-4 所示的格式。

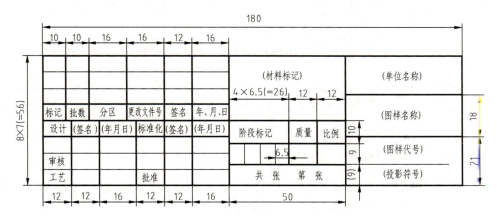

图 1-3 标题栏格式举例

（2）明细栏的格式 《技术制图 明细栏》的标准号为 GB/T 10609.2—2009。在装配图中，除了标题栏外，还必须具有明细栏。明细栏描述了组成装配体的各种零部件的数量、材料等信息。明细栏配置在标题栏上方，按自下而上的顺序填写，如图 1-4 所示。当空间不够时，可紧靠在标题栏的左侧自下而上延续。

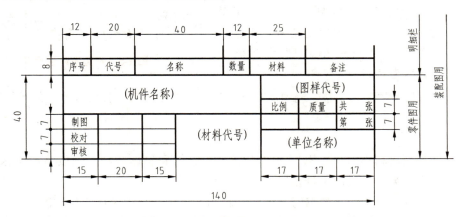

图 1-4 制图作业的标题栏格式

1.1.2 比例（GB/T 14690—1993）

国家标准规定：图中图形与其实物相应要素的线性尺寸之比称为比例。比值为 1 的比例称为原值比例，比值大于 1 的比例为放大比例，比值小于 1 的比例为缩小比例。《技术制图 比例》的标准号为 GB/T 14690—1993。

绘制技术图样时应优先在表 1-3 左半部规定的系列中选取适当的比例，必要时也允许选用此表右半部的比例。

表 1-3　标准比例系列

种　类	优先选用比例			允许选用比例				
原值比例	1∶1							
放大比例	5∶1　　2∶1　　　　　　 $5\times10^n∶1$　$2\times10^n∶1$　$1\times10^n∶1$			4∶1　　2.5∶1　　　　　　 $4\times10^n∶1$　$2.5\times10^n∶1$				
缩小比例	1∶2　　　　1∶5　　　　1∶10 $1∶2\times10^n$　$1∶5\times10^n$　$1∶1\times10^n$			1∶1.5　　　1∶2.5　　　1∶3　　　1∶4　　　1∶6 $1∶1.5\times10^n$　$1∶2.5\times10^n$　$1∶3\times10^n$　$1∶4\times10^n$　$1∶6\times10^n$				

注：n 为正整数。

图样不论放大或缩小，在标注尺寸时，应按机件的实际尺寸标注。在同一张图样上的各图形一般采用相同的比例绘制，并应在标题栏的"比例"一栏内填写比例，如"1∶1"或"1∶2"等。

1.1.3　字体（GB/T 14691—1993）

国家标准规定图样中书写的字体必须做到：字体工整、笔画清楚、间隔均匀、排列整齐。《技术制图　字体》的标准号为 GB/T 14691—1993。

各种字体的大小要选择适当。字体高度 h 的公称尺寸系列为：1.8mm，2.5mm，3.5mm，5mm，7mm，10mm，14mm，20mm 共八种。若需书写更大的字，则字体高度应按 $\sqrt{2}$ 的比率递增。在同一张图样上只允许采用同一种形式的字体。

1. 汉字

图样中的汉字应写成长仿宋字，并应采用国家正式公布的简化字。由于汉字的笔画较多，所以国家标准规定汉字的最小高度不应小于 3.5mm，其字宽约为字高的 0.7 倍。

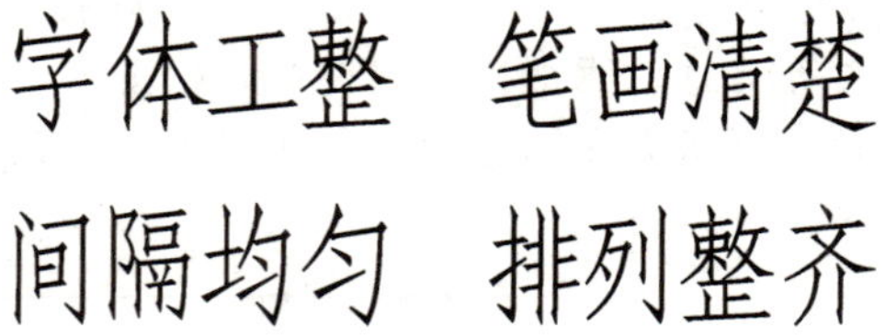

图 1-5　长仿宋体字示例

长仿宋体字具有"字体工整、笔画清楚"的特点，便于书写。长仿宋体字的示例如图 1-5 所示。

2. 拉丁字母

拉丁字母有大写和小写，在书写方法上又分为直体和斜体两种，一般情况下采用斜体字。其字形以直线为主，辅以少量弧线。

汉语拼音字母与拉丁字母的书写方法完全相同。拉丁字母的字体示例如图 1-6 所示。

a)

图 1-6　拉丁字母字体示例

a) 大写斜体

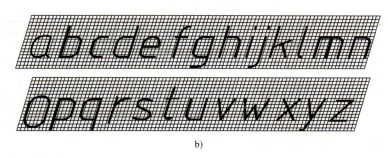

b)

图 1-6 拉丁字母字体示例（续）

b）小写斜体

3. 数字

在图样中标注尺寸数值，要用阿拉伯数字注写，要求其字形能明显区分，容易辨认。阿拉伯数字的示例，如图 1-7 所示。

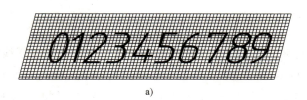

a)

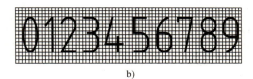

b)

图 1-7 阿拉伯数字字体示例

a）斜体阿拉伯数字　b）直体阿拉伯数字

在局部放大图的标注中，还可能要应用罗马数字，罗马数字的示例，如图 1-8 所示。

图 1-8 斜体罗马数字字体示例

1.1.4 图线及其画法

GB/T 17450—1998 和 GB/T 4457.4—2002 规定了图样中图线的线型、尺寸和画法。

1. 线型

国家标准 GB/T 17450—1998 中规定了 15 种基本线型，以及多种基本线型的变形和图线的组合。在表 1-4 中仅列出常用的四种基本线型、一种基本线型的变形——波浪线和一种图线组合——双折线。

表 1-4　常用的图线

代码 NO.	名称		线型	一般应用
01	实线	粗实线	———————	可见轮廓线
		细实线	———————	尺寸线、尺寸界线、剖面线、弯折线、螺纹牙底线、齿根线、引出线、辅助线、可见过渡线
02	细虚线		- - - - - - -	不可见轮廓线、不可见棱边线
04	点画线	细点画线	— · — · — · —	轴线、对称中心线、齿轮分度圆线
		粗点画线	— · — · — · —	限定范围表示线
05	细双点画线		— ·· — ·· — ·· —	相邻辅助零件的轮廓线、极限位置的轮廓线、轨迹线等
基本线型的变形	波浪线		～～～～～	断裂处边界线、视图与剖视图的分界线
图线的组合	双折线		⌐⌐⌐⌐⌐	断裂处边界线

2. 图线的画法

在同一图样中，同类图线的宽度应保持基本一致，所有线型的图线宽度应在下列数系中选择：0.13mm、0.18mm、0.25mm、0.35mm、0.5mm、0.7mm、1mm、1.4mm、2mm。优先采用0.5mm或者0.7mm。此数系的公比为$\sqrt{2}$（≈1.4）。在机械图样中采用粗细两种线宽，它们之间的比例为2∶1。

在绘制虚线和点（双点）画线时，其线素（点、画、长画和短间隔）的长度如图1-9所示。

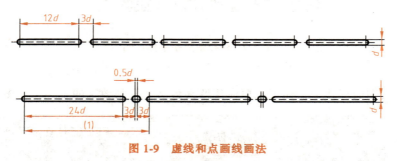

图 1-9　虚线和点画线画法

图 1-10 所示为图线的应用举例。

图线画法有如下要求：

1）在同一图样中，同类图线的宽度应基本一致。虚线、点画线、双点画线、双折线等的画长和间隔长度应各自大致相同，点画线与双点画线的首尾两端应是长画而不是点。

2）画圆的对称中心线（点画线）时，圆心应为长画的交点，不能以点或间隔相交，点画线两端应超出圆弧或相应图形轮廓3～5mm。若图形较小，不便于绘制点画线、双点画线时，可用细实线代替，如图1-11a所示。

3）当图线相交时，应是画线相交。但当虚线位于粗实线的延长线上时，在虚线和粗实线的分界点处，虚线应留出间隔。如图1-11b所示。

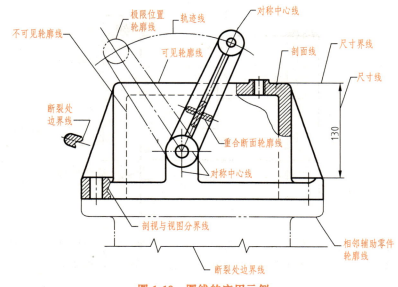

图 1-10 图线的应用示例

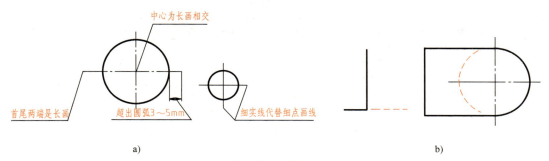

图 1-11 图线画法

1.1.5 尺寸标注

国家标准《机械制图 尺寸标注》的标准号为 GB/T 4458.4—2003，机件以图样上标注的尺寸数值作为制造和检验的依据，所以必须遵循国标规定的规则和方法。

1. 尺寸的组成

一组完整的尺寸由尺寸数字、尺寸线、尺寸界线、尺寸线的终端组成，如图 1-12 所示。其中尺寸数字按标准字体书写，且同一张图样上的字高要一致。尺寸线与尺寸界线用细实线绘制，尺寸线是独立的线，既不能由其他线代替，也不能与其他线重合。尺寸线的终端有两种形式：箭头和斜线。机械图多采用箭头，在位置不够时，允许用圆点或斜线代替箭头。

2. 基本规则

1）图样上标注的尺寸数值就是机件实际大小的数值。它与画图时采用的缩放比例无关，与画图的准确度也无关。

2）图样上的尺寸以 mm（毫米）为计量单位时，不需标注单位名称或代号。若应用其他计量单位时，必须注明计量单位的代号或名称。

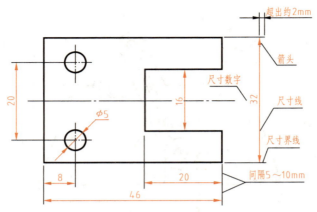

图 1-12　尺寸的组成

3）国家标准明确规定：图样上标注的尺寸是机件的最后完工尺寸，否则要另加说明。

4）机件的每个尺寸，一般只在反映该结构最清楚的图形上标注一次。

标注尺寸的基本规则和标注示例，具体见表 1-5。

表 1-5　尺寸标注示例

项目	说　　明	图　　例
尺寸数字	线性尺寸数字的方向应按图 a 所示的方式注写，并尽量避免在图中所示 30°范围内标注尺寸，无法避免时，可按图 b 所示的方式标注	a)　b)
	线性尺寸的数字一般应注写在尺寸线的上方，也允许将非水平方向尺寸数字水平注写在尺寸线的中断处	

(续)

项目	说　明	图　例
尺寸数字	尺寸数字不可被任何图线通过。不可避免时，需把图线断开	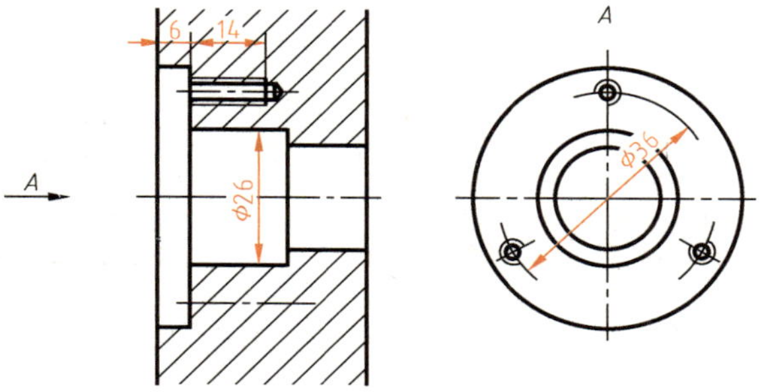
尺寸线	尺寸线以细实线画出，线性尺寸的尺寸线应平行于表示其长度（或距离）的线段	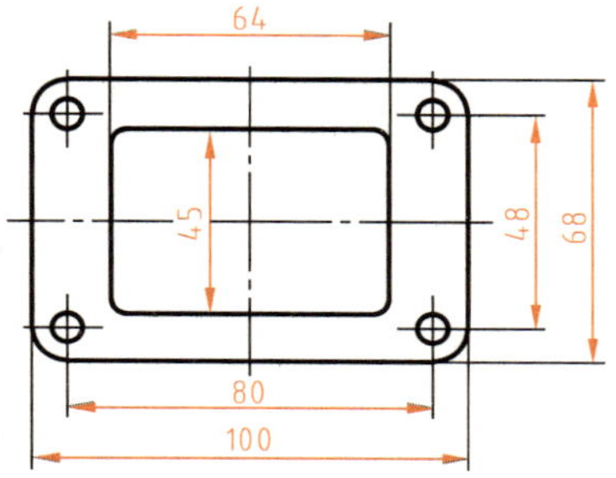
尺寸线	尺寸线是独立的线，既不能由其他线代替，也不能与其他线重合。图形的轮廓线、中心线或它们的延长线不能用作尺寸线	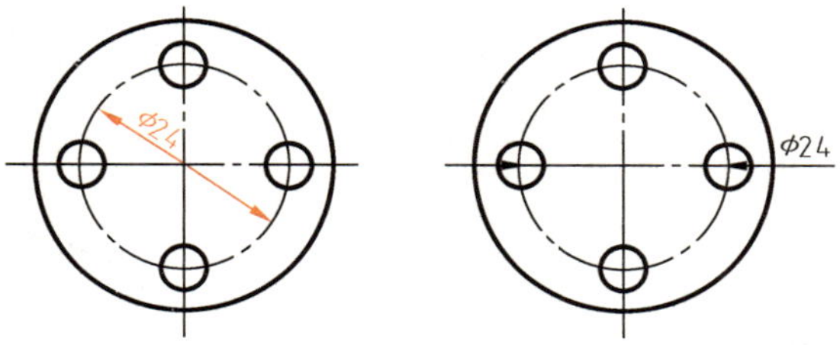
尺寸线	尺寸线的终端为箭头时，箭头的画法如图 a 所示。线性尺寸线的终端允许采用斜线，其画法如图 b 所示。当采用斜线时，尺寸线与尺寸界线必须垂直（图 c）。注意：当尺寸线和尺寸界线垂直时，同一张图样中只能采用一种终端形式	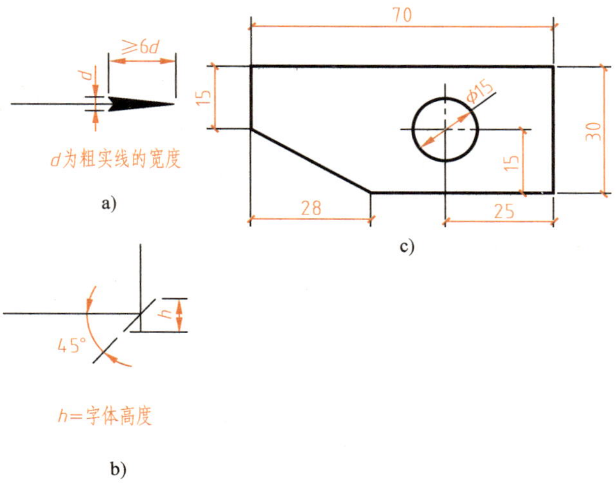

(续)

项目	说　明	图　例
尺寸界线	尺寸界线用细实线画出，一般应与尺寸线垂直。可利用轮廓线、轴线、对称中心线作为尺寸界线	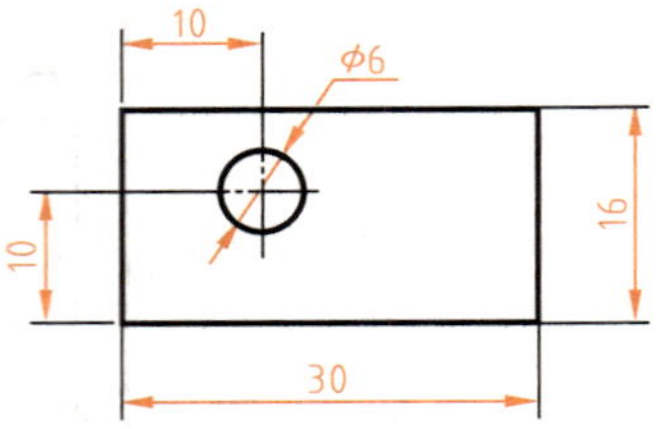
	当尺寸界线过于贴近轮廓线时，允许将其倾斜画出。在光滑过渡处，需用细实线将轮廓线延长，从其交点处引出尺寸界线	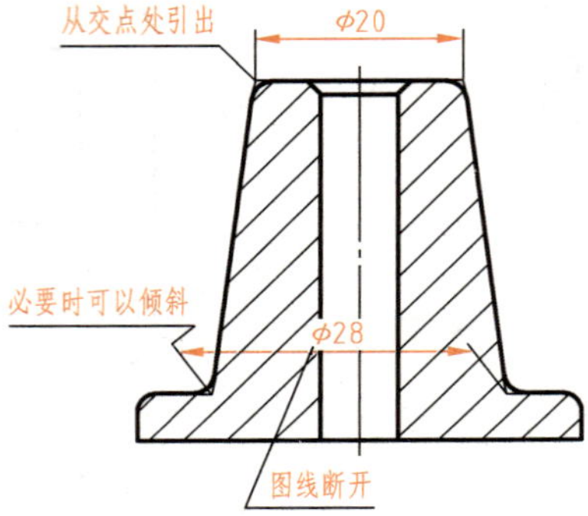
直径及半径尺寸注法	大于半圆的圆弧标直径，直径尺寸的数字之前应加注符号"ϕ"	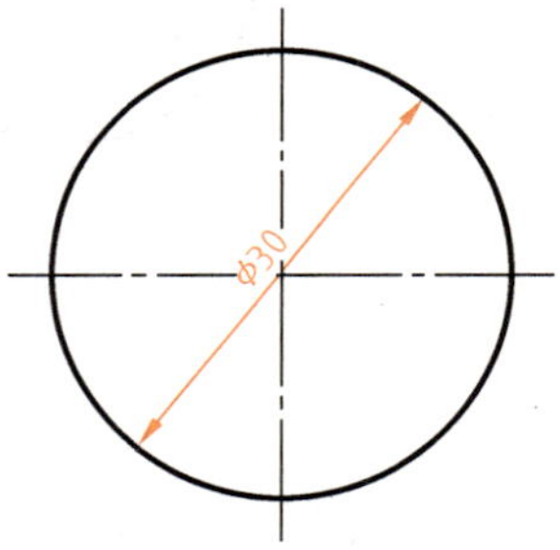
	小于半圆的圆弧标半径，半径尺寸的数字之前应加注符号"R"，其尺寸线应通过圆弧的中心	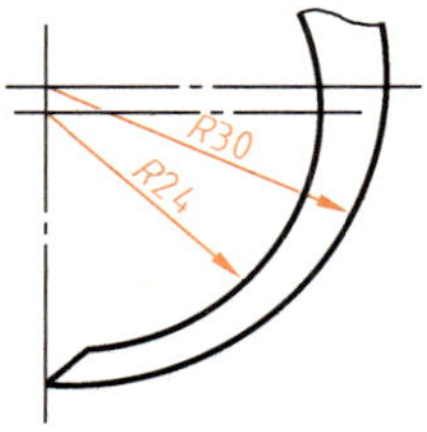

(续)

项目	说　　明	图　　例
直径及半径尺寸注法	半径尺寸应标注在投影为圆弧的视图上	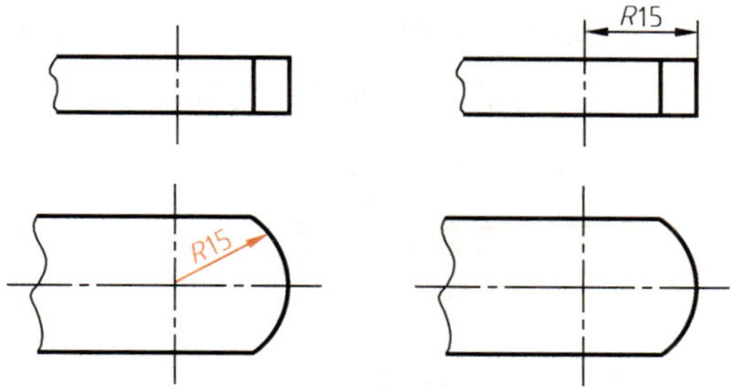 ![正确 错误]
	标注球面的直径和半径时,应在符号"φ"和"R"前再加注符号"S"(图a、b)。对于螺钉、铆钉的头部、轴(包括螺杆)及手柄的端部等,在不致引起误解时,可省略符号"S"(图c)	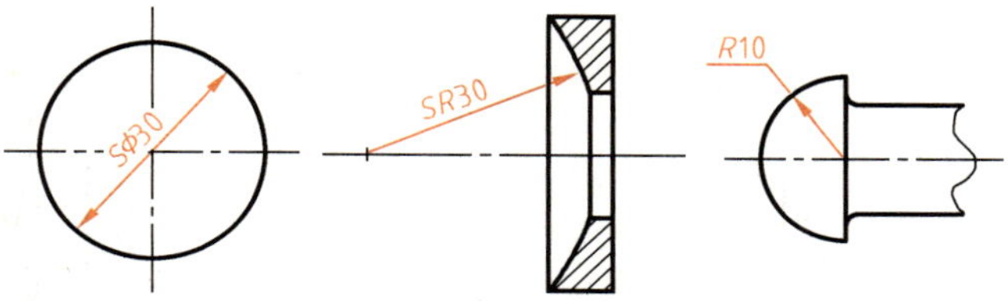 a) b) c)
角度尺寸的标注	(1)角度尺寸的尺寸界线应沿径向引出,尺寸线应画成圆弧,其圆心是该角的顶点,尺寸线的终端应画成箭头 (2)角度的数字一律写成水平方向,一般注写在尺寸线的中断处,必要时也可注写在尺寸线的上方或外面,狭小处可引出标注	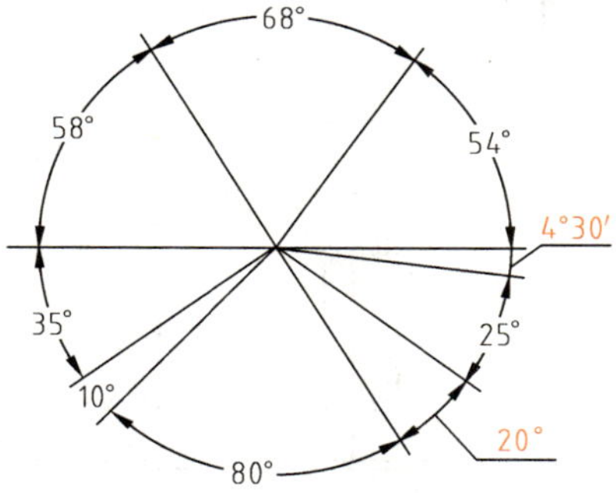
狭小部位的尺寸注法	当没有足够位置画箭头或注写数字时,其中一个可布置在图形外面,或者两者都布置在外面;在位置不够的情况下,尺寸线的终端允许用圆点或斜线代替箭头	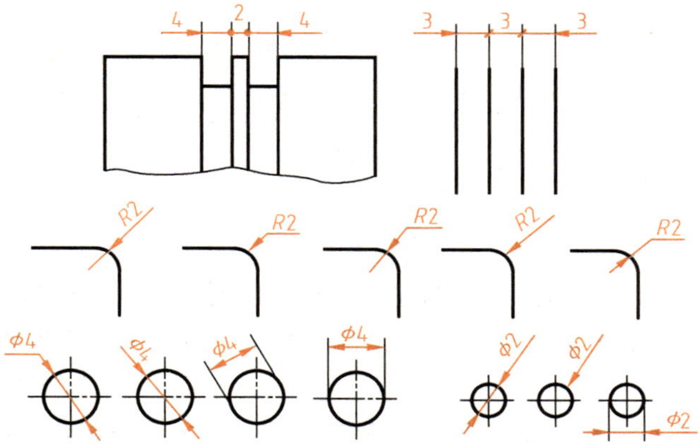

1.2 绘图工具及其使用

尺规绘图是手工绘制各类工程图样的基础，具备良好的尺规绘图能力，才有可能借助其他绘图手段和工具绘制高质量的工程图。常用的绘图工具有：图板、丁字尺、三角板、圆规、分规、曲线板等。

1.2.1 图板、丁字尺、三角板的用法

1. 图板

图板供铺放图纸用，它的表面须平整，左右两导边须平直。

2. 丁字尺和三角板

丁字尺常用来绘制水平线，与三角板联用时，可绘制垂直线和各种特殊角度的倾斜线，如图 1-13 所示。

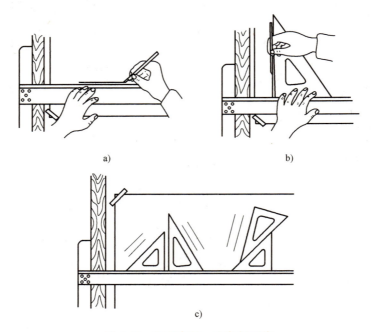

图 1-13 用丁字尺、三角板画线

a）绘制水平线　b）绘制垂直线　c）绘制与水平线成 15° 倍角的斜线

1.2.2 圆规、分规的用法

1. 圆规

圆规的用途是画圆。绘制较大直径的圆时，应调节圆规的针尖及铅芯尖各约垂直于纸面（图 1-14a）。画一般直径圆和大直径圆时，手持圆规的姿势如图 1-14b 所示。

2. 分规

分规的用途主要是移置尺寸（图 1-15a）和等分线段（图 1-15b）。

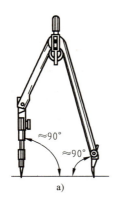
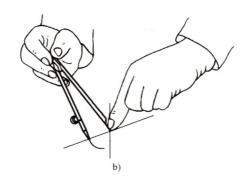

图 1-14 圆规的用法

图 1-15 分规的用法

1.2.3 曲线板的用法

曲线板是描绘非圆曲线的常用工具,其形状如图 1-16 所示。描绘曲线时,应先徒手将曲线上已求出各点轻轻地连接起来,然后在曲线板上选择与曲线吻合的一段描绘。每次描绘曲线段不得少于三点,连接时应留出一小段不描,作为下段连接时光滑过渡之用。

图 1-16 曲线板

1.2.4 铅笔

铅笔的软硬用字母 B 和 H 来表示,B 前的数字越大表示铅芯越软,H 前的数字越大表示铅芯越硬。一般常用 B 或 2B 的铅笔绘制粗实线,H 或 HB 的铅笔绘制细实线。铅笔的削法如图 1-17 所示,一般将 H、HB 型铅笔的铅芯削成锥形,用来画细线和写字;将 B、2B 型铅笔的铅芯削成楔形,用来画

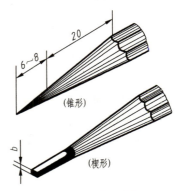

图 1-17 铅笔的削法

粗线。

1.3 几何作图

机件的轮廓形状是多样的,在绘制机件的图样时,经常遇到正多边形、圆弧连接以及其他一些曲线组成的平面几何图形。常用的作图方法介绍如下。

1.3.1 正多边形的作图

1. 作已知圆的内接正五边形

方法1（图1-18a）：

1）在已知圆（直径为 d）中取半径 OM 的中点 F。
2）以 F 为圆心，FA 为半径作弧与 ON 交于点 G。
3）以 A 为圆心，AG 为半径作弧与圆相交于点 B。AB 即为正五边形的边长（近似）。

方法2（图1-18b）：

1）以半径 OM 的中点 F 为圆心，$FO=d/4$ 为半径作圆 F。
2）以 K 为圆心作弧与圆心为 F 的圆相切，并与已知圆相交于 C、D 两点。CD 即为正五边形的边长（近似）。

2. 作已知圆的内接正六边形

方法：以已知圆直径的两端点 A、D 为圆心,以 AO、DO 为半径作弧,与圆相交于 B、F、C、E 四点, $ABCDEF$ 即为求作的正六边形,如图1-19所示。

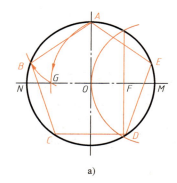
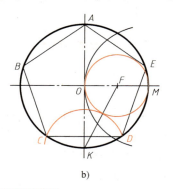

图1-18 正五边形的作法　　　　图1-19 正六边形的作法

1.3.2 斜度与锥度的作图

1. 斜度

斜度是指直线或平面相对另一直线或平面的倾斜程度,即两直线或平面间夹角的正切值,如图1-20a所示。通常在图样上都是将比例以 $1:n$ 的形式加以标注（图1-20b）,并在其前面加上斜度符号"∠"。斜度的符号的画法如图1-20c所示,斜度符号用粗实线画出,符号的方向应与斜度方向一致。

2. 锥度

锥度是指正圆锥的底圆直径与高度之比,如果是正圆锥台,则是底圆直径和顶圆直径的

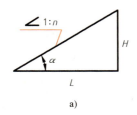 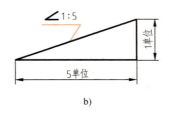

图 1-20 斜度的定义、标注样式及斜度的画法

差与高度之比（图 1-21），即：

$$锥度 = \frac{D}{L} = \frac{D-d}{l} = 2\tan\alpha$$

通常锥度也写成 1∶n 的形式而加以标注，并在 1∶n 前面写明锥度符号。锥度符号的画法及标注样式如图 1-22 所示，锥度符号的方向要与图形中的大、小端方向统一，且基准线须从图形符号中间穿过。图 1-23 所示为锥度的作图方法。

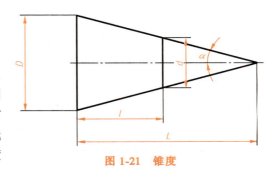

图 1-21 锥度

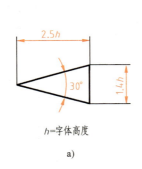 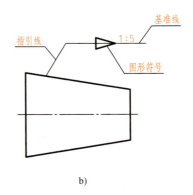

图 1-22 锥度符号的画法及标注样式
a) 锥度符号　b) 锥度标注示例

1) 先作锥度为 1∶5 的圆锥 sab；
2) 分别过点 A 和 B 作直线平行于 sa 和 sb。

1.3.3　圆弧连接的作图

圆弧连接在机械零件的外形轮廓中常常见到。圆弧连接一般是指用已知半径的圆弧将两个几何元素（点、直线、圆弧）光滑连接起来，这段已知半径的圆弧称为连接弧。圆弧连接作图的要点是根据已知条件，求出连接圆弧的圆心与切点，圆弧连接的作图方法及步骤见表 1-6。

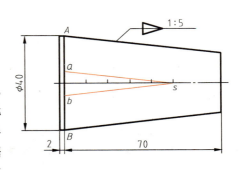

图 1-23 锥度的画法

表 1-6 圆弧连接作图示例

名称	作图方法和步骤		
相交直线的圆弧连接	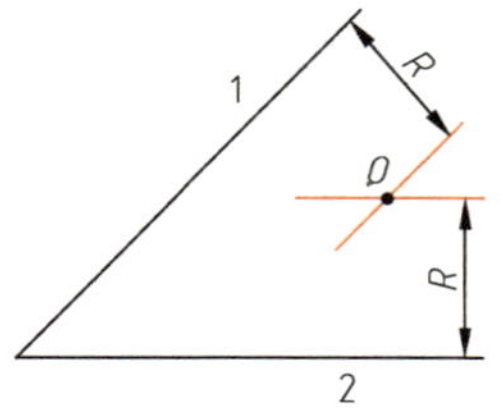 在已知两相交直线的内侧各作一平行线,与已知直线的距离为 R,则交点 O 为圆心	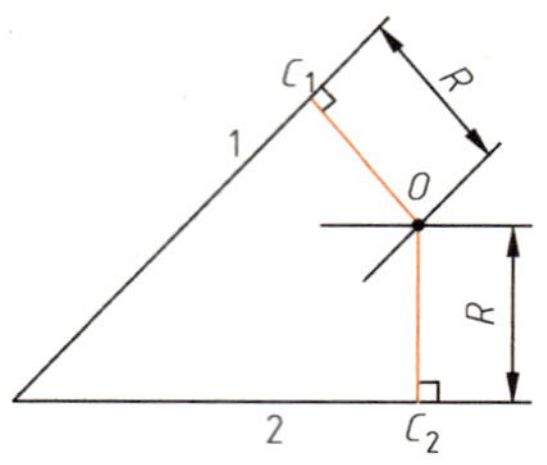 点 O 到两已知直线的垂足 C_1 及 C_2 为切点	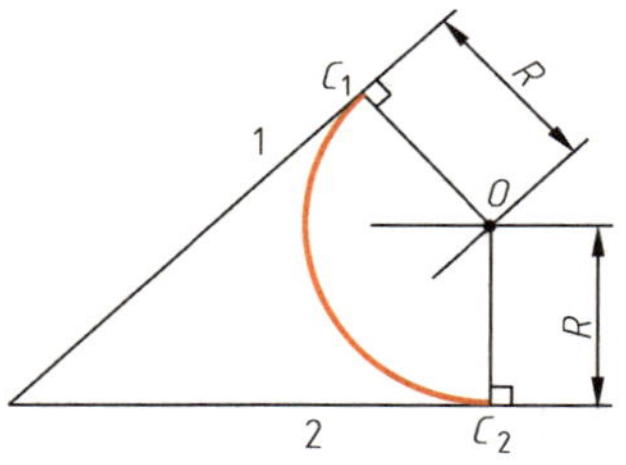 以 O 为圆心,R 为半径画圆弧,连接两直线于 C_1、C_2 两点,即完成作图
两圆的内连接圆弧	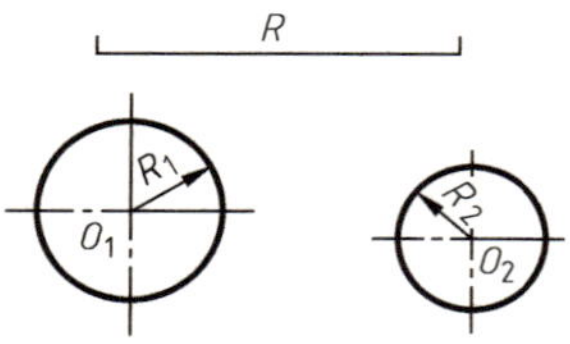 以已知的连接弧半径 R 画弧,与两圆内切	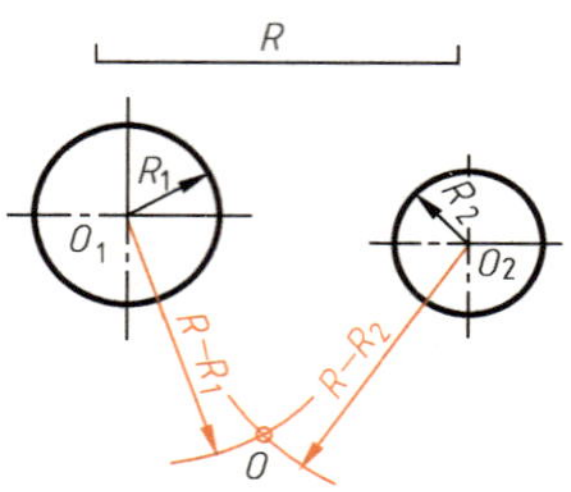 分别以 $(R-R_1)$、$(R-R_2)$ 为半径,O_1、O_2 为圆心,画圆弧交于 O 点	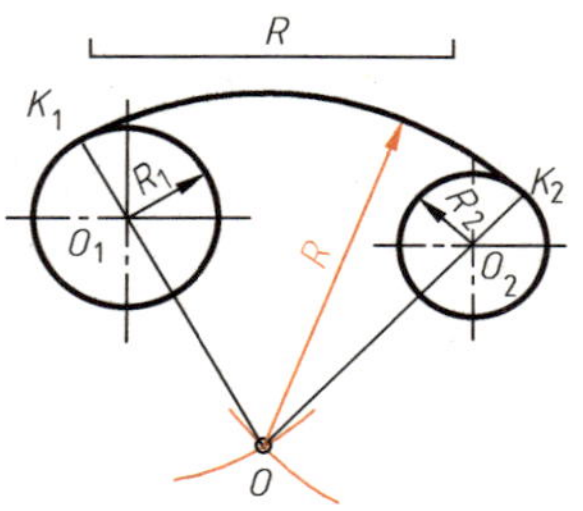 连接 OO_1、OO_2 并延长,分别交两圆于 K_1、K_2,以 O 为圆心,R 为半径画圆弧,连接两圆于 K_1、K_2,完成作图
两圆的外连接圆弧	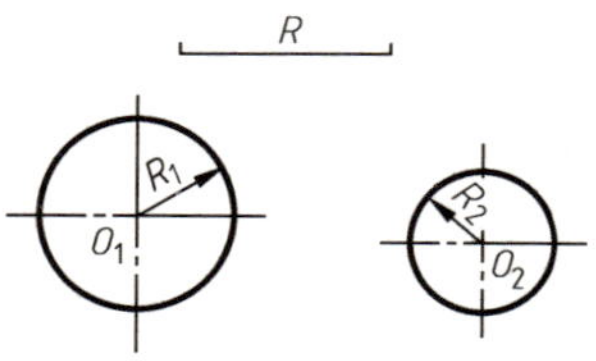 以已知的连接弧半径 R 画弧,与两圆外切	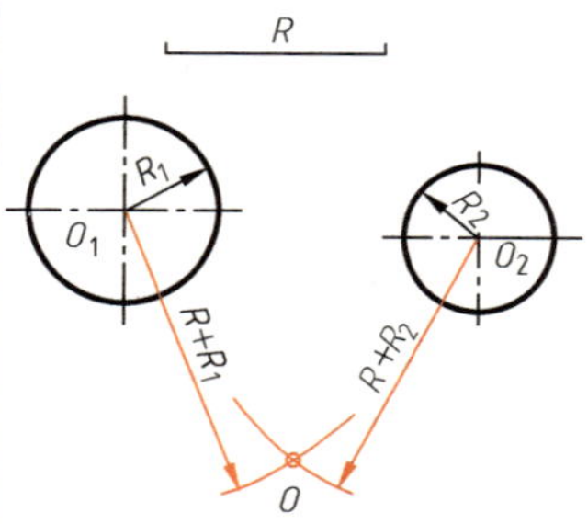 分别以 $(R+R_1)$、$(R+R_2)$ 为半径,O_1、O_2 为圆心,画圆弧交于 O 点	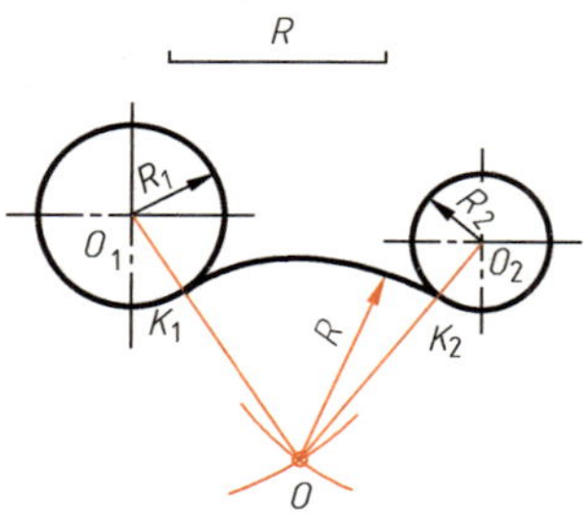 连接 OO_1、OO_2 分别交两圆于 K_1、K_2,以 O 为圆心,R 为半径画圆弧,连接两圆于 K_1、K_2,完成作图

1.3.4 椭圆的作图

绘图时,除了直线和圆弧外,还会遇到一些非圆曲线,如椭圆、双曲线、渐开线和阿基米德螺旋线等。下面介绍椭圆的两种常用作图方法。

1. 同心圆法

已知椭圆的长、短轴 AB、CD,用同心圆法作椭圆,如图 1-24 所示。

1）分别以长、短轴为直径作两同心圆。
2）过圆心 O 作等分射线，分别交大圆于Ⅰ、Ⅱ、Ⅲ、…各点，交小圆于1、2、3、…各点。
3）过Ⅰ、Ⅱ、Ⅲ、…各点引垂线，过1、2、3、…各点作水平线，分别相交于 M_1、M_2、M_3、…各点。
4）光滑地连接 C、M_1、M_2、B、M_3、…即完成椭圆的作图。

2. 四心扁圆法

已知椭圆长、短轴 AB、CD，用四心扁圆法作近似椭圆，如图1-25所示。

1）过 O 作长轴 AB 及短轴 CD。
2）连 A、C 两点。以 O 为圆心、OA 为半径作圆弧，交 OC 的延长线于点 E。
3）以点 C 为圆心、CE 为半径作圆弧与 AC 相交于 F。作出 AF 的垂直平分线（连心线），该垂直平分线与长轴交于点 O_3，与短轴交点 O_1。再以 O 为对称中心，定出 O_1、O_3 点的对称点 O_2 和 O_4。
4）以 O_1、O_2 为圆心，以 O_1C 为半径；再以 O_3、O_4 为圆心，以 O_3A 为半径，分别作出圆弧至连心线，即完成作图。

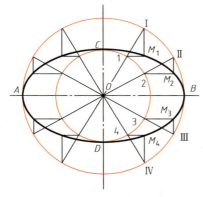

图1-24 同心圆法作椭圆

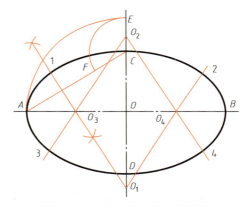

图1-25 四心扁圆法作近似椭圆

1.4 平面图形的尺寸和线段分析

平面图形是由一系列直线、圆弧、圆等基本元素通过一定方式组合构成的。绘制平面图形就是将其中的各条线段画出，这就需要由尺寸确定其大小和位置，从而明确平面图形如何识读和绘制。

1.4.1 平面图形的尺寸分析

用于确定尺寸起点位置所依据的点、线、面称为尺寸基准。在平面图形中，长度和宽度方向至少要有一个主要尺寸基准，还可能会有一个或多个辅助基准。通常选择图形的对称线、较大圆的中心线和主要轮廓线作为主要基准。

根据尺寸在图形中的作用分为定形尺寸和定位尺寸。

（1）定形尺寸　定形尺寸是指确定图形中各线段的形状和大小的尺寸。如图1-26所示，

圆的直径 φ13、φ19、φ30、φ5 和 φ9，以及圆弧半径 R8、R31、R4 和 R7 都是定形尺寸。

（2）定位尺寸　定位尺寸是指确定图形中各线段相对位置的尺寸。如图 1-26 所示，确定 φ5 和 φ9 圆心位置的尺寸 52，确定 R8 圆弧位置的尺寸 11，确定两处 R4 和 R7 圆弧位置的 R32、13°、82°都是定位尺寸。

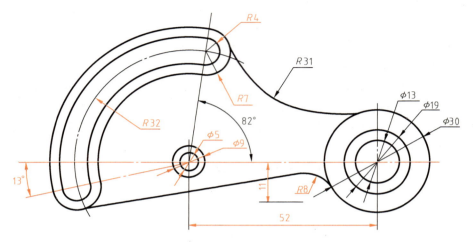

图 1-26　平面图形分析图例

1.4.2　平面图形的线段分析

平面图形中的线段，根据给定的尺寸，分为已知线段、中间线段和连接线段。

（1）已知线段　定形、定位尺寸齐全，可以直接绘制的线段称为已知线段。如图 1-26 中，直径为 φ13、φ19、φ30、φ5、φ9 的圆和两处半径为 R4、R7 的圆弧。

（2）中间线段　给出了定形尺寸和一个定位尺寸，另一个定位尺寸必须依靠与其他线段的关系画出的线段称为中间线段。如图 1-26 中半径为 R8 的圆弧，给定一个定位尺寸 11，其圆心位置还要根据与 φ30 圆相外切的关系来确定。

（3）连接线段　只给出定形尺寸，没有定位尺寸，需要依靠与另外两线段的位置关系才能画出的线段称为连接线段。如图 1-26 中半径为 R31 的圆弧。

1.4.3　平面图形的画图步骤

平面图形的画图步骤如下：

1）根据图形大小确定比例，选择图幅。

2）用胶带固定图纸。

3）绘制边框，布置图形。在图纸上采用细而轻的方法，画出一条横线和一条竖线，也就是两个方向的基准线，此时不分线型。

4）画底图。用较硬的 H 型铅笔绘制底图。先画已知线段，再画中间线段，最后画连接线段。

5）检查、加深线段。底图完成后要仔细检查，准确无误后，按不同线型加深图形。先细后粗，先曲后直，图线要求浓淡均匀。

6）标注尺寸，填写标题栏。标注平面图形时，要求做到正确、完整、清晰。正确是指标注尺寸要按照国家标准规定进行，数字准确；完整是指平面图形上的尺寸要注写齐全，且无多余标注；清晰是指尺寸的位置要安排在图形的明显处，便于识读图形。

平面图形尺寸标注的一般步骤如下：

① 选定基准。确定水平和垂直两个方向定位尺寸的起始位置，一般选择图形的对称线、较大圆的中心线和主要轮廓线作为主要基准，根据需要选择次要基准。

② 分解图形并标注。按照图形的组成分解成相对独立的图线，根据各图线的尺寸要求，对于已知线段，注出全部定形尺寸和定位尺寸；对于中间线段，只注写定形尺寸和一个定位尺寸；对于连接线段，只需注出定形尺寸。

③ 标注总体尺寸。根据需要确定平面图形的总长和总宽。

注意：图形中的交线和切线，不标注长度尺寸；不要标注成封闭尺寸；两端为圆或圆弧时，不标注总体尺寸。

下面以手柄为例，具体说明平面图形的绘制过程。

关于图幅的选择和图面的布局，由读者自行完成，在此，只简要讲述平面图形的绘制过程。

画平面图形的步骤如图 1-27 所示，可归纳如下：

1）画出基准线，并根据各个封闭图形的定位尺寸画出定位线（图 1-27a）。

2）画出各已知线段（图 1-27b）。

3）按尺寸及相切条件找出中间线段 $R50$ 的圆心及相切点，画两段 $R50$ 的中间线段（图 1-27c）。

4）加深描粗、标注尺寸（图 1-27d）。

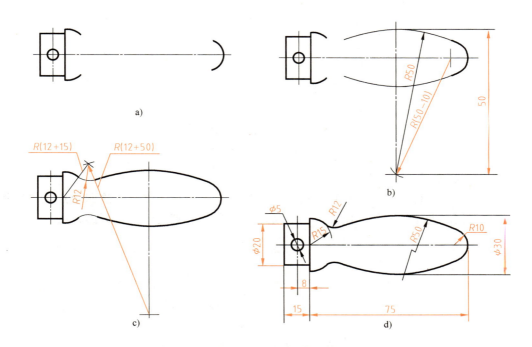

图 1-27 手柄的画图步骤

1.5 徒手作图

徒手图也称为草图，是指不借助绘图工具，通过目测物体的形状及大小，徒手绘制的图样。在零件测绘中，常常需要徒手目测绘制草图，因此工程技术人员应具备徒手绘图的能力。徒手图不是潦草的图，因此也要求：图线清晰、比例均匀、字体工整、表达无误。

1. 直线的画法

画直线时，眼睛要注意终点方向，用手腕靠着纸面，随着画线方向移动。画水平直线应自左向右，画垂直线时自上而下运笔，以保证直线画得平直、方向准确，如图 1-28 所示。

图 1-28 直线的徒手画法

2. 圆的画法

画圆时，首先定出圆心，然后过圆心画出两条相互垂直的中心线，在中心线上通过目测半径定出四个端点，过此四点即可画出小圆；画较大的圆时，可用类似方法定八点画出，如图 1-29 所示。

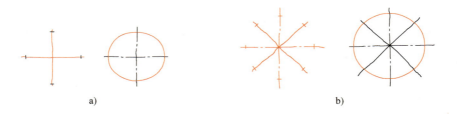

图 1-29 圆的徒手画法

a）小圆的画法　b）大圆的画法

3. 椭圆的画法

画椭圆时，先画椭圆的长、短轴，从而定出长、短轴端点，然后过这四个点画出矩形，最后徒手作椭圆与此矩形相切，图 1-30 所示是利用外接平行四边形画椭圆的方法。

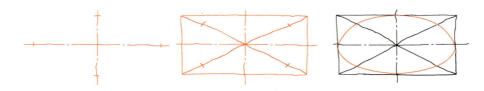

图 1-30 椭圆的徒手画法

第1章　制图基本知识

思 考 题

1-1　解释 GB/T 14691—1993 的含义？
1-2　图样上标注的尺寸应当是机件在什么阶段的尺寸？
1-3　非水平方向的尺寸，其数字可有哪几种标注方法？
1-4　尺寸线的终端用 45°细斜线时，需符合什么条件？
1-5　标题栏一般由哪些区组成？其格式和尺寸有何规定？
1-6　机械图样上应用的图线有哪几种？

第 2 章

投影基础

> **本章要点**
>
> 把空间形体表示在平面上,是以投影法为基础的。在日常生活中,光线照射物体,在地面或墙面上就会出现影子,这就是自然界的投影现象。投影法就是源自日常生活中光照物体投射成影这一物理现象。本章主要学习平行正投影的基本性质和点、线、面的投影表达。

2.1 投影图的概念与分类

2.1.1 投影图的概念

在日常生活中,光线照射物体,在地面或墙面上就会出现影子,这就是自然界的投影现象。投影法就是源自日常生活中光照物体投射成影这一物理现象。18 世纪末法国学者蒙日系统地总结了运用一定法则所绘制的平面图形与空间物体间相互关系的规律,从而建立了科学的画法几何,即正投影图的方法,这为正确地用平面图形表达空间物体提供了理论和方法。

把空间形体表示在平面上,是以投影法为基础的,用投影法作出的图形称为投影图。投影图的形成包含三个要素,即光线、物体、投影面,物体的投影随着三要素的变化而不同。例如,当室内一盏吊灯照射桌面时,在地面会形成投影,但投影并不能反映桌面的实际大小;如果灯的位置在桌面的正中上方,它与桌面的距离越远,则影子越接近桌面的实际大小。设想把灯移到无限远的高度,即光线相互平行,且垂直地面投射,这时影子的大小就和桌面大小相一致了。

2.1.2 投影图的分类

投射光线可以分为两类。一类是平行光线,如太阳光,由于太阳离地球很遥远,所以日光可以近似地看成平行光线。另一类是放射光线,如灯光。这种光线由一个中心点向各个方向投射,呈放射状。投影面是投影所在的平面,用投影法画出物体的图形称为投影图。工程中常用的投影图可分为两大类，即中心投影（图2-1）和平行投影（图2-2）。

1. 中心投影

如图2-1所示，点 S 称为投射中心，自投射中心 S 引出的射线称为投射线，如 SA，SB，SC；平面 H 称为投影面。投射线 SA、SB、SC 与平面 H 的交点 a、b、c 就是空间点 A、B、C 在投影面 H 上的中心投影，而 $\triangle abc$ 即为 $\triangle ABC$ 在 H 面上的中心投影。一般规定用大写字母表示空间的点，用小写字母表示相应空间点的投影。

由于与某平面不相平行的空间直线与该平面有唯一的交点，所以在投射中心 S 确定的情况下，空间的一个点在投影面 H 上只存在唯一的一个投影。

2. 平行投影

如果把中心投影法中的投影中心移至无穷远处，则各投射线相互平行，这种投影法就称为平行投影法。在平行投影中，用 S 表示投射方向，只要通过空间各点分别引与 S 平行的投射线（S 与投影面 H 不平行），就可以在投影面 H 上得到空间各点的投影。

根据投射方向 S 相对于投影面 H 的倾角不同，如图2-3所示，平行投影法又可以分为以下两种情况：

（1）正投影 当投射光线相互平行且垂直于投影面时形成的投影，称为正投影。在正投影的条件下，使物体的某个面平行于投影面，则该面的正投影反映物体的实际形状和大小。一般工程图样都选用正投影原理绘制。

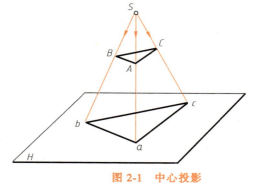

图2-1 中心投影

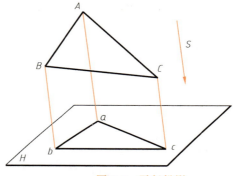

图2-2 平行投影

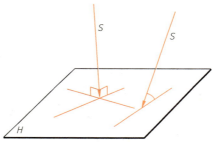

图2-3 正投影与斜投影

（2）斜投影 当投射光线相互平行且倾斜于投影面时，形成的投影，称为斜投影。

2.2 正投影的基本性质

2.2.1 正投影图的特性

投射光线垂直于投影面的平行投影法称为正投影法。根据正投影法绘制得出的图形，称为正投影图。正投影图的基本特征如下：

1. 平行性
空间平行的两直线，其在同一投影面上的投影一定相互平行。

2. 实形性
若直线和平面平行于投影面，则在该投影面上的投影反映直线的实长或平面的实形。

3. 从属性
若点在直线（或平面）上，则该点的投影一定在直线（或平面）的同面投影上。

4. 积聚性
若直线、平面垂直于投影面，则在该投影面上的直线的投影积聚成一点，而平面的投影积聚成一条直线。

5. 定比性
点分线段之比在投影后保持不变，空间平行的两线段长度之比在投影后不变。

6. 类似性
若平面倾斜于投影面，则在该投影面上平面的投影面积变小了，但投影的形状仍与原形状类似。

2.2.2 三面投影体系

1. 三面投影图的形成

设想空间中有三个相互垂直的投影面——正投影面 V、水平投影面 H、侧投影面 W。三个投影面的交线为三根相互垂直的轴，分别用 X 轴、Y 轴、Z 轴表示，三个投影轴的交点 O 称为原点，如图 2-4 所示。

如有一个物体在 V 面、H 面、W 面围合的空间内，由三组透视光线照射物体，则在 V、H、W 投影面上分别形成三个投影图。光线从前向后投射在 V 面，称为正面投影图；光线从上向下投射在 H 面，称为水平面投影图；光线从左向右投射在 W 面，称为侧面投影图。

由于物体是由一些表面围成的，所以投影主要是做出组成物体的各表面的投影。画图时应尽可能使物体的主要表面平行于投影面，其他表面垂直于投影面，如图 2-5a 所示。这样才能使一些表面的投影反映实形，同时由于其他表面的投影有积聚性，从而有助于读图和画图。

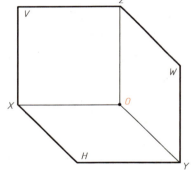

图 2-4 三面投影体系

实际工程制图时，需要把三个投影图画在同一个平面内，要将三个互相垂直的投影平面展开摊平为一个平面，即 V 面不动，H 面以 OX 为轴向下旋转 $90°$，W 面以 OZ 为轴向右旋转 $90°$，使它们与 V 面在同一个平面上，如图 2-5b 所示。这样，就得到了位于同一个平面上的三个正投影图，也就是物体的三面投影图，如图 2-5c 所示，这时 Y 轴分为两条，在 H 面上的记作 Y_H，在 W 面上的记作 Y_W。

在展开时，OY 轴被拆为两半，在 H 面上的记作 OY_H，在 W 面上的记作 OY_W。图 2-5c 所示为展开后得到的正投影图。因为在进行投影时，投影面的大小不加任何限制，所以不必

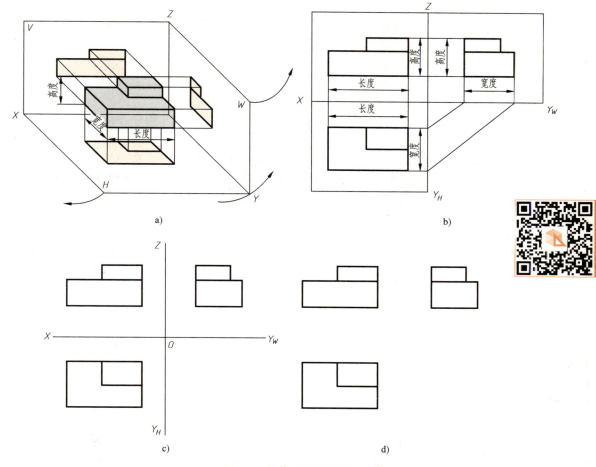

图 2-5 物体的正投影图

画出投影面的边框,图 2-5d 所示为取消投影轴后的情况。

2. 物体三个投影间的关系

三个投影是从物体的三个方向投影得到的,三个投影之间有密切的关系,主要表现在它们的度量和相互位置上的联系。

每个物体都有长、宽、高三个方向的尺寸,但每个投影只能反映两个方向的尺寸。如图 2-5 所示,V 面投影反映长度(X 方向尺寸)和高度(Z 方向尺寸);H 面投影反映长度和宽度(Y 方向尺寸);W 面投影反映高度和宽度。V 面投影和 H 面投影都反映同一物体的长度,因此它们的长度应相等;V 面投影和 W 面投影都反映物体的高度,它们的高度应相等;W 面投影和 H 面投影都反映物体的宽度,它们的宽度应相等(但要转过 90°去找相等关系)。

考虑到物体正投影图的形成过程,对它的三个投影之间的相对位置也是有要求的。综合起来,物体三个投影间的关系如下:

V、H 面两投影:长对正(X 坐标轴方向)。

V、W 面两投影:高平齐(Z 坐标轴方向)。

W、H 面两投影:宽相等(Y 坐标轴方向)。

2.3 点的投影

2.3.1 点的三面投影的形成

点的三面投影的作用是确定点的空间位置。如图 2-6a 所示，有一空间点 A，过点 A 分别向 V、H、W 三个投影面投影，得到点 A 的三个投影 a、a'、a''，分别称为点 A 的水平投影、正面投影和侧面投影。

空间点及其投影的标记规定为：空间点用大写字母表示，如 A、B、C。在 H 面上的投影用相应的小写字母表示，如 a、b、c，在 V 面上的投影用相应的小写字母加一撇表示，如 a'、b'、c'，在 W 面上的投影用相应的小写字母加两撇表示，如 a''、b''、c''。

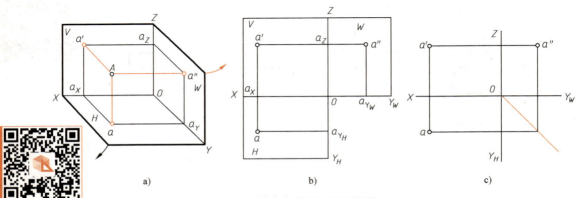

图 2-6 点的三面正投影

按照三面投影图形成的原理，在三面投影图中，从 O 点向右下方画出一条 45°斜线，可起到联系水平面投影和侧面投影的作用。已知点的任意两面投影，可求出其第三面投影。

例 2-1 已知点 A 的水平投影 a 和侧面投影 a''，求其正面投影 a'，如图 2-7 所示。

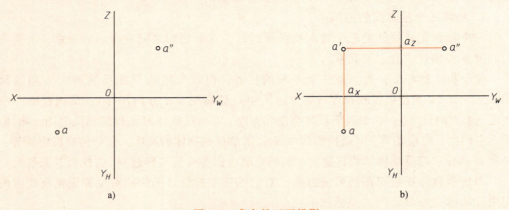

图 2-7 求点的正面投影

分析 由点的投影特性可知，点的正面投影与侧面投影的连线垂直于 OZ 轴，点的正面投影与水平投影的连线垂直于 OX 轴,故过 a 作 OX 轴的垂线与过 a'' 作 OZ 轴的垂线的交点,即为点 A 的正面投影 a'。

作图步骤

1) 过 a 作 OX 轴的垂线交 OX 于 a_x(a' 必在 aa_x 的延长线上)。

2) 过 a'' 作 OZ 轴的垂线交 OZ 于 a_z(a' 必在 $a''a_z$ 的延长线上),延长 $a''a_z$ 与 aa_x 的延长线相交,即得点 A 的正面投影 a'。

2.3.2 点的投影特性

1. 点的投影特性

如图 2-8 所示,可以得出点的三面投影具有下列特性:

点的正面投影与水平投影的连线垂直于 OX 轴,即 $a'a \perp OX$;点的正面投影与侧面投影的连线垂直于 OZ 轴,即 $a'a'' \perp OZ$。即点的投影连线与坐标轴垂直。

点的水平投影到 OX 轴的距离等于点的侧面投影到 OZ 轴的距离,即 $aa_x = a''a_z$ 等于点 A 到 V 面的距离。同理,$a'a_x = a''a_y$ 等于点 A 到 H 面的距离,$aa_y = a'a_z$ 等于点 A 到 W 面的距离。

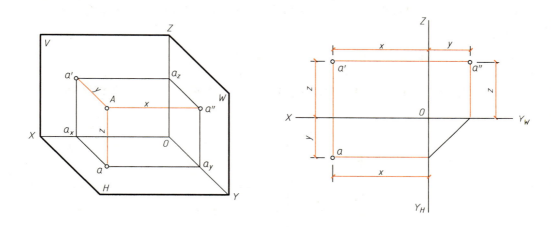

图 2-8 点的投影与坐标间的关系

2. 点的投影与坐标之间的关系

点的三面投影表明了点与各投影面的距离,从而也确定了点的空间位置。如果把三个投影面视为三个坐标面,那么 OX、OY、OZ 即为三个坐标轴,这样点到投影面的距离就可以用三个坐标值 x、y、z 来表示。反过来,若已知点在空间的三个坐标值 x、y、z,也一样可以求出该点的三面投影图(图 2-8)。

1) A 点到 W 面的距离 (Aa'') = A 点的 x 坐标 (Oa_x)。

2) A 点到 V 面的距离 (Aa') = A 点的 y 坐标 (Oa_y)。

3) A 点到 H 面的距离 (Aa) = A 点的 z 坐标 (Oa_z)。

例 2-2　如图 2-9a 所示，已知点 A 的正面投影和水平投影，求作侧面投影。

解

方法 1　如图 2-9b 所示。

过点 a' 作 OZ 轴的垂直线，在垂直线上取 $a_z a'' = a_x a$。

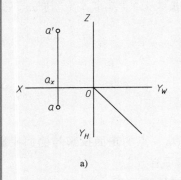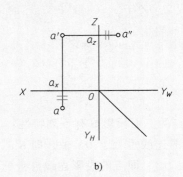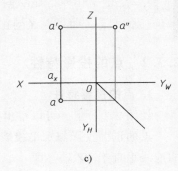

a)　　　　　　　　　b)　　　　　　　　　c)

图 2-9　求点 A 的投影

方法 2　如图 2-9c 所示。

1) 过点 a' 作 OZ 轴的垂直线。

2) 过点 a 作 OY_H 轴的垂直线，与 45°辅助斜线相交于一点，过此点向上作 OY_W 轴的垂直线。

3) 两条垂直线的交点（a''）即是点 A 的侧面投影。

例 2-3　已知点 A 的坐标为（20，10，15），求点 A 的三面投影，如图 2-10 所示。

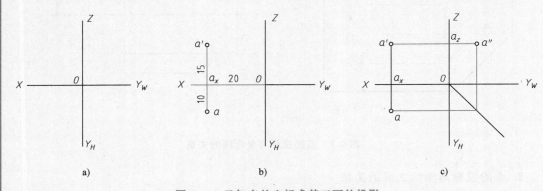

a)　　　　　　　　　b)　　　　　　　　　c)

图 2-10　已知点的坐标求其三面的投影

解　从点 A 的三个坐标可知，点 A 到 W 面的距离为 20，到 V 面的距离为 10，到 H 面的距离为 15。根据点的投影规律和点的投影与直角坐标的关系，即可求得点 A 的三个投影。

作图步骤

1) 作出投影轴，并标出相应符号名称。

2) 自原点 O 沿 OX 轴向左量取 $x = 20$，得出 a_x。

3）过 a_x 作 OX 轴的垂线，沿该垂线在 Y_H 轴方向上量取 10，得出点 A 的水平投影 a，由 a_x 向 Z 轴方向量取 15，即得点 A 的正面投影 a'。

4）过 a' 作 OZ 轴的垂线交 OZ 轴于 a_z，根据点的三面投影规律，得出点的 W 面投影 a''。

3. 特殊位置点的三面正投影图

（1）点在投影面上　点在投影面上时，点的一个投影就在原处，另外两个投影必在轴上。如图 2-11 所示，点 A 在 V 面上，a' 在点 A 原处，a 和 a'' 则分别在 OX、OZ 轴上。

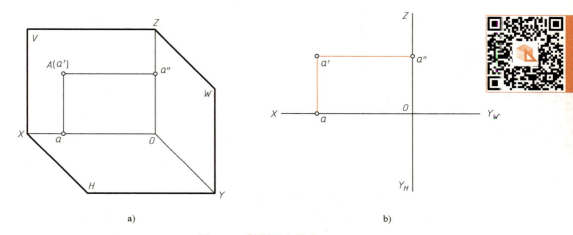

图 2-11　投影面上的点

（2）点在投影轴上　轴上的点必有两个投影在同一轴上，另一个投影在 O 点。如图 2-12 所示，点 B 在 OY 轴上，b 和 b'' 都在 OY 轴上，b' 在 O 点。若有一个点在 O 点，则它的三个投影将都在 O 点。

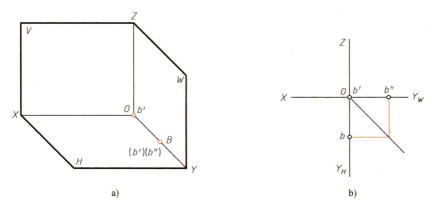

图 2-12　投影轴上的点

2.3.3　两点的相对位置和重影点

1. 两点的相对位置

空间点的相对位置，可以在三面投影中直接反映出来。如图 2-13 所示，三棱柱的 A、B

两点在 V 面上反映两点的上下、左右关系，H 面上反映两点的左右、前后关系，W 面上反映两点的上下、前后关系。

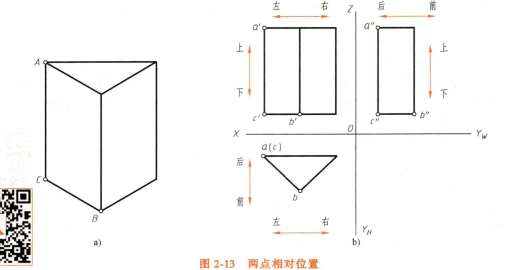

图 2-13　两点相对位置

2. 重影点

当空间两点在某一投影面上的投影重合时，这两点称为对该投影面的重影点。

如图 2-14 所示，A、B 两点在水平面的投影重合，所以它们是水平面的重影点。由于点 B 位于点 A 的上方，故点 B 水平投影遮挡了点 A 水平投影，即 a 不可见，图中不可见点表示时加上括号（a）。

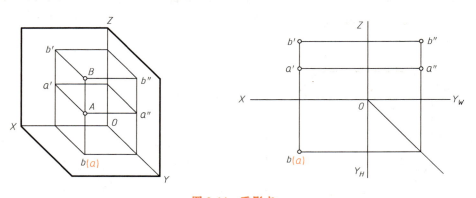

图 2-14　重影点

2.4　直线的投影

2.4.1　直线投影

两点确定一条直线，故直线的投影可通过直线上两点的投影确定。如图 2-15 所示，分别把 A，B 两点的同面投影用直线相连，则得到直线 AB 的同面投影。

因此，在作直线 AB 的投影时，只要分别做出 A、B 两点的三面投影 a、a'、a"和 b、b'、b"，再分别把两点在同一投影面上的投影连接起来，即得直线 AB 的三面投影 ab、a'b'、a"b"。

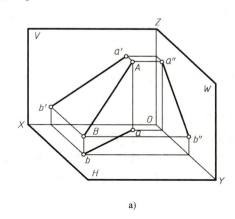
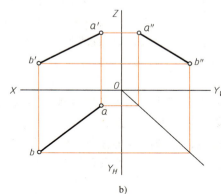

图 2-15 直线的正投影

由此可见，直线的投影在一般情况下仍为直线，在特殊情况下可积聚成一点。

2.4.2 各种位置直线投影

1. 一般位置直线

对各投影面均处于倾斜位置的直线称为一般位置直线。根据其上任意两点的相互位置关系可分为两种：

1）上行直线。直线上的两点靠近观察者的一点低于另一点时为上行直线。其投影特征是正面投影与水平投影同向，侧面投影向左倾斜，如图 2-16a 所示。

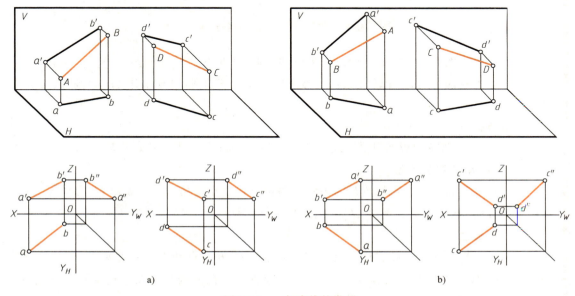

图 2-16 一般直线的类型
a）上行直线 b）下行直线

2)下行直线。直线上的两点靠近观察者的一点高于另一点时为下行直线。其投影特征是正面投影与水平投影反向,侧面投影向右倾斜,如图 2-16b 所示。

由于一般位置直线与各投影面都处于倾斜位置,与各投影面都有倾角,因此,线段的投影长度均短于线段实长。直线 AB 的各个投影与投影轴的夹角不能反映直线对各投影面的倾角。由此可见,一般位置直线具有下列投影特性:

1)直线的三个投影都为直线且均小于实长。

2)直线的三个投影均倾斜于投影轴,任何投影与投影轴的夹角都不能反映空间直线与投影面的倾角。

(1)一般位置直线求实长 一般位置线段的正投影均短于线段实长。如图 2-17a 所示,以线段在某一投影面上的投影为一直角边,以线段两端点到该投影面的距离差(即坐标差)为另一直角边,所构成直角三角形的斜边即为空间线段的实长。在正投影图中求作一般位置直线段的实长,就是利用线段的投影及线段端点的坐标差,共同构筑直角三角形的方法来求作。

例 2-4 已知 AB 线段的正面投影 $a'b'$ 与水平投影 ab,求 AB 线段实长。

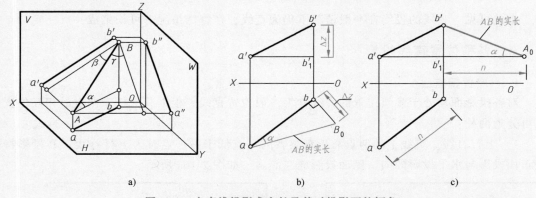

图 2-17 由直线投影求实长及其对投影面的倾角

解 在投影图中,AB 的水平投影 ab 已知,A、B 两点到 H 面的距离差,可由其正面投影求得,由此即可构筑出直角三角形 $\triangle abB_0$,直角三角形的直角边 aB_0 就是线段 AB 的实长(图 2-17b)。

作图步骤一

1)求 A、B 两点到 H 面距离之差:过 a' 作 OX 的平行线与 bb' 交于 b'_1,则 $b'b'_1$ 等于 A、B 两点到 H 面的距离差。

2)以 ab 为直角边,截取 $b'b'_1$ 为另一直角边,作直角三角形:过 b 作 ab 的垂线,在该垂线上截取 $bB_0 = b'b'_1$,连接 aB_0,则 $aB_0 = AB$ 实长。

作图步骤二

1)过 a' 作 OX 的平行线与 bb' 交于 b'_1,$b'b'_1$ 为 A、B 两点到 H 面的距离差。

2)在 $a'b'_1$ 的延长线上截取 $b'_1A_0 = ab = n$,则直角三角的两条直角边已完成,最后连接 $b'A_0$,则 $b'A_0 = AB$ 实长。

（2）一般位置直线对投影面的倾角　当用构筑直角三角形的方法求线段实长时，可同时得到线段对投影面的倾角。需要注意的是，求对某个投影面的倾角时，需要以在该投影面上的投影作为直角三角形的一条直角边，该直角边与斜边间的夹角就是直线对该投影面的倾角。

1）直线与水平投影面的夹角，称为水平倾角，用字母 α 表示。
2）直线与正投影面的夹角，称为正面倾角，用字母 β 表示。
3）直线与侧投影面的夹角，称为侧面倾角，用字母 γ 表示。

例 2-5　已知 AB 线段的正面投影 $a'b'$ 与水平投影 ab，如图 2-18 所示，求直线对 V 面的倾角 β 及 AB 线段实长。

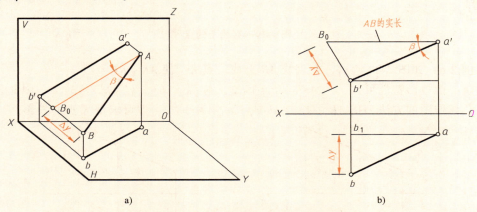

图 2-18　一般位置直线对 V 面的倾角和实长

解　因为题目中要求直线对 V 面的倾角，因此要以直线 AB 在 V 面的投影 $a'b'$ 作为直角三角形的一条直角边；在投影图中，AB 的正面投影 $a'b'$ 已知，B、A 两点到 V 面的距离差，可以通过其水平投影得出，则直角三角形可构筑完成；那么 $a'b'$ 与直角三角形斜边的夹角就是所求倾角 β，直角三角形斜边即为线段 AB 的实长。

作图步骤

1）求 B、A 两点到 V 面的距离差：过 a 作 OX 的平行线交 bb' 于 b_1，则 bb_1 等于 A、B 两点到 V 面的距离差。
2）以 $a'b'$ 为一直角边，另一直角边截取线段等于 bb_1，构筑出直角三角形 $B_0b'a'$，则 $a'b'$ 与三角形斜边 B_0a' 的夹角，即为直线 AB 对 V 面的倾角 β，$a'B_0$ 为直线 AB 的实长。

（3）直线上的点的投影特性　根据正投影的从属特性可知，一个点如果在直线上，则点的三面投影必定分别在该直线的同面投影上，并符合点的投影规律。如图 2-19 所示，直线 AB 上的点 C，其投影 c、c'、c'' 分别位于 ab、$a'b'$ 和 $a''b''$ 上，且 cc' 和 $c'c''$ 分别垂直于相应的投影轴。

由正投影的定比性可知，点分线段之比，投影后该比例保持不变。直线 AB 上的一点 C 把直线分为两段 AC、CB，则这两段线段之比等于其投影之比。因此，这两段投影之比也相等，即 $ac:cb = a'c':c'b' = a''c'':c''b'' = AC:CB$。

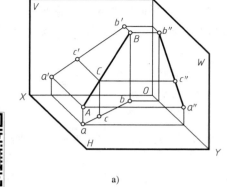
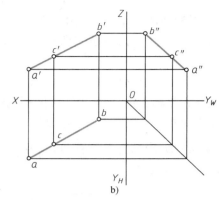

图 2-19 直线上的点

例 2-6 如图 2-20 所示，在直线 AB 上找一点 K，使 $AK:KB=3:2$。

解 由投影特性可知，若 $AK:KB=3:2$，则 $ak:kb=a'k':k'b'=3:2$。因此只要用平面几何作图的方法，把 AB 的投影 ab 或 $a'b'$ 分为 3:2，即可求得 K 点的投影。

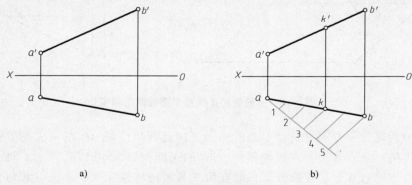

图 2-20 点分线段的定比性

作图步骤

1）过点 a 任作一直线，并从 a 起在该直线上任取五等份，得 1、2、3、4、5 五个分点；

2）连接 b、5 两点，再过分点 3 作 $b5$ 的平行线，与 ab 相交，即得出 K 点的水平投影 k；

3）过 k 作投影轴 OX 的垂线，与 $a'b'$ 相交，得点 K 的正面投影 k'。则 $ak:kb=a'k':k'b'=AK:KB=3:2$。

例 2-7 如图 2-21a 所示，判定点 M 是否在侧平线 AB 上。

解 由直线上点的投影特性可知，如果点 M 在直线 AB 上，则 $am:mb=a'm':m'b'=a''m'':m''b''$。判定有两种方法：用定比关系来确定点 M 是否在 AB 上，如果比例关系成立，则点 M 在 AB 上，反之则不在；通过做出 AB 和点 M 的 W 面投影，如果符合点在直线上的三面规律，则点 M 在直线 AB 上，反之则不在。

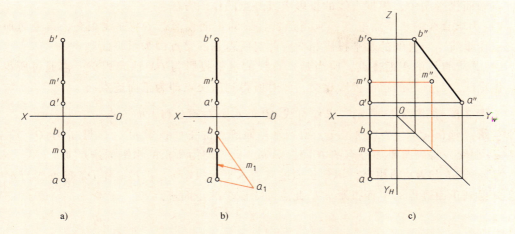

图 2-21 点是否在直线上的判定

判定方法一

1) 在水平投影上过 b 任作一直线,取 $ba_1 = b'a'$、$bm_1 = b'm'$,如图 2-21b 所示。

2) 连接 a_1、a,过 m_1 作 a_1a 的平行线,它与 ab 的交点不是 m,这说明 $am:mb \neq a'm':m'b'$。由此可判定点 M 不在直线 AB 上,而是与 AB 位于同一个侧平面内的点。

判定方法二

分别求出点 M 和直线 AB 的侧面投影 m'' 和 $a''b''$,如图 2-21c 所示。可以看出 m'' 不在 $a''b''$ 上,不符合点在直线上的投影规律,由此也可以判定点 M 不在直线 AB 上。

(4) 直线的迹点　一般位置线段延长,必定与投影面相交,此交点称为迹点。迹点是直线上的特殊点,迹点既在直线上,也在投影面上。当一般位置直线与 V 面相交时,得到的迹点称为正面迹点;与 H 面相交时,得到的迹点称为水平面迹点;与 W 面相交时,得到的迹点称为侧面迹点。迹点可由线段的投影图求得。

如图 2-22 所示,延长 AB 与 H 面相交,得水平面迹点 M;与 V 面相交,得正面迹点 N。因为迹点是直线和投影面的共同点,所以迹点的投影具有两重性:由于迹点是投影面上的点,根据特殊点的投影特征可知,迹点在该投影面上的投影必与它本身重合,而另一个投影必落在投影轴上;作为直线上的点,则它各个投影必落在该直线的同面投影上。

由此可知,正面迹点 N 的正面投影 n' 与迹点本身重合,而且落在 AB 的正面投影 $a'b'$ 上;其水平投影 n 则是 AB 的水平投影 ab 与 OX 轴的交点。同样,水平面迹点 M 的水平投影 m 与迹点本身重合,而且落在 AB 的水平投影 ab 上;其正面投影 m',则是 AB 的正面投影 $a'b'$ 与 OX 轴的交点。

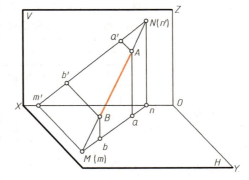

图 2-22 直线的迹点

在两面投影图中,根据直线的投影求其迹点的作图方法:

1) 为求直线的水平面迹点,应当延长直线的正面投影与 OX 轴线相交,再通过所得到的交点作垂线,与直线的水平投影相交,此时所得到的交点即为水平面迹点。

2) 为求直线的正面迹点,应当延长直线的水平投影与 OX 轴线相交,再通过所得到的交点作垂线,与直线的正面投影相交,此时所得到的交点即为正面迹点。

例 2-8　如图 2-23 所示,求作直线 AB 的水平面迹点和正面迹点。

解　延长 a'b' 与 OX 轴相交,得到水平面迹点的正面投影 m',再过 m' 作 OX 轴垂线与 ab 相交,得到水平面迹点的 H 面投影 m,此点即为所求的水平面迹点 M。

延长 ab 与 OX 轴相交,得到正面迹点的水平面投影 n,再过 n 作 OX 轴垂线与 a'b' 相交,得到正面迹点的 V 面投影 n',此点即为所求的正面迹点 N。

图 2-23　求作 AB 的水平面迹点和正面迹点

2. 特殊位置直线

特殊位置直线可分为两类:平行于某投影面或垂直于某投影面的直线。

(1) 投影面平行线　平行于任一投影面的直线为投影面平行线,按直线平行于 V、H、W 面,分别称作正平线、水平线、侧平线。投影面平行线投影的特征:在所平行的投影面上的投影反映实长,同时该投影与两轴的夹角就是直线与另外两投影面的倾角;其他两个投影都小于实长,并且平行相应的投影轴。投影面平行线的投影特性见表 2-1。

表 2-1　投影面平行线的投影特性

名称	立 体 图	投 影 图	投 影 特 性
正平线 CD∥V	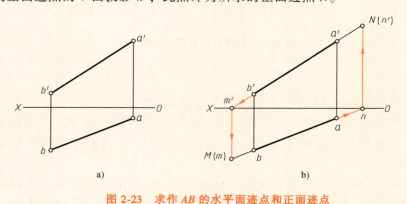		1. 正面投影 c'd' 反映实长,并反映倾角 α 和 γ 2. 水平投影 cd∥OX 轴,侧面投影 c"d"∥OZ 轴

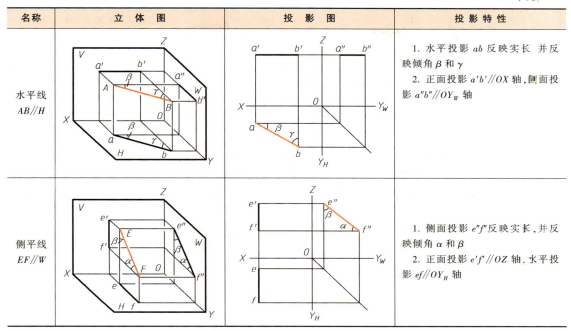

（2）投影面垂直线　同时平行于两投影面的直线必定垂直于第三投影面，此直线称为该投影面的垂直线。按直线垂直于 V、H、W 面，分别称作正垂线、铅垂线、侧垂线。投影面垂直线的投影特征：垂直线在所垂直的投影面上的投影积聚为一个点；在其他两投影面上的投影反映实长，且都平行于相应的投影轴。投影面垂直线的投影特性见表 2-2。

表 2-2　投影面垂直线的投影特性

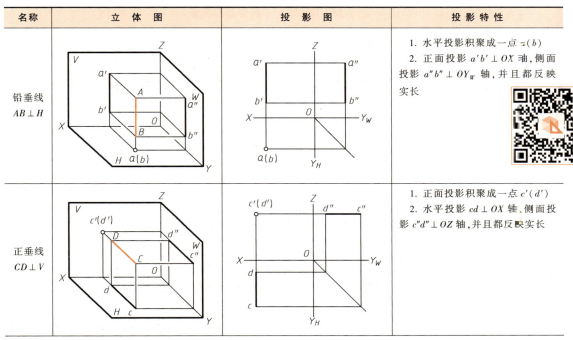

(续)

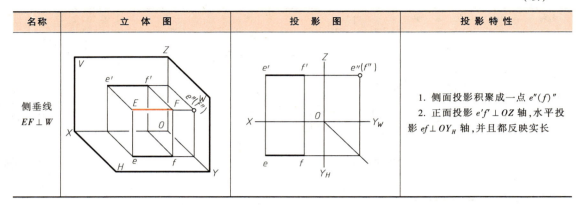

名称	立体图	投影图	投影特性
侧垂线 $EF \perp W$			1. 侧面投影积聚成一点 $e''(f)''$ 2. 正面投影 $e'f' \perp OZ$ 轴，水平投影 $ef \perp OY_H$ 轴，并且都反映实长

例 2-9 判断图 2-24 中直线 AB、BC 相对于投影面的位置。

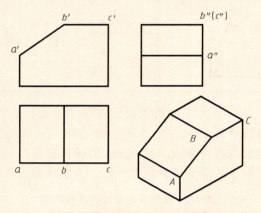

图 2-24 直线相对于投影面的位置

解
1）因为 AB 直线的正面投影 $a'b'$ 为实长，所以 AB 为正平线。
2）因为 BC 直线的正面投影 $b'c'$ 和水平投影 bc 为实长，侧面投影 $b''c''$ 积聚为一个点，所以 BC 为侧垂线。

2.4.3 两直线的相对位置

空间两直线的相对位置有三种：平行、相交和异面。

1. 两直线平行

若空间两直线相互平行，则其同面投影必定相互平行。

判断两条直线是否平行，一般情况下，只需判断两直线的任意两对同面投影是否平行，如图 2-25 所示。但当两直线为投影面的平行线时，只有两对同面投影平行，空间两直线不一定平行（图 2-26），需两直线的三个同面投影分别相互平行空间两直线才平行。

2. 两直线相交

若空间两直线相交，则其同面投影必相交，且其交点必定符合空间点投影特性，反之

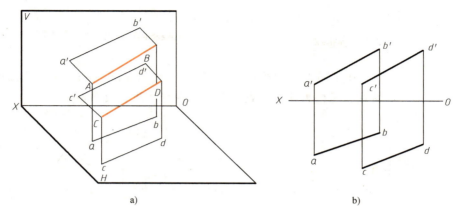

图 2-25 两直线平行

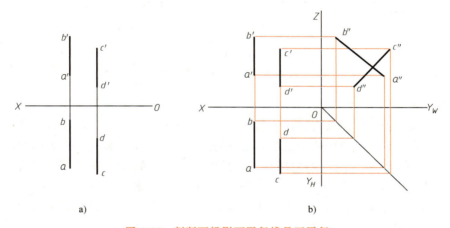

图 2-26 判断两投影面平行线是否平行

亦然。

判断空间两直线是否相交,一般情况下只需判断投影图中两线的交点是否符合空间点的投影特性即可,如图 2-27 所示。

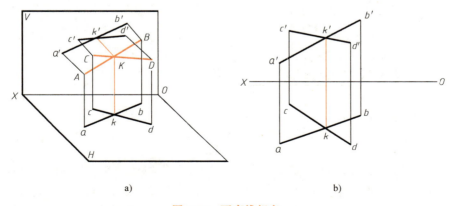

图 2-27 两直线相交

例 2-10 判断图 2-28a 中 AB 和 CD 是否相交。

解 由于 CD 为侧平线，属特殊直线，如图 2-28a 所示并不能确定两线是否相交，需作出 AB 和 CD 的侧面投影。

如图 2-28b 所示，作出两直线的侧面投影可以得出，V 面投影图中两直线的交点不符合空间点的投影特性，是两直线上的重影点，所以空间两直线不相交。

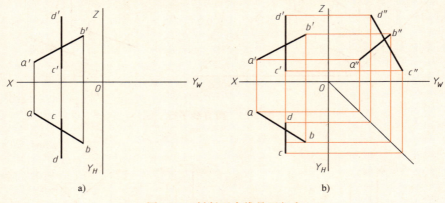

图 2-28 判断两直线是否相交

3. 两直线异面

既不平行又不相交的两条直线称为两异面直线。两异面直线在空间不存在交点，在投影图中两条空间直线投影所产生的交点是由于空间直线上的点的同面投影重影的原因。

如图 2-29 所示，AB 与 CD 两直线在正面投影图中的交点，是 AB 直线上的点 K 和 CD 直线上的点 F 在正面投影的重影点，如要判断点 K 和点 F 在正面投影的可见性，只需比较两重影点的 y 坐标值的大小。图中点 F 的水平投影 f 的 y 坐标值大于点 K 的水平投影 k 的 y 坐标值，所以点 F 的正面投影 f' 可见，点 K 的正面投影 k' 不可见。

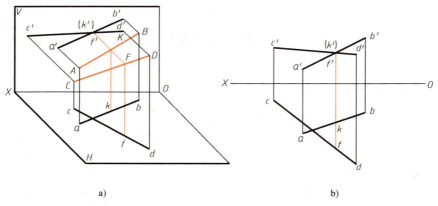

图 2-29 两直线交叉

例 2-11 试判断图 2-30 中交叉两管子 AB 和 CD 的相对位置，并判断可见性。

解 首先将交叉两管子的轴线抽象成交叉两直线，如图 2-30b 所示。它们的水平投影 ab 和 cd 交于 2（1），即为交叉两直线对 H 面的重影点的投影。点 2' 比点 1' 高，故可判定直线 CD 在直线 AB 的上方，因此管子 AB 的水平投影被管子 CD 的水平投影遮挡。在投影图中，被遮挡部分的投影用细虚线表示，如图 2-30c 所示。

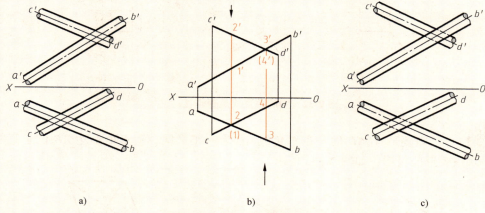

图 2-30 判断两根管子的可见性
a) 题目　b) 解题　c) 结果

同理，可判断交叉两管子正面投影的可见性。3′(4′) 为交叉两直线对 V 面的重影点的投影。点 3 在点 4 前面，故可判定直线 AB 在直线 CD 的前方，因此管子 CD 的正面投影被管子 AB 的正面投影遮挡，用细虚线表示。

4. 直角投影定理

当互相垂直的两直线同时平行于某一投影面时，它们在该投影面的投影仍为直角。当互相垂直的两直线均不平行任何投影面时，它们的各同面投影均不是直角。

直角投影定理：空间互相垂直的两直线中，若有一直线平行于某一投影面，则两直线在该投影面上的投影仍然互相垂直。反之，若两直线在某一投影面上的投影为直角，且其中一直线平行于该投影面，则两直线在空间必垂直。如图 2-31 所示，AB⊥BC，其中 AB∥H 面，BC 倾斜于 H 面，因 AB⊥Bb，AB⊥BC，则 AB⊥BbcC 平面，因 ab∥AB，故 ab⊥BbcC 平面。因此，ab⊥bc，即∠abc=∠ABC=90°。

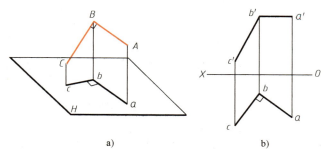

图 2-31 空间互相垂直的两直线
a) 直观图　b) 投影图

例 2-12　试判断下列两直线是否垂直（图 2-32）。

解　如图 2-32a 所示，因 BC∥V 面，且 a′b′⊥b′c′，故 AB⊥BC。

如图 2-32b 所示，因 DE、EF 均为一般位置直线，虽然 d′e′⊥e′f′，de⊥ef，但 DE、EF 空间并不垂直。

如图 2-32c 所示，因 MN∥V 面，g′h′⊥m′n′，故 GH 与 MN 为交叉垂直。

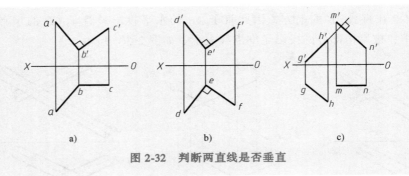

图 2-32 判断两直线是否垂直

例 2-13 已知菱形 ABCD 的一条对角线 AC 为一正平线,菱形的一边 AB 位于直线 AM 上,求该菱形的投影,如图 2-33a 所示。

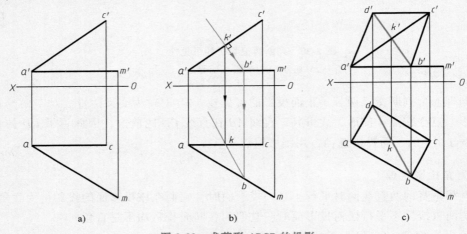

图 2-33 求菱形 ABCD 的投影

解 菱形的两对角线互相垂直平分。

在对角线 AC 上取中点 K,即 $a'k'=k'c'$,$ak=kc$。点 K 也必定为另一对角线的中点。

AC 是正平线,故另一对角线的正面投影必定垂直 AC 的正面投影 $a'c'$,因此过 k' 作 $k'b' \perp a'c'$,且与 $a'm'$ 交于 b',由 $k'b'$ 求出 kb(图 2-33b)。

在 BK 的延长线上取一点 D,使 $KD=KB$,因而有 $k'd'=k'b'$,$kd=kb$,则 $b'd'$ 和 bd 即为另一对角线的投影,连接各点的同面投影即为菱形 ABCD 的投影(图 2-33c)。

2.5 平面的投影

2.5.1 平面的几何元素表示法

平面可由下列任何一组几何元素确定:不在同一直线上的三点,一直线和线外一点,两相交直线,两平行直线,任意平面图形(如三角形、圆或其他平面图形等)。

在投影图上,可以用上述任何一组元素的投影来表示平面,如图 2-34 所示。

以上各种表示方法之间是可以相互转换的。例如,图 2-34a,连接 a、b 及 a'、b' 即转换

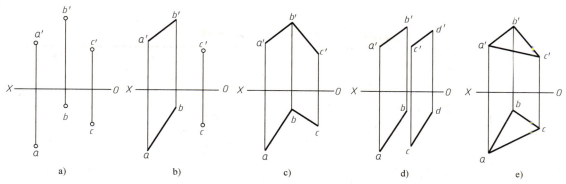

图 2-34　用几何元素表示平面

为图 2-34b；图 2-34b，连接 b、c 及 b'、c'即转换为图 2-34c。但是同一平面无论其表示形式如何演变，平面在空间的位置始终不会改变。

2.5.2　各种位置平面的投影特性

平面在各投影面的投影特性取决于平面与投影面的相对位置，有三种情况：

（1）**实形性**　如图 2-35a 所示，平面平行于投影面时，它的投影反映了平面的实形，这种投影特性称为实形性。

（2）**积聚性**　如图 2-35b 所示，平面垂直于投影面时，它的投影积聚成一条直线，这种投影特性称为积聚性。

（3）**类似性**　如图 2-35c 所示，平面倾斜于投影面时，它的投影并不反映平面的实形，但形状与平面相类似，这种投影特性称为类似性。

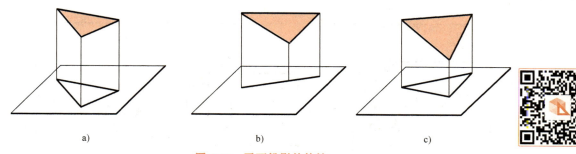

图 2-35　平面投影的特性

2.5.3　各种位置平面的投影

在三面投影体系中，根据平面相对投影面的位置，可将平面分为特殊平面和一般位置平面，其中特殊平面又可分为投影面垂直面和投影面平行面。下面分别介绍三种位置平面。

1. 投影面垂直面

垂直一个投影面，且倾斜于另两个投影面的平面称为投影面垂直面；垂直 V 面时，称为正垂面；垂直 H 面时，称为铅垂面；垂直于 W 面时，称为侧垂面。垂直面在所垂直的投影面上的投影积聚为一条直线，该直线与投影轴的夹角反映垂直面对另外两投影面的倾角。垂直面在另外两个投影面上的投影都小于该垂直面，是原来平面的类似形。投影面垂直面的投影特性见表 2-3。

表 2-3 投影面垂直面的投影特性

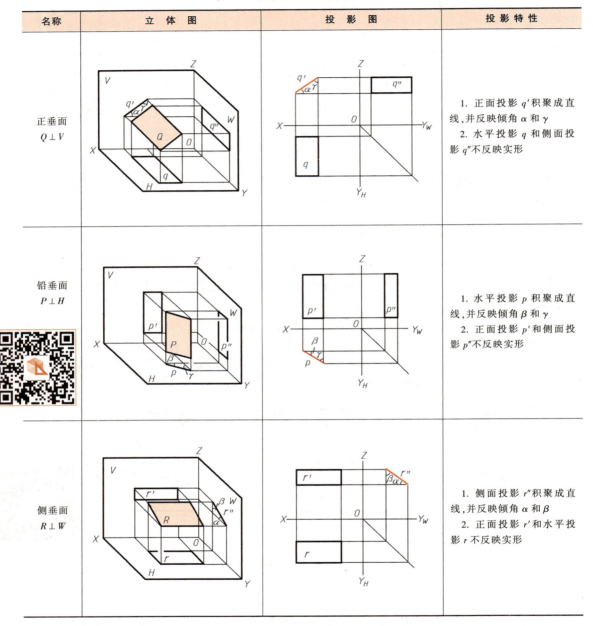

2. 投影面平行面

平行于一个投影面的平面称为投影面平行面，投影面平行面在所平行的投影面上的投影反映实形。当某一平面为投影面平行面时，其必垂直于另外两个投影面，其在所垂直的投影面上的投影均积聚为一条线。

平行 V 面时，称为正平面；平行 H 面时，称为水平面；平行 W 面时，称为侧平面。投影面平行面的投影特性见表 2-4。

表 2-4 投影面平行面的投影特性

名称	立体图	投影图	投影特性
正平面 $Q//V$			1. 正面投影 q' 反映实形 2. 水平投影 q 有积聚性，且 $q//OX$ 轴；侧面投影 q'' 有积聚性，且 $q''//OZ$ 轴
水平面 $P//H$			1. 水平投影 p 反映实形 2. 正面投影 p' 有积聚性，且 $p'//OX$ 轴；侧面投影 p'' 有积聚性，且 $p''//OY_W$ 轴
侧平面 $R//W$			1. 侧面投影 r'' 反映实形 2. 正面投影 r' 有积聚性，且 $r'//OZ$ 轴，水平投影 r 有积聚性，且 $r//OY_H$ 轴

3. 一般位置平面

对三个投影面都倾斜的平面称为一般位置平面，一般位置平面有上行和下行之分，如图 2-36 所示。

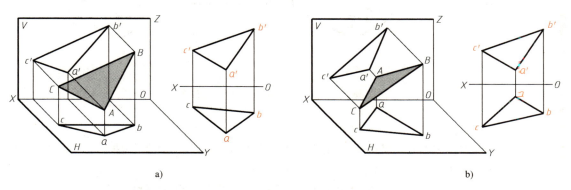

图 2-36 上行平面与下行平面
a) 上行平面 b) 下行平面

（1）上行平面　随着离开观察者而逐渐上升，如图 2-36a 所示。投影特点是：平面各点的正面投影与水平投影的符号顺序同向（同是顺时针方向或逆时针方向）。

（2）下行平面　随着离开观察者而逐渐下降，如图 2-36b 所示。投影特点是：平面各点的正面投影与水平投影的符号顺序反向。

例 2-14　已知某一平面图形为侧垂面，其两面投影如图 2-37a 所示，求第三面投影。

解　根据点投影规律，可以把图中各点的水平投影求出，然后再顺次连接，即可得到其第三面投影，作图方法如图 2-37b 所示。

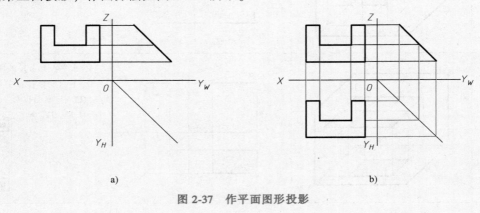

图 2-37　作平面图形投影

例 2-15　判断图 2-38 中平面立体上的 P、Q 两面相对于投影面的位置。

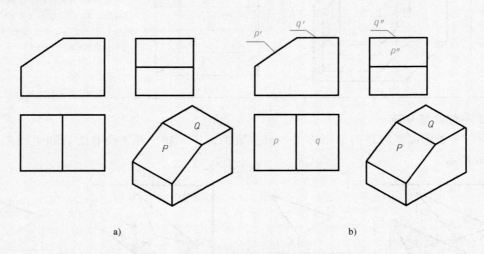

图 2-38　P、Q 两面相对于投影面的位置

解

1）如图 2-38b 所示，平面 P 在正面的投影积聚为一直线，在另外两个面上的投影为类似形，所以平面 P 为正垂面。

2）如图 2-38b 所示，平面 Q 在正面投影和侧面投影积聚为直线，在水平面上的投影反映实形，所以平面 Q 为水平面。

2.5.4 平面上的点和直线

1. 在平面内取直线

在平面内取直线一般有两种方法：

1) 在平面内取两个点，通过两点来确定直线。
2) 某直线通过平面内的一个点且平行于平面内的某条直线，此直线定在平面内。

例 2-16 如图 2-39a 所示，在平面 ABC 内求作一水平线，使其到 H 面的距离为 8mm。

解

1) 所要求的水平线在正面投影应为一平行于 OX 轴的直线，且距 OX 轴 8mm，作图过程如图 2-39b 所示，直线与 a'b' 交于 d'，与 a'c' 交于 e'。

2) 又因为所求直线应在 ABC 面内，故可作出 d' 的水平投影 d 及 e' 的水平投影 e。连接 de 和 d'e'，即为所求直线，作图过程如图 2-39c 所示。

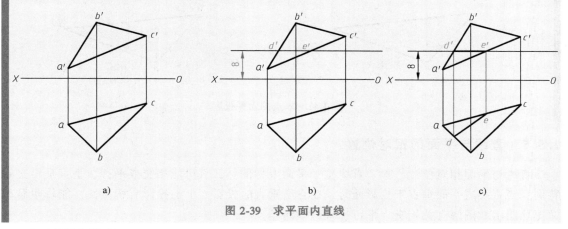

图 2-39 求平面内直线

2. 平面内取点

平面上的点总位于平面内的某条直线上，故求平面上点的投影可以转化成先在平面内求包括此点的直线的投影，然后再在此直线上求点的投影。

例 2-17 已知点 M 位于平面 ABC 内，求点的水平投影，如图 2-40a 所示。

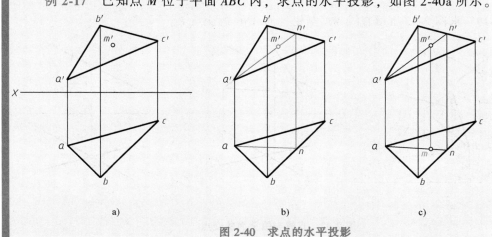

图 2-40 求点的水平投影

解 过 m' 作一辅助线 $a'n'$，然后求出其水平投影 an，作图过程如图 2-40b 所示，那么 AN 就是平面 ABC 内经过点 M 的直线，然后再求出点 M 的水平投影 m，作图过程如图 2-40c 所示。

例 2-18 判断点 A 是否属于给定的平面 DEF，如图 2-41a 所示。

解 过点 d' 作一辅助线 $d'a'$，然后求出其水平投影 da，作图过程如图 2-41b 所示，由水平投影面可得点 A 不属于平面 DEF。

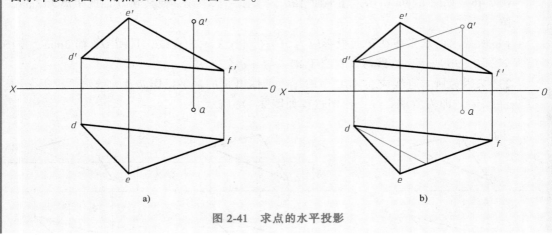

图 2-41 求点的水平投影

2.5.5 直线与平面的相对位置

直线与平面相对位置，除了直线位于平面上特例外，只可能相交或平行，垂直是相交的特例。当直线或平面垂直于投影面时，在它所垂直的投影面上的投影有积聚性，能较明显和简捷地图示和图解有关相交、平行、垂直等问题。

1. 相交

直线和平面相交只有一个交点，该交点是直线和平面的共有点，既属于直线，又属于平面。

（1）直线与特殊位置平面相交 由于特殊位置平面（投影面垂直面或者平行面）的某些投影有积聚性，交点可直接得出。

例 2-19 求图 2-42 所示直线 MN 与铅垂面 ABC 的交点 K。

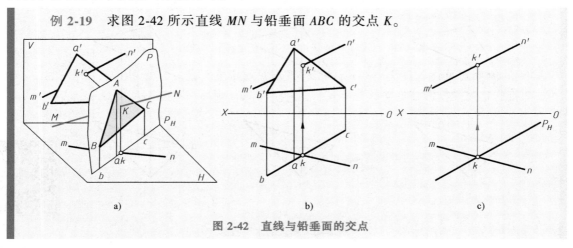

图 2-42 直线与铅垂面的交点

解 如图 2-42 所示,直线 MN 与铅垂面 ABC 相交。铅垂面 △ABC 的水平投影 abc 积聚为一直线,因为交点 K 是直线与平面的公共点,所以在 H 面上,可从 abc 与 mn 的交点直接得到 k,再由 k 求出 k'。

(2) 直线与一般位置平面相交　由于一般位置平面的投影没有积聚性,所以当直线与一般位置平面相交时,不能在投影图上直接求出交点来,必须采用辅助平面,经过一定的作图过程才能求得。

例 2-20　求图 2-43 所示直线 EF 与 △ABC 的交点,并判断重影部分的可见性。

解　图中直线 EF 是铅垂线,H 面投影有积聚性,故交点的 H 面投影 k 必和 f(e) 重合。又因交点 K 是 △ABC 上的点,因此可用求面上点的方法,求出点 K 的 V 面投影 k'。

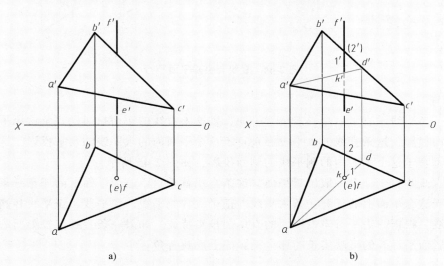

图 2-43　铅垂线与一般位置平面的交点

作图步骤

1) 过点 A 在 △ABC 上任作一辅助线 AD,求出 AD H 面投影 ad。
2) 作辅助线 AD 的 V 面投影 a'd'。
3) a'd' 交 e'f' 于 k',k' 就是交点 K 的 V 面投影,则点 K 即为所求直线 EF 与 △ABC 的交点。
4) 判断可见性。直线与平面的重影部分需判断可见性。分辨可见性的方法是:交点的投影是线段投影可见性的分界点,其一侧可见,则另一侧必不可见。

为判断交点 K 投影的两侧哪一侧可见、哪一侧不可见,可取两交叉直线的重影点加以比较。如图 2-43b 所示,为判断直线 EF V 面投影的可见性,取 b'c' 和 e'f' 的重影点 1'2' 分析。直线 EF 上的点 1 的 Y 坐标,大于直线 BC 上点 2 的 Y 坐标,故 k'f' 段可见,另一段为不可见(用虚线画出)。

2. 平行

从初等几何知道,直线平行于平面时,该直线平行于平面上的一条直线。

直线与特殊位置平面平行时，在平面所垂直的投影面上，直线的投影与平面有积聚性的投影平行，或者直线和平面在该投影面上都有积聚性。

如图 2-44 所示，因为 $AB/\!/CDEF$、$CDEF\perp H$ 面，因此 $ab/\!/cdef$。由于 $MN\perp H$ 面，所以投影 mn 和 $cdef$ 都有积聚性。

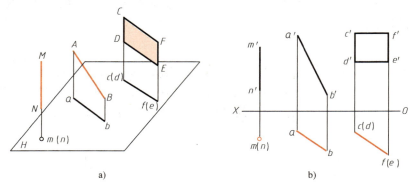

图 2-44　直线与铅垂平面平行

3. 垂直

如果一条直线垂直于一个一般位置平面，则这条直线的正面投影垂直于这个平面内的正平线的正面投影，这条直线的水平投影垂直于这个平面内的水平线的水平投影，这条直线的侧面投影垂直于这个平面内的侧平线的侧面投影，如图 2-45 所示。

因为直线垂直于一个一般位置平面，这条直线就垂直于这个平面上的任意一条直线，因而也垂直于这个平面上的任意一条水平线、正平线和侧平线。水平线、正平线和侧平线为投影面平行线，根据一边平行于投影面的直角的投影特征，如果一条直线与投影面的平行线垂直，在投影面平行线的反映实长的那个投影面上反映直角。

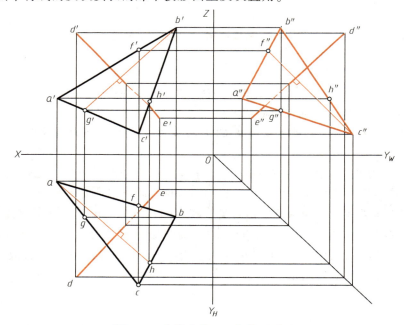

图 2-45　直线垂直于一般位置平面

当直线与特殊位置平面垂直时，直线一定平行于该平面所垂直的投影面，而且直线的投影垂直于该平面有积聚性的同面投影。

例 2-21 如图 2-46 所示，已知点 K 和平面 ABC 的投影，试由点 K 向 △ABC 作垂线，垂足为 S，求垂线 KS 的两面投影，并求点 K 到平面 ABC 的距离。

解 因为 △ABC 为一铅垂面，所以过点 K 向该平面所引的垂线必为一条水平线。作图过程如图 2-45 所示：过 k 作 ks⊥abc，过 k′作 k′s′∥OX 轴，距离 SK = sk。

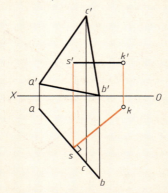

图 2-46 直线垂直于铅垂平面

2.5.6 平面与平面的相对位置

1. 平行

由初等几何可知：若属于一平面的相交两直线对应平行于属于另一平面的相交两直线，则两平面平行。如图 2-47 所示，属于平面 P 的相交两直线 AB 和 BC 与属于平面 Q 的相交两直线 DE 和 EF 彼此对应平行，即 AB∥DE，BC∥EF，于是平面 P 与 Q 平行。

图 2-47 空间两平面平行

例 2-22 试判断两已知平面 △ABC 和 △DEF 是否平行，如图 2-48 所示。

解 可选定或作出属于 △ABC 的相交两直线，再看能否作出属于 △DEF 的相交两直线与它们对应平行。为此，在 △ABC 上选定 AC 和 BC 相交两直线，然后在 △DEF 上分别作出 EG 和 DH，即作 e′g′∥a′c′，并作出 eg，再作出 d′h′∥b′c′，并求出 dh。由于 eg∥ac，dh∥bc，所以 EG 平行 AC，DH∥BG，满足两平面平行的条件，故 △ABC 和 △DEF 平行。

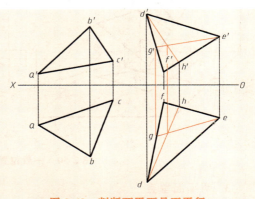

图 2-48 判断两平面是否平行

当两平行平面均为特殊位置平面时，则两平面具有积聚性的投影或迹线必定平行。

如图 2-49a 所示，已知平面 P 和 Q 平行，且均为铅锤面。根据投影面垂直面的投影特性，铅垂面的水平迹线有积聚性，又根据两平面平行与第三平面相交，其交线必平行，所以平面 P 和 Q 的水平投影 $P_H /\!/ Q_H$。

图 2-49b 所示为两对相交直线确定的两正垂面，它们的正面投影平行，两平面必平行。请读者自行证明。

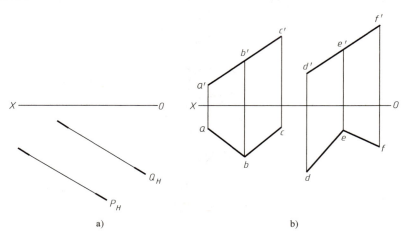

图 2-49 两特殊位置平面平行

2. 两平面相交

如图 2-50a、b 所示，两平面 △ABC 和 △DEF 相交，其中一平面 △DEF 为铅垂面。欲求该两平面的交线，只要求出属于交线的任意两点，然后连线就可以求得交线。为作图简便，可利用 △ABC 的两边 AB 和 AC，求出它们与 △DEF 的交点 K_1 和 K_2，连线 K_1K_2（$k'_1k'_2$、k_1k_2）即为所求平面两交线。因 △DEF 为铅垂面，交点的求法与图 2-42b 所示完全相同。

图 2-50c 所示为 △ABC 与用 P_H 表示的铅垂面 P 相交。P_H 有积聚性，其作图过程与图 2-42b 完全相同。

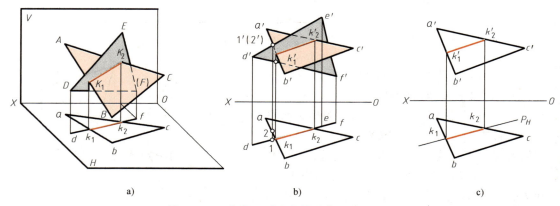

图 2-50 一般位置平面与特殊位置平面相交

3. 两平面垂直

由初等几何可知：若一直线垂直于一定平面，则包含该直线的所有平面都垂直于该定平面；反之，若两平面相互垂直，则由属于第一个平面的任一点向第二个平面所作的垂线必定属于第一个平面。如图 2-51a 所示，已知直线 MN 垂直于平面 P，因此包含 MN 所作的平面 R_1、R_2、…都垂直于平面 P。如图 2-51b、c 所示，点 M 属于第一个平面Ⅰ，直线 MN 为第二个平面Ⅱ的垂线。如图 2-51b 所示，直线 MN 属于第一个平面Ⅰ，因此两平面互相垂直。如图 2-51c 所示，直线 MN 不属于第一个平面Ⅰ，因此两平面不垂直。

根据上述几何条件，可解决有关两平面垂直的投影作图问题。

如图 2-52 所示，若两铅垂面相互垂直，则必有两平面的水平投影均积聚为直线且成直角，其交点为两平面交线 CD 的水平投影 dc。交线的正面投影 $c'd' \perp OX$ 轴，显然交线为铅垂线。

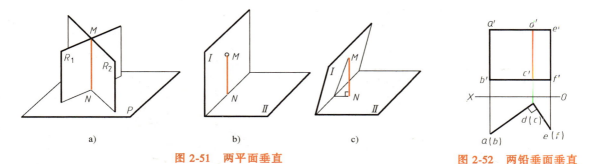

图 2-51　两平面垂直　　　　　　　　　　　　　　图 2-52　两铅垂面垂直

2.5.7　平面的迹线

1. 用迹线表示平面

平面和投影面的交线，称为平面的迹线，如图 2-53 所示。平面和 H 面的交线，称为水平迹线；和 V 面的交线，称为正面迹线；和 W 面的交线，称为侧面迹线。如图 2-53 所示，P 平面的三条迹线，分别用 P_H、P_V 和 P_W 标注。平面的迹线如果相交，其交点必在投影轴上，P 平面与三个投影轴的交点，分别用 P_X、P_Y、P_Z 标注。

由于平面的迹线是投影面上的直线，所以它的一个投影和其本身重合，另外两个投影与相应的投影轴重合。如迹线 P_H 的 H 投影和它本身重合，P_H 的 V、W 投影分别和 X、Y 轴重

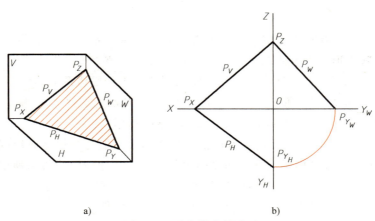

图 2-53　用迹线表示平面

合。在投影图上表示迹线,通常只将迹线与自身重合的那个投影画出,并用符号标注,而和投影轴重合的投影不加标注,如图 2-53b 所示。

2. 平面迹线的求法

平面迹线是在投影图上表示平面的一种形式,可以通过作图,将几何元素表示的平面转换成由平面迹线表示。

由于平面上一切直线的迹点必在该平面的同面迹线上,因此,求平面迹线的常用方法是:求出平面上任意两条直线的同面迹点,然后将每对同面迹点连成直线即可。

如图 2-54 所示,求平面 ABC 的迹线,其作图步骤如下:

1)作直线 AB 的 H 面迹点 M_1 和 V 面迹点 N_1。
2)作直线 AC 的 H 面迹点 M_2 和 V 面迹点 N_2。
3)连接 M_1、M_2 得 P_H,连接 N_1、N_2 得 P_V。

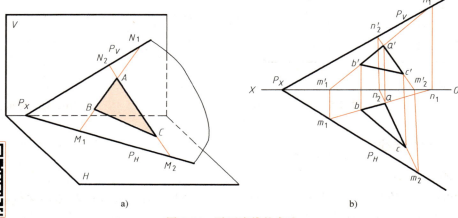

图 2-54 平面迹线的求法

2.6 换面法

2.6.1 换面法的基本概念

如图 2-55a 所示,铅垂面 △ABC 在 V 面和 H 面的投影体系(下面简称 V/H 体系)中的两个投影都不反映实形。为了使新投影反映实形,以一个平行于该三角形且垂直于 H 面的 V_1 面来代替 V 面,则新的 V_1 面和不变的 H 面构成一个新的两面体系 V_1/H。该三角形在 V_1/H 体系中 V_1 面的投影就反映三角形的实形。再以 V_1 面和 H 面的交线 X_1 为轴,使 V_1 面旋转至与 H 面重合,就得出 V_1/H 体系的投影图,如图 2-55b 所示。

新投影面 V_1 首先要使空间几何元素在新投影面的投影能更方便地解决问题,并且新投影面 V_1 必须要和不变的 H 面构成一个两投影面体系,这样才能应用过去所研究的正投影原理作出新的投影图。因而新投影面的选择必须符合以下两个基本条件:

1)新投影面必须与空间几何元素处于有利于解题的位置。
2)新投影面必须垂直于一个不变的投影面。

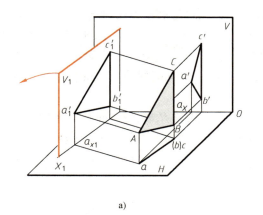 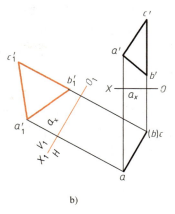

图 2-55　V/H 体系变为 V_1/H 体系

2.6.2　点的投影变换规律

1. 点的一次变换

点是一切几何形体的基本元素。因此，必须首先掌握点的投影变换规律。

下面介绍变换正投影面时，点的投影变换规律。如图 2-56a 所示，点 A 在 V/H 体系中，正面投影为 a'，水平投影为 a。现在令 H 面不变，以一铅垂面 V_1（$V_1 \perp H$）代替正投影面 V，形成新投影面体系 V_1/H。将点 A 向 V_1 投影面投射，得到新投影面上的投影 a'_1。这样，点 A 在新、旧两体系中的投影（a, a'_1）和（a, a'）都为已知。其中 a'_1 为新投影，a' 为旧投影，而 a 为新、旧体系中共有的不变投影。它们之间有下列关系：

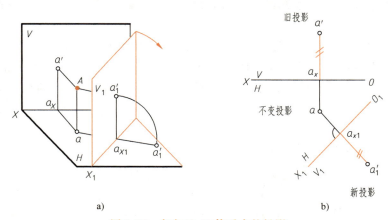

图 2-56　点在 V_1/H 体系中的投影

1) 由于这两个体系具有公共的水平面 H，因此点 A 到 H 面的距离（即 Z 坐标），在新旧体系中都是相同的，即 $a'a_x = Aa = a'_1 a_{x1}$。

2) 当 V_1 面绕 X_1 轴重合到 H 面时，根据点的投影规律可知 aa'_1 必定垂直于 X_1 轴。这和 $aa' \perp X$ 轴的性质是一样的。

根据以上分析，可以得出点的投影变换规律：

1) 点的新投影和不变投影的连线，必垂直于新投影轴。

2）点的新投影到新投影轴的距离等于被变换的旧投影到旧投影轴的距离。

图 2-56b 所示为根据上述规律，由 V/H 体系中的投影（a，a'）求出 V_1/H 体系中的投影的作图法。首先按要求条件画出新投影轴 X_1，新投影轴确定了新投影面在投影图上的位置。然后过点 a 作 $aa_1' \perp X_1$，在垂线上截取 $a_1'a_{x1} = a'a_x$，则 a_1' 即为所求的新投影。水平投影 a 为新、旧两投影体系所共有。

图 2-57a 所示为变换水平投影面。以正垂面 H_1 来代替 H 面，H_1 面和 V 面构成新投影体系 V/H_1，求出其新投影 a_1。因新、旧两体系具有公共的 V 面，因此 $a_1a_{x1} = Aa' = aa_x$。图 2-57b 所示为其投影图的作法。

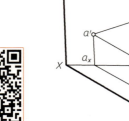
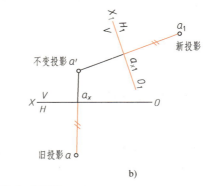

图 2-57 变换水平投影面

2. 点的两次变换

在运用换面法解决实际问题时，变换一次投影面，有时不足以解决问题，而必须变换两次或更多次。图 2-58 所示为变换两次投影面时，求点的新投影的方法，其原理和更换一次投影面是相同的。

必须指出：在变换多次投影面时，新投影面的选择除必须符合前述的两个条件外，还必须是在一个投影面变换完之后，在新的两面体系中交替地再变换另一个。如图 2-58 所示，先由 V_1 面代替 V 面，构成新体系 V_1/H；再以这个体系为基础，由 H_2 面代替 H 面，构成新体系 V_1/H_2。

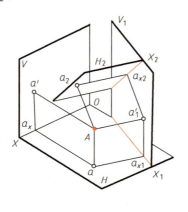
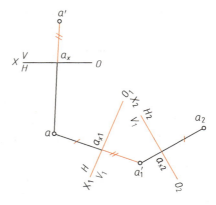

图 2-58 变换两次投影面

2.6.3 线、面的投影变换

一般位置直线或平面变为特殊位置，是解题时经常要遇到的问题。这类问题主要有四个：①把一般位置直线变为投影面平行线；②把一般位置直线变为投影面垂直线；③把一般位置平面变为投影面垂直面；④把一般位置平面变为投影面平行面。

1. 一般位置直线变为投影面平行线

如图 2-59a 所示，直线 AB 在 V/H 体系中为一般位置直线，以 V_1 面代替 V 面，使 V_1 面平行直线 AB 并垂直于 H 面。此时，AB 在新体系 V_1/H 中成为新投影面的平行线。求出 AB 在 V_1 面上的投影 $a'_1b'_1$，则 $a'_1b'_1$ 反映线段 AB 的实长，并且 $a'_1b'_1$ 和 X_1 轴的夹角 α 即为直线 AB 和 H 面的夹角。

图 2-59b 所示为把一般位置直线变为投影面平行线的投影图的作法。首先画出新投影轴 X_1，X_1 必须平行于 ab，但和 ab 间的距离可以任取。然后分别求出线段 AB 两端点的投影 a'_1 和 b'_1，连 $a'_1b'_1$ 即为线段的新投影。

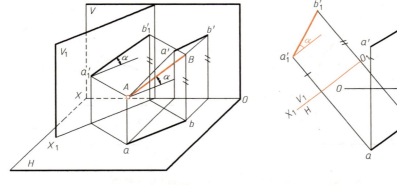

图 2-59 一般位置直线变为投影面平行线（变换正投影面）

假如不变换正投影面，而变换水平投影面，同样可以把它变成新投影面的平行线，图 2-60 所示为变换水平投影面投影图的作法。

2. 一般位置直线变为投影面垂直线

把一般位置直线变为投影面垂直线，一次投影变换是不行的。如图 2-61 所示，若选新投影面 P 直接垂直于一般位置直线 AB，则平面 P 也是一般位置平面，它和原体系中的任一投影面不垂直，因此不能构成新的投影面体系。

一条投影面平行线要变为投影面垂直线，变换一次投影面即可。如图 2-62a 所示，由于 AB 为正平线，因此所作垂直于直线 AB 的新投影面 H_1 必垂直于原体系中的 V 面，这样 AB 在 V/H_1 体系中变为投影面垂直线。其投影图作法如图 2-62b 所示。根据投影面垂直线的投影特性，取 $X_1 \perp a'b'$，然后求出 AB 在 H_1 面上的新投影 a_1b_1，a_1b_1 必重合为一点。

要把一般位置直线变为投影面垂直线，必须变换两次投影面，如图 2-63a 所示。第一次把一般位置直线变为投影面 V_1 的平行线；第二次再把投影面 V_1 的平行线变为投影面 H_2 的垂直线，如图 2-63b 所示。

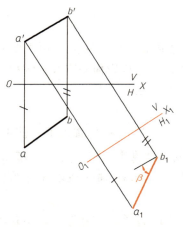

图 2-60 一般位置直线变为投影面平行线
（变换水平投影面）

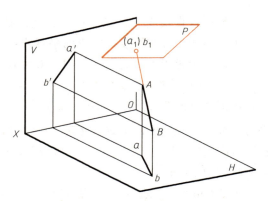

图 2-61 投影面 P 直接垂直于一般位置直线

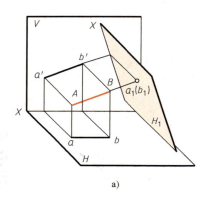

a)

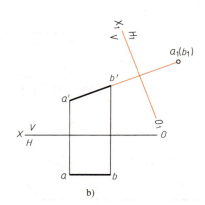

b)

图 2-62 投影面平行线一次变换为投影面垂直线

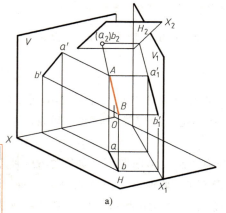

a)

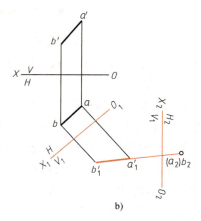

b)

图 2-63 一般位置直线两次变换为投影面垂直线

3. 一般位置平面变为投影面垂直面

把一般位置平面 $\triangle ABC$（图 2-64）变为投影面垂直面，需要将属于该平面的任意一条直线垂直于新投影面，同时新投影面必须垂直于 V 面。因此，在平面 $\triangle ABC$ 上任取一条投影面平行线（正平线 AI）为辅助线，与这条正平线垂直的 H_1 面为新投影面，平面 △ABC 也就和新投影面垂直了。

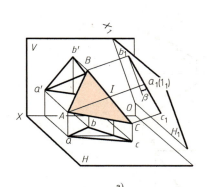
a)

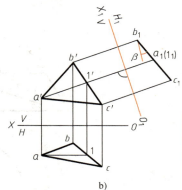
b)

图 2-64　一般位置平面一次变换为投影面垂直面

图 2-64b 所示为把 △ABC 变为投影面垂直面的作图过程。首先在 △ABC 上取一条正平线 AI（a1，a'1'），然后使新投影轴 $X_1 \perp a'1'$，这样 △ABC 在 V/H_1 体系中就成为投影面垂直面。求出 △ABC 三顶点的新投影 a_1、b_1、c_1，则 a_1、b_1、c_1 必在同直线上。并且 $b_1a_1c_1$ 和 X_1 轴的夹角 β 即为 △ABC 对 V 面的夹角。

4. 一般位置平面变为投影面平行面

把一般位置平面变为投影面平行面，也需要变换两次投影面。若取新投影面平行于一般位置平面，则这个新投影面也一定是一般位置平面，它和原体系的哪一个投影面都不能构成两投影面体系。要解决这个问题，必须变换两次投影面。第一次把一般位置平面变为投影面垂直面，第二次再把投影面垂直面变为投影面平行面。

把 △ABC 变为投影面平行面的作图过程，如图 2-65 所示。第一次变为投影面垂直面，作法如图 2-64 所示；第二次变为投

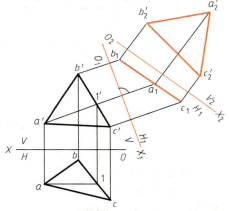

图 2-65　一般位置平面两次变换为投影面平行面

影面平行面，根据投影面平行面投影特性，轴 $X_2 // b_1a_1c_1$，作出 △ABC 三个顶点在 V_2 面的新投影 a_2'、b_2'、c_2'，则 △$a_2'b_2'c_2'$ 便反映 △ABC 的实形。

蒙日创立画法几何学

法国科学家蒙日（Gaspard Monge，1746—1818），在整理、简化、加深和扩大已有的几何学知识的基础上，创立了画法几何学。其主要内容是二投影面正投影法，即把三维空间里的几何元素投射在两个正交的二维投影平面上，并将它们展开成一平面，得到由两个二维投影组成的正投影综合图来表达这些几何元素。《画法几何学》系统而简明地介绍了二投影面正投影法的原理和对图解空间几何问题的创见，并在阴影、透视原理部分，介绍了斜投影和中心投影。蒙日投影方法及其原理图，如图 2-66 所示。

59

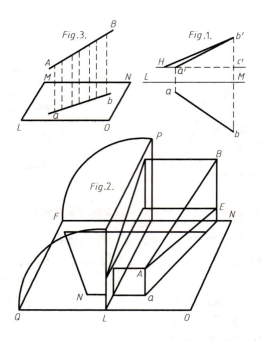

图 2-66　蒙日投影方法及其原理图

思 考 题

2-1　投影分为哪几类？

2-2　正投影是怎样形成的？

2-3　如何判断两直线的空间相对位置？

2-4　试述重影点的形成过程。

2-5　试述一般位置直线求实长的方法及具体作图步骤。

2-6　在一般情况下求作平面与平面的交线应通过那几个作图步骤？

第 3 章

立体的投影

> **本章要点**
>
> 工程中的机件一般都可看成由一些简单的基本形体组合而成,基本形体主要有平面立体(棱柱、棱锥)和曲面立体(圆柱、圆锥、圆球)。本章主要介绍基本形体的投影及表面上取点;平面与平面立体及回转体相交的投影;回转体与回转体表面相交的投影。

3.1 平面立体的投影

平面立体的所有表面均为平面多边形,平面与平面的交线称为棱线,棱线与棱线的交点称为顶点。绘制平面立体的投影,本质上是绘制该立体所有平面多边形表面的投影,也就是绘制所有棱线和顶点的投影。当棱线的投影为可见时,画粗实线;不可见时,画细虚线;粗实线和细虚线重合时,只画粗实线;当图形对称时,应用细点画线画出其对称线。

常见的平面立体有棱柱和棱锥(包括棱台)。

3.1.1 棱柱

1. 棱柱表面的组成

棱柱是最常见的平面立体,它的表面由互相平行的上、下两底面和与底面垂直的若干个棱面组成。常见的棱柱有正四棱柱、正五棱柱、正六棱柱等。

2. 棱柱的投影分析及画法

在三投影面体系中,棱柱一般按如下位置放置:上、下底面为投影面平行面,其他的棱面则为投影面垂直面或投影面平行面。

以正六棱柱为例,如图 3-1a 所示,其上、下底面为水平面,水平投影重合且反映实形(正六边形),正面和侧面投影分别积聚成平行于 X、Y 轴的直线;前、后棱面为正平面,正面投影重合且反映实形(矩形),水平和侧面投影分别积聚成平行于 X、Z 轴的直线;其他四个侧棱面为铅垂面,水平投影积聚成倾斜直线,正面和侧面投影为类似形(四边形)。

正六棱柱投影的作图步骤如下:

1）作出对称线，如图 3-1b 所示。
2）作上、下底面反映实形的水平投影（正六边形）及其另两个投影面的投影，如图 3-1c 所示。
3）根据投影规律作出上、下底面中间六条棱线的其他两面投影，如图 3-1d 所示。
4）按图线要求描深、加粗各图线，如图 3-1e 所示。

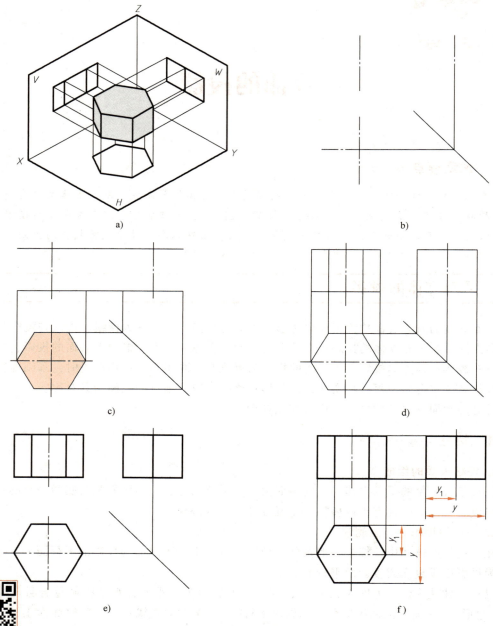

图 3-1 正六棱柱的投影及画法

a）正六棱柱立体图　b）作对称线　c）作上、下底面的投影
d）作侧棱线的投影　e）描深、加粗图线　f）等距离作图法

需要注意的是，画立体的投影时可不画投影轴，但各投影之间必须满足方位上的对应关系，即正面投影与水平投影应满足左、右方向上的对应关系；正面投影与侧面投影应满足上、下方向上的对应关系；水平投影与侧面投影应满足前、后方向上的对应关系。绘图时，为保证水平投影和侧面投影之间的对应关系，可利用45°辅助线作图，也可以直接量取相等的距离作图，如图 3-1f 所示。

3. 棱柱表面取点

在平面立体表面取点，其原理和方法与平面上取点相同。由于棱柱的各个表面都处于特殊位置，因此，在其表面上取点均可利用平面投影的积聚性作图。

如图 3-2 所示，点 K 和点 N 是正六棱柱表面上的点，已知点 K 的正面投影 k' 及点 N 的水平投影 n，求点 K 和点 N 的其他两面投影。由于点 K 的正面投影 k' 是可见的，所以点 K 必定在右前方的 BCC_0B_0 平面上，而该平面为铅垂面，点 K 的水平投影 k 必在该铅垂面的积聚性投影 $b(b_0)c(c_0)$ 直线上，再根据投影关系，由 k' 和 k 求出 k''。因为棱面 BCC_0B_0 处于右前方，侧面投影不可见，所以其上的点 K 的侧面投影 k'' 也不可见。同理，因为点 N 的水平投影 n 不可见，因此点 N 必定在底面 $A_0B_0C_0D_0E_0F_0$ 上，而该底面为水平面，其正面投影和侧面投影都具有积聚性，n' 和 n'' 也必然分别在正面投影和侧面投影所积聚的直线上。

立体表面上的点需表明可见性。其判定依据取决于点所在的平面是否可见，平面不可见时，平面上的点也不可见，此时点的投影符号需加注括号，但位于平面积聚性投影线上的点的投影可不必判断可见性。

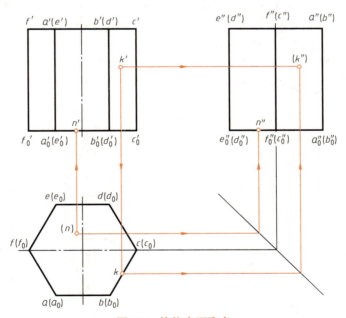

图 3-2　棱柱表面取点

3.1.2　棱锥

1. 棱锥表面的组成

棱锥表面由一底面和若干个侧棱面组成，且所有的侧棱线都交于锥顶点。棱锥的底面为多边形，侧棱面为三角形。常见的棱锥有正三棱锥、正四棱锥等。

2. 棱锥的投影分析及画法

在三投影面体系中，棱锥一般按如下位置放置：底面为投影面平行面，其他侧棱面则为投影面垂直面或一般位置平面。

以正三棱锥为例，如图 3-3a 所示，其底面 △ABC 为水平面，水平投影为三角形且反映实形，正面和侧面投影分别积聚成平行于 X、Y 轴的直线；△SAC 为侧垂面，侧面投影积聚成一条倾斜直线，水平投影和正面投影具有类似性（三角形）；其他两侧棱面 △SAB、△SBC 是一般位置平面，其三面投影均为缩小的三角形。

正三棱锥投影的作图步骤如下：

1）作出底面 △ABC 的水平实形投影，以及正面和侧面的积聚性投影，如图 3-3b 所示。

2）作锥顶点 S 的三面投影，分别将锥顶点 S 与底面三角形的顶点 A、B、C 的同面投影连线，如图 3-3c 所示。

3）按图线要求描深、加粗各图线，如图 3-3d 所示。

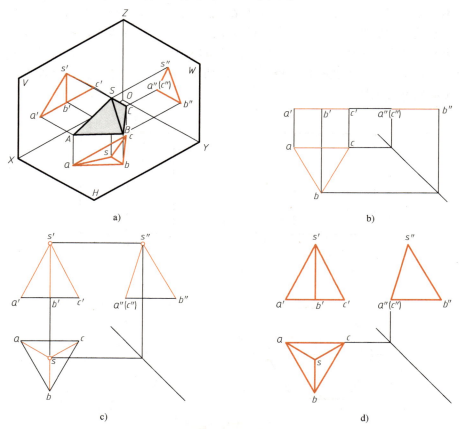

图 3-3　正三棱锥的投影及画法

a）正三棱锥立体图　b）作底面的投影　c）作锥顶点及棱线的投影　d）描深、加粗图线

3. 棱锥表面取点、取线

作棱锥表面点的投影，需首先确定点位于棱锥的哪个平面上。位于特殊位置平面上的点，其投影可以根据平面投影的积聚性直接求得；位于一般位置平面上的点，必须利用辅助

线法求解。

如图 3-4 所示，已知正三棱锥表面上点 K 的水平投影 k 和点 N 的正面投影 n′，求点 K 和点 N 的其他两面投影。因为点 K 的水平投影 k 可见，如图 3-4a 所示，点 K 必是 △SAC 上的点，而 △SAC 是侧垂面，其侧面投影积聚成直线 s″a″(c″)，因此，点 K 的侧面投影 k″ 也位于该积聚线上，再由投影关系可求得正面投影 k′。因 △SAC 是后表面，正面投影不可见，k′ 也不可见。如图 3-4b 所示，点 N 的正面投影可见，说明点 N 是 △SAB 上的点，而 △SAB 是一般位置面，需采用辅助线法，即在平面内作经过 N 点的已知直线，再在直线上确定 N 点的位置。如图 3-4b 所示，作经过顶点 S 和点 N 的辅助直线 SD，便可求出 n、n″。同理，也可如图 3-4c 所示，在 △SAB 上经过点 N 作直线 AB 的平行线，也可确定 n、n″。

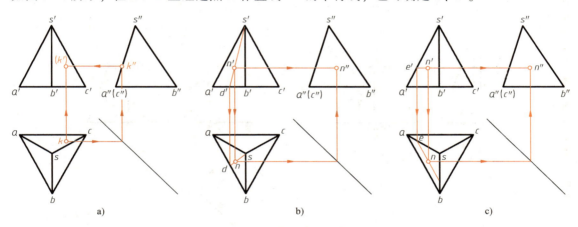

图 3-4 棱锥表面取点
a) 特殊位置面上的点　b) 一般位置面上的点解法一　c) 一般位置面上的点解法二

例 3-1　如图 3-5a 所示，已知四棱台的正面投影和水平投影，求其侧面投影及其表面上的折线 ABCDEF 的正面投影和侧面投影。

分析　四棱台可看作由四棱锥截去顶部所得，其上、下两个表面为水平面且相似，中间四个侧棱面均为一般位置面。由四棱台的正面投影和水平投影就可作出侧面投影。而在立体表面上作折线，只需先作出各点的投影，再将各点的同面投影顺次连线即可。

作图步骤

1) 利用投影关系，作出四棱台的侧面投影，如图 3-5b 所示。
2) 作四棱台表面各点的投影。由于点 B、C、E、F 均为棱线上的点，因此只需在对应棱线的投影上作出各点的投影即可，如图 3-5c 所示。
3) 点 A 和点 D 是棱面上的点，其中，点 A 在上表面上，上表面的正面投影和侧面投影具有积聚性，因此 a′ 和 a″ 也位于其积聚线上，如图 3-5d 所示。点 D 是右前方侧棱面上的点，利用辅助线法即可作出其正面投影和侧面投影。
4) 将各点的同面投影顺次连线，但要注意可见性。正面投影中，直线 EF 位于右后方侧棱面上，不可见，要画细虚线。侧面投影中，直线 CD、DE、EF 分别位于右侧两个棱面上，也不可见，如图 3-5e 所示。

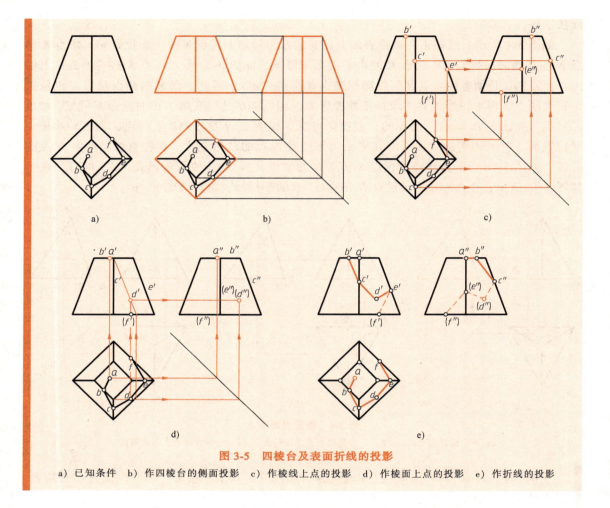

图 3-5 四棱台及表面折线的投影
a）已知条件　b）作四棱台的侧面投影　c）作棱线上点的投影　d）作棱面上点的投影　e）作折线的投影

3.2 曲面立体的投影

曲面立体的表面为曲面或既有平面又有曲面，当曲面为回转面时也称为回转体。

回转面是由一动线（称为母线）绕一定线（称为轴线）旋转而形成的。回转面上任一位置的母线称为素线；母线上任一点的运动轨迹为垂直于轴线的圆，称为纬圆。因为回转面上没有明显的棱线，所以，在画回转面的投影时，往往要画出其转向轮廓线。转向轮廓线是曲面上可见投影与不可见投影的分界线。在投影面上，当转向轮廓线的投影与轴线的投影重合时，只需画出轴线的投影。

常见的曲面立体有圆柱、圆锥、圆球和圆环等。

3.2.1 圆柱

1. 圆柱的形成

圆柱是由圆柱面、顶面和底面围成的。圆柱面由一直线绕与它平行的轴线旋转一周而成，因此，圆柱面上的素线均与轴线平行。

2. 圆柱的投影分析及画法

在三投影面体系中,圆柱放置时,一般使圆柱的轴线为投影面垂直线,此时,圆柱面上的所有素线都是投影面垂直线。

如图 3-6a 所示,圆柱的轴线 OO_0 为铅垂线,其正面投影和侧面投影分别与 X、Y 轴垂直,用细点画线画出;轴线的水平投影则积聚成一点 $O(O_0)$。圆柱的顶面和底面为水平面,其水平投影重合且反映实形(这是一个圆,圆心即为轴线的水平投影),正面投影和侧面投影分别积聚成与 X、Y 轴平行的直线。整个圆柱面的水平投影积聚在顶面和底面投影圆的圆周上。正面投影中,前、后两个半圆柱面的投影重合为一矩形,矩形的两条竖线分别是圆柱面上最左和最右两条素线 AA_0 和 CC_0 的投影,是圆柱面的前、后分界线;侧面投影中,左、右两个半圆柱面的投影重合为一矩形,矩形的两条竖线是圆柱面上最前和最后两条素线 BB_0 和 DD_0 的投影,是圆柱面的左、右分界线。

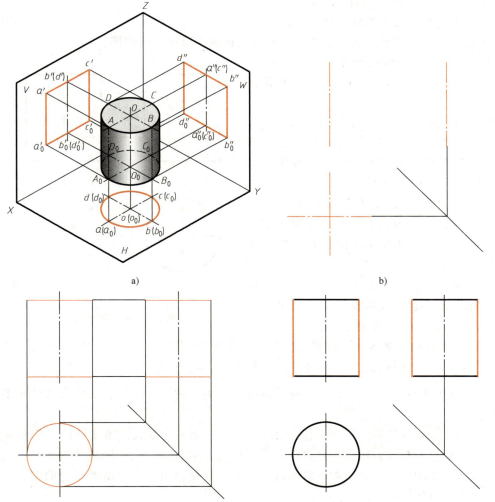

图 3-6 圆柱的投影及画法

a) 圆柱立体图 b) 作对称线和轴线的投影 c) 作顶面和底面的投影及作转向轮廓线的投影 d) 描深、加粗图线圆柱面上共有四条转向轮廓线，左、右两条转向轮廓线 AA_0 和 CC_0 在正面投影中可见，用粗实线绘制；而侧面投影 $a''a_0''$ 和 $c''c_0''$ 则与轴线的侧面投影重合，不用再画线；水平投影 aa_0 和 cc_0 分别积聚在圆周的最左和最右点。前、后两条转向轮廓线 BB_0 和 DD_0 在侧面投影中可见，用粗实线绘制；而正面投影 $b'b_0'$ 和 $d'd_0'$ 则与轴线的正面投影重合，不用再画线；水平投影 bb_0 和 dd_0 分别积聚在圆周的最前和最后点。

圆柱投影的作图步骤如下：

1）作圆的对称线和圆柱轴线的投影，如图 3-6b 所示。
2）作出顶面和底面的三面投影及圆柱面的投影，即转向轮廓线，如图 3-6c 所示。
3）如图 3-6d 所示，按图线要求描深、加粗各图线。

3. 圆柱面取点、取线

在曲面上确定点和线，有三个步骤：

1）确定所取的点、线在曲面所处的空间位置。
2）用面上取点法或面上取线法取点、线。
3）判断点、线的可见性（点、线投影可见性与曲面部分可见性相同）。

如图 3-7 所示，已知圆柱面上的点 A、B、C 的正面投影 a'、b'、c'，求作它们的水平和侧面投影。

从图中可知，点 A、B、C 都在圆柱面上，而圆柱面的水平投影积聚成圆，因此圆柱面上的所有点的水平投影都在积聚圆上，根据点在圆柱面上的位置即可作出点的其他投影。

1）由 a' 不可见可知，点 A 在后半圆柱面上，则其水平投影应在后半圆周上，由 a' 作铅垂的投影连线即可得到 a；又因为点 A 位于左半圆柱面上，侧面投影 a'' 可见，如图 3-7 所示。

2）b' 位于轴线的投影上且可见，说明点 B 位于前方的转向轮廓线上，根据投影关系，可直接在前方转向轮廓线的投影上确定出 b 和 b''。

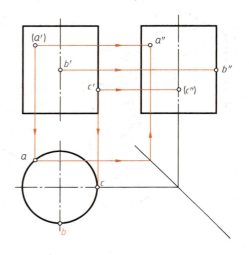

图 3-7 圆柱面上取点

3）c' 位于右侧转向轮廓线上，根据投影关系，直接在右侧转向轮廓线的投影上确定出 c 和 c''，因为点 C 在右半圆柱面上，c'' 不可见，如图 3-7 所示。

例 3-2 如图 3-8a 所示，已知圆柱面上曲线 $ABCDEF$ 的正面投影，求作曲线的水平投影和侧面投影。

分析 圆柱面上的线有两种，一种是直线，即圆柱面上的素线（或素线的一部分），因为直线的三面投影都是直线，因此只需作出直线两个端点的三面投影后连线即可。另一种是曲线，曲线的三面投影一般不能通过绘图工具直接作出，需要由曲线上的多个点来确定其位置和形状。

如图 3-8a 所示，曲线 $ABCDEF$ 的正面投影中，$a'b'$ 是与圆柱轴线垂直的水平直线，说明曲线段 AB 是一段纬圆弧，其水平投影反映实形，侧面投影也是与轴线垂直的直线。

投影 b'c'd'e'f' 为不规则曲线，此时，需先作出各点的投影，再将各点的同面投影光滑连线。

作图步骤

1）作曲线上特殊位置点的投影。曲线 ABCDEF 中，点 B、D、F 分别是圆柱面最左、最前和最右转向轮廓线上的点，直接在对应转向轮廓线的投影上作出各点的水平投影和侧面投影，如图 3-8b 所示。

2）作曲线上一般位置点的投影。曲线上点 A、C、E 是圆柱面上的一般位置点，通过圆柱面的积聚性特点取点，如图 3-8b 所示。

3）将各点的同面投影光滑连线并判断可见性。水平投影中，曲线 abcdef 与圆柱面的水平投影部分重合，无须再作线；侧面投影中，a"b" 是直线，b"c"d"e"f" 是曲线，其中，曲线段 d"e"f" 位于圆柱面的右半部分，侧面投影不可见，用细虚线表示，如图 3-8c 所示。

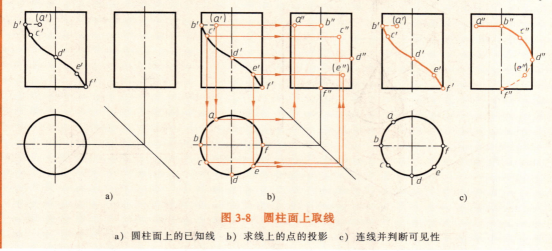

图 3-8 圆柱面上取线

a）圆柱面上的已知线　b）求线上的点的投影　c）连线并判断可见性

3.2.2 圆锥

1. 圆锥的形成

圆锥的表面有圆锥面和底面。圆锥面由直线绕与它相交的轴线旋转一周而成，因此圆锥面上的素线是直线，且所有素线相交于圆锥顶点。

2. 圆锥的投影分析及画法

在三投影面体系中，一般将圆锥的底面放置为投影面平行面。

如图 3-9a 所示，圆锥的轴线为铅垂线，其正面投影和侧面投影分别与 X、Y 轴垂直；轴线的水平投影则积聚成一点。圆锥的底面为水平面，其水平投影为圆且反映实形，正面投影和侧面投影分别积聚成直线。圆锥面的三个投影都没有积聚性，其水平投影与底面的水平投影重合，圆锥面上所有点和线的水平投影均在圆内；正面投影中，前、后两个半圆锥面的投影重合为一等腰三角形，三角形的两腰分别是圆锥面上最左和最右两条素线 SA 和 SC 的投影，是圆锥面的前、后分界线；侧面投影中，左、右两个半圆锥面的投影重合为一等腰三角形，三角形的两腰分别是圆锥面上最前和最后两条素线 SB 和 SD 的投影，是圆锥面的左、右分界线。

圆锥面上共有四条转向轮廓线，左、右两条转向轮廓线 SA 和 SC 在正面投影中可见；而侧面投影 s″a″和 s″c″与轴线的侧面投影重合；水平投影 sa 和 sc 则位于圆的前后对称线上。前、后两条转向轮廓线 SB 和 SD 在侧面投影中可见；而正面投影 s′b′和 s′d′与轴线的正面投影重合；水平投影 sb 和 sd 位于圆的左右对称线上。

圆锥投影的作图步骤如下：

1）作圆的对称线及圆锥轴线的投影，如图 3-9b 所示。

2）作出底面的三面投影，再根据圆锥的高度确定顶点的投影，如图 3-9c 所示。

3）作出圆锥面的投影，即转向轮廓线，如图 3-9d 所示，并按图线要求描深、加粗各图线。

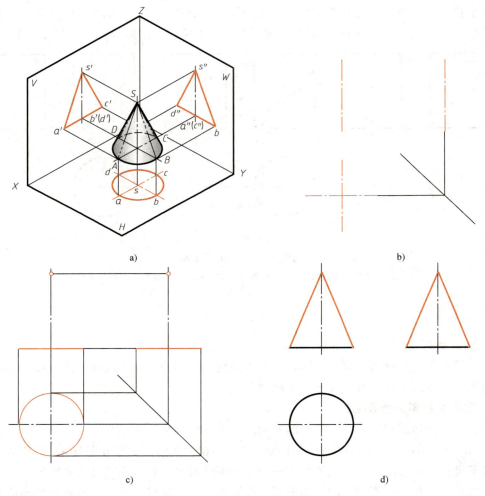

图 3-9　圆锥的投影及画法

a）圆锥立体图　b）作对称线和轴线的投影　c）作底面及顶点的投影　d）作转向轮廓线的投影并加粗图线

3. 圆锥表面取点、取线

由于圆锥面的三面投影都没有积聚性，因此在圆锥面上取一般位置点，需利用辅助线法求解。为了作图方便，所作的辅助线应为直线或圆，即圆锥面上的素线或纬圆。

如图 3-10a 所示,已知点 A、B 的正面投影,求作另两面投影。

从图中可知,a'位于轴线的投影上且不可见,说明点 A 是圆锥面后方转向轮廓线上的点,属于特殊位置点,根据投影关系,首先在后方转向轮廓线的侧面投影上确定 a",再由 a'和 a"求得 a,如图 3-10b 所示。

点 B 不在转向轮廓线上,属于一般位置点,可利用素线法或纬圆法求解。

(1) 素线法　圆锥面上的点必在圆锥面的某条素线上,而圆锥面上的素线都经过锥顶点 S,连接点 S 和点 B 并延长,与底面圆相交于点 C,则点 B 为素线 SC 上的点,如图 3-10c 所示立体图。由于圆锥面上的素线为直线,在投影面上作出素线的投影,即可确定素线上点的投影。如图 3-10c 所示投影图,连接 s'和 b'并延长,与底圆的正面投影相交于 c'。由 b'可见可知,点 B 是前半圆锥面上的点,素线 SC 也应在前半圆锥面上,由 c'引铅垂的投影连线与前半底圆的水平投影相交得 c,连接 sc,再过 b'作铅垂的投影连线,在 sc 上得 b,最后由 b 和 b'求得 b"。由于圆锥面的水平投影可见,所以 b 也可见;又由于点 B 在左半圆锥面上,b" 也可见。

(2) 纬圆法　圆锥面上的点必在圆锥面的某个纬圆上,如图 3-10d 立体图所示,经过点 B 的纬圆(由点 B 绕轴线旋转一周形成)与底圆平行,也是一个水平圆,其正面和侧面投影分别与底圆的同面投影平行。在投影面上作出纬圆的投影,即可确定纬圆上点的投影。如

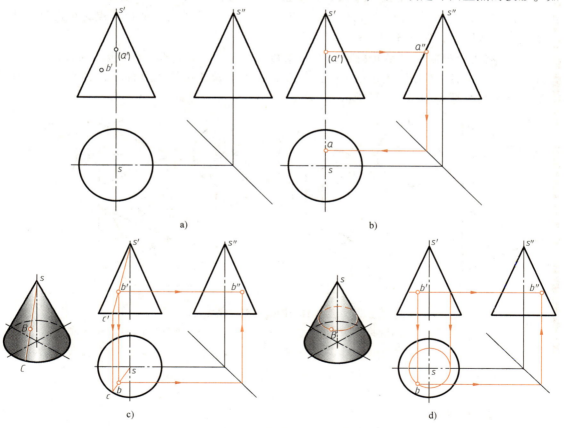

图 3-10　圆锥表面取点
a) 圆锥面上的已知点　b) 特殊点的作法　c) 素线法作一般点　d) 纬圆法作一般点

图 3-10d 投影图所示，过 b' 作垂直于轴线的水平纬圆的正面投影，其长度就是纬圆直径的实长，它与轴线的正面投影的交点，就是圆心的正面投影，圆心的水平投影与 s 重合。正投影面上，利用纬圆与右侧转向轮廓线相交确定纬圆半径，根据交点的水平投影，以 s 为圆心即可作水平实形纬圆，然后过 b' 作铅垂的投影连线，在水平纬圆的前半圆上得到 b，再由 b 和 b' 求得 b''。

例 3-3 如图 3-11a 所示，已知圆锥面上的线 $SABCD$ 的正面投影，求作该线的水平投影和侧面投影。

分析 圆锥面上除了素线（或素线的一部分）是直线外，其余都是曲线，曲线的投影仍需通过曲线上的多个点来确定。

如图 3-11a 所示，圆锥轴线水平放置，线 $SABCD$ 中，SA 的正面投影 $s'a'$ 为直线且经过锥顶，说明 SA 是圆锥面某条素线的一部分，其三面投影都是直线。$ABCD$ 的正面投影 $a'b'c'd'$ 是不规则的曲线，此时，需先作出各点的投影，再将各点的同面投影光滑连线。

作图步骤

1) 作线上特殊位置点的投影。线 $SABCD$ 中，点 S 是锥顶点，点 B 位于圆锥面上方的转向轮廓线上，点 D 位于圆锥面后方的转向轮廓线上，也在底圆上，根据投影关系，可直接作出这三个特殊点的水平投影和侧面投影，如图 3-11b 所示。

2) 作线上一般位置点的投影。线上点 A、C 是圆锥面上的一般位置点，可通过素线法或纬圆法取点，如图 3-11b 所示。

3) 将各点的同面投影光滑连线并判断可见性。将 sa 与 $s''a''$ 分别连接成直线，$abcd$ 和 $a''b''c''d''$ 分别连接成光滑曲线。由于线 $SABCD$ 完全位于上半圆锥面上，其水平投影和侧面投影均可见，如图 3-11c 所示。

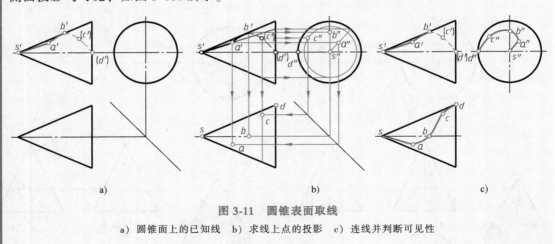

图 3-11 圆锥表面取线

a) 圆锥面上的已知线　b) 求线上点的投影　c) 连线并判断可见性

3.2.3 圆球

1. 圆球的形成

圆球的表面是球面。球面由圆绕其直径旋转半周而成，因此，球面上的素线是圆（曲线）。

2. 圆球的投影分析及画法

如图 3-12a 所示，圆球的三面投影均为直径与圆球直径相等的圆，它们分别是球面上的三条转向轮廓线的投影。正面投影的圆是前、后半球面可见与不可见的分界线的投影，该圆在球的前后对称面上；水平投影的圆是上、下两半球面可见与不可见的分界线的投影，该圆在球的上、下对称面上；侧面投影的圆是左、右两半球面可见与不可见的分界线的投影，该圆在球的左、右对称面上。

圆球上的转向轮廓线是平行于各投影面的最大圆，在与转向轮廓线平行的投影面上，投影为实形圆，其他两面投影则分别位于对称线上，如图 3-12c 所示。

作圆球的三面投影时，应分别用细点画线画出对称线，确定球心的三面投影，再画出三条转向轮廓线的投影，如图 3-12b、c 所示。

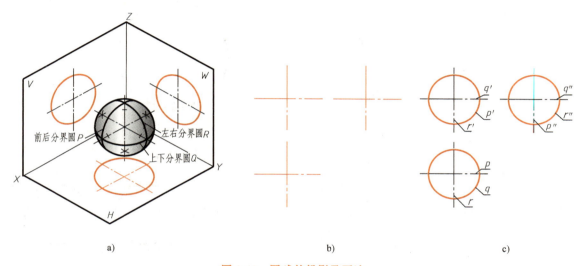

图 3-12 圆球的投影及画法

a）圆球立体图　b）作对称线的投影　c）作转向轮廓线的投影

3. 圆球表面取点、取线

圆球面的三面投影都没有积聚性，而且圆球面上不存在直线，因此，在圆球面上取点，除了位于转向轮廓线上的特殊点可以直接求出之外，其余位于一般位置的点，都需要利用辅助线（纬圆）作图。

如图 3-13a 所示，圆球面上有 A、B 两点，已知其正面投影，求作另两面投影。

圆球面上的点 A，正面投影位于圆球前后分界圆的正面投影上，属于转向轮廓线上的特殊点，其他两面投影也必然位于该转向轮廓线的同面投影上，即水平投影 a 在水平对称线上，侧面投影 a'' 在竖直对称线上，由于 A 位于圆球的右下方，a 和 a'' 均不可见，如图 3-13a 所示。

圆球面上的点 B 不在任何转向轮廓线上，属于一般位置点，需利用纬圆法求点。圆球面上经过点 B 的纬圆有无数条，但只有三条纬圆是投影面平行圆，作图方便，如图 3-13b 所示。因此，经过点 B 作任意与某投影面平行的纬圆，即可作出点的投影。如图 3-13c 所示，过点 B 作水平纬圆，通过 b' 作水平线与圆球正面投影圆交于 $1'$ 和 $2'$，以 $1'2'$ 为直径在水平投影上作水平圆，则点 B 的水平投影 b 必在该纬圆的水平投影上，由于 b' 可见，说明点 B 是前半圆球面上的点，再由 b、b′ 求出 b″，又因为点 B 是左半圆球面上的点，故 b″ 也可见。如图 3-13d 所示，过点 B 作正平纬圆，通过 b′ 以 b′ 到圆心为半径在正投影面上作正平圆，与水平对称线交于 3′，该水平对称线的水平投影正是圆球转向轮廓线的水平投影圆。根据投影关系，在水平投影上作出 3，再由 3 作水平线（纬圆的水平投影），则点 B 的水平投影 b 必在该水平线上，再由 b、b′ 求出 b″。如图 3-13e 所示，过点 B 作侧平纬圆，通过 b′ 作竖直线与圆球正面投影圆交于 4′ 和 5′，以 4′5′ 为直径在侧面投影上作侧平圆，则点 B 的侧面投影 b″ 必在该纬圆的侧面投影上，再由 b′、b″ 求出 b。

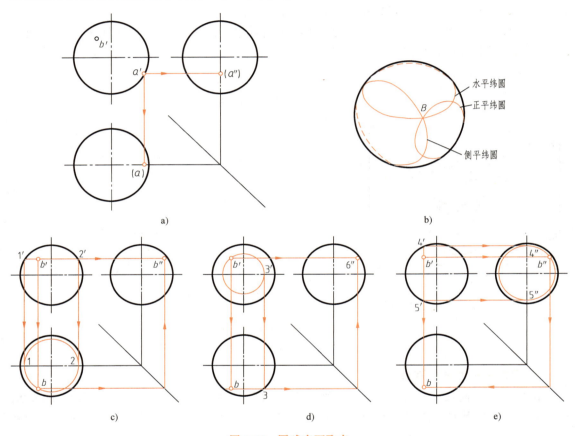

图 3-13　圆球表面取点

a）圆球面上特殊点的画法　b）圆球面上的纬圆　c）作水平纬圆求点　d）作正平纬圆求点　e）作侧平纬圆求点

例 3-4　如图 3-14a 所示，已知圆球面上曲线 AB 的水平投影，求作其正面投影和侧面投影。

分析　由于曲线的水平投影 ab 为水平直线，说明曲线 AB 是某一正平纬圆上的一段纬圆弧，其正面投影反映实形，侧面投影是和竖直对称线平行的直线。

作图步骤

1）作出经过点 A、B 的正平纬圆的正面投影和侧面投影，根据投影关系，在纬圆的投影上确定点 A、B 的投影。由于曲线 AB 经过了圆球的转向轮廓线（左右分界圆），交点 C 是曲线上可见与不可见的分界点，因此，必须作出该交点的投影，如图 3-14b 所示。

2) 连接曲线 ACB。正面投影中，$\overparen{a'c'b'}$ 是一段纬圆弧，该弧位于前半球面上，正面投影可见。侧面投影中，圆弧的投影为直线，其中圆弧 $\overparen{AC}$ 位于左半圆球面上，侧面投影可见，画粗实线；圆弧 $\overparen{CB}$ 位于右半圆球面上，侧面投影不可见，用细虚线表示，细虚线与粗实线重合的部分省略不画，如图 3-14c 所示。

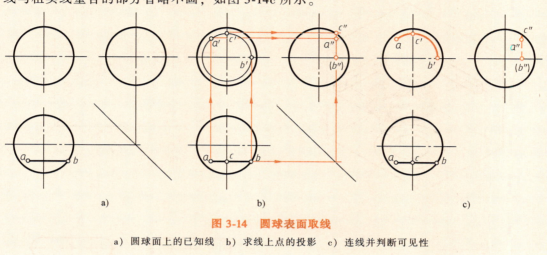

图 3-14 圆球表面取线
a) 圆球面上的已知线 b) 求线上点的投影 c) 连线并判断可见性

3.2.4 圆环

1. 圆环的形成

圆环的表面是圆环面。圆环面是以圆为母线，围绕在圆外且与圆共面的一条轴线回转一周而成。圆母线离轴线较远的半圆旋转形成的曲面是外环面，离轴线较近的半圆旋转形成的曲面是内环面。

2. 圆环的投影分析及画法

在三投影面体系中，一般将圆环的轴线放置为投影面垂直线。

如图 3-15a 所示，圆环的轴线为铅垂线。在正面投影中，左、右两圆是圆环面上平行于 V 面的最左、最右两素线圆的投影，是区分前、后圆环表面的转向轮廓线，该两圆之间的前半外圆环面可见，后半外圆环面不可见，但与前半外圆环面的投影重合；内圆环面的正面投影均不可见。侧面投影中的两圆是圆环面上平行于 W 面的最前、最后两素线圆的投影，是区分左、右圆环表面的转向轮廓线，该两圆之间的左半外圆环面可见，右半外圆环面不可见，但与左半外圆环面的投影重合；内圆环面的侧面投影均不可见。正面投影和侧面投影中的上、下两条直线分别是圆环面上最高、最低纬圆的投影；水平投影上两个同心圆分别是母线上距离轴线最远和最近的两点旋转形成的最大和最小纬圆的投影，这两个纬圆是圆环的上、下分界线，水平投影中，上半圆环面的投影可见，下半圆环面的投影不可见，但与上半圆环面的投影重合。

圆环投影的作图步骤如下：

1) 作轴线的投影以及圆环的上、下对称线，如图 3-15b 所示。
2) 作素线圆的中心线，如图 3-15c 所示，素线圆的圆心旋转形成的纬圆，在水平投影中需用细点画线画出。

3）在正面投影和侧面投影中，分别作出最左、最右、最前、最后素线圆的投影以及最高、最低纬圆的投影，因为内环面不可见，其转向轮廓线应画成细虚线。再在水平投影中画出最大和最小纬圆的投影，如图 3-15d 所示。

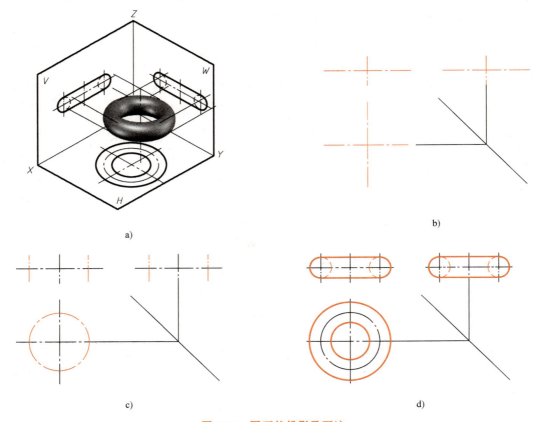

图 3-15　圆环的投影及画法

a）圆环立体图　b）作轴线和对称线的投影　c）作素线圆的中心线　d）作素线圆和纬圆的投影

3. 圆环表面取点

由于圆环面的三面投影都没有积聚性，而且圆环面上不存在直线，因此，在圆环面上取点，除了位于转向轮廓线上的特殊点可以直接求出之外，其余的点都需要利用辅助线法（纬圆法）作图。

如图 3-16a 所示，圆环面上有 A、B、C、D 四个点，其中点 A、B 是转向轮廓线上的特殊点，点 C、D 是圆环面上的一般点。

圆环面上的点 A 是最左转向轮廓圆上的点，该转向轮廓圆是正平圆，水平投影位于前后对称线上，因此可直接求得 a，如图 3-16b 所示。点 B 是圆环表面最大纬圆上的点，根据其可见性，可在最大纬圆水平投影的前方得到 b，如图 3-16b 所示。对于一般点 C 和 D，需利用纬圆法求得。由 c′ 可见可知，点 C 是外圆环面上的点，由 c′ 作纬圆的正面投影（与圆环轴线垂直的水平直线），确定纬圆的直径，在水平投影中作出纬圆的实形圆，根据投影关系，在该圆上可直接作出 c，因点 C 是上半圆环面上的点，其水平投影可见，如图 3-16c 所示。对于点 D，由 d 可见可知，点 D 位于上半内圆环面上，过 d 作纬圆的实形圆，再在正面投影中的内圆环面上方作出纬圆的正面投影（水平直线），最后根据投影关系作出 d′，d′ 不可见，如图 3-16c 所示。

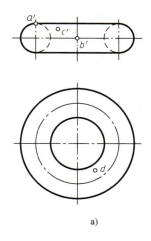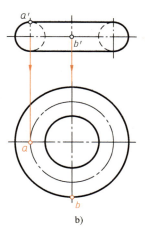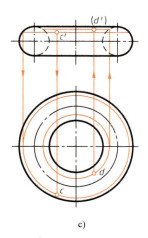

图 3-16 圆环表面取点

a) 圆环表面的已知点   b) 特殊点的作法   c) 纬圆法作一般点

3.3 平面与平面立体表面相交

平面与立体表面相交，即立体被平面截切，该平面称为截平面，截平面与立体表面的交线称为截交线，由截交线围成的平面图形称为截面或断面，如图 3-17 所示。

平面立体截交线的构成：平面与平面立体相交，截交线是平面多边形，其边是截平面和棱面的交线，边的两端点是截平面与棱线的交点。

截交线的性质：

1）封闭性。截交线一定是一个封闭的平面图形。

2）共有性。截交线是截平面和立体表面的共有线，截交线上的点都是截平面与立体表面上的共有点。

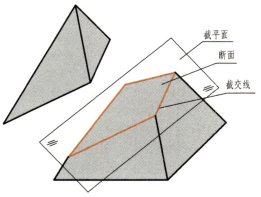

图 3-17 平面与立体表面相交

因为截交线是截平面与立体表面的共有线，所以求作平面立体截交线的实质，就是求出截平面与平面立体表面的共有点，一般步骤如下：

1）形体分析。分析平面立体表面性质及投影特性。

2）截平面分析。确定截平面数目、位置以及与哪些棱线相交。

3）求截交线。用线面交点法（棱线法）求出截交线各端点，连成截交线。

4）判断可见性。截交线各线段的可见性与棱面的可见性相同。

5）完善截后平面立体的投影。

3.3.1 单个平面与平面立体相交

如图 3-18a 所示，五棱柱被正垂面 P 切割掉左上角，正面投影中被切割掉的部分用细双点画线表示，被切割后，五棱柱的水平投影和侧面投影也会发生改变。

五棱柱由顶面、底面和五个侧棱面构成，由图 3-18a 中所示的正面投影可知，五棱柱底面未与截平面 P 相交，而顶面、后棱面、左后棱面、左前棱面以及右前棱面均被截平面截切，产生五条交线，因此，截面为五边形，五边形的五个顶点为五棱柱的五条棱线与截平面的交点，如图 3-18b 所示。由于截平面是正垂面，截交线的正面投影与截平面的积聚性投影重合，水平投影和侧面投影为类似形（五边形）。作图过程如下：

1）作交点的投影。从图 3-18a 正面投影可知，点 A、E、B 所在的三条铅垂棱线与截平面 P 相交，产生三个交点，顶面上棱线 BC、DE 也与截平面相交，产生两个交点。在正投

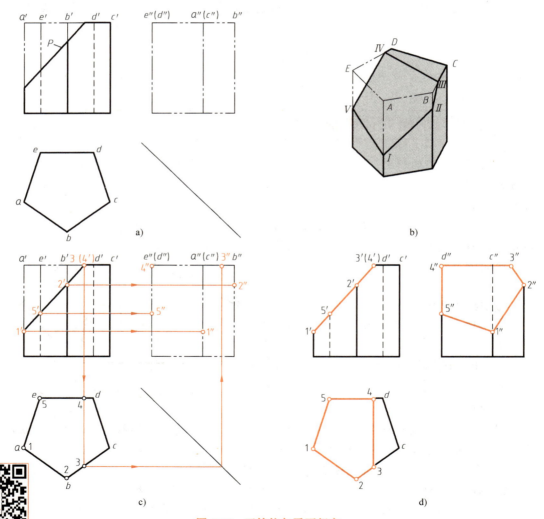

图 3-18 五棱柱与平面相交

a）已知条件 b）立体图 c）求交点的投影 d）作截交线并完善轮廓

影面上标出五个交点的投影 1′、2′、3′、4′、5′，其中Ⅲ、Ⅳ两点为重影点，如图 3-18c 所示。根据投影关系，在各点所在棱线的投影上确定各点的水平投影和侧面投影。

2）作截交线的投影并判断可见性。将各点的同面投影顺次连线，即得到截交线的水平投影和侧面投影，显然五边形 12345 和 1″2″3″4″5″是类似形。截交线的水平投影和侧面投影均可见，画粗实线。

3）完善轮廓。五棱柱被平面截去左上角后，轮廓不再完整，需要对剩余轮廓线进行完善。因为五棱柱的底面未被截取，水平投影中的五边形和侧面投影中的积聚直线仍完整保留。顶面被截切后，只剩下四边形ⅢⅣDC，其水平投影 34dc 反映实形，侧面投影积聚成直线 3″4″，顶面点Ⅲ之前的轮廓已被截去，其投影不可再画。点 A、E、B 所在的三条铅垂棱线被截切后，只剩下交点Ⅰ、Ⅱ、Ⅴ下部，即侧面投影中点 1″、2″、5″以下轮廓线保留，以上部分去掉；剩余点 C、D 所在的铅垂棱线未被截切，侧面投影完整保留。作保留棱线的投影时，需注意可见性，点 C、D 所在铅垂棱线均不可见，应画虚线，但与粗实线重合时，虚线省略。完善后的轮廓如图 3-18d 所示。

3.3.2　多个平面与平面立体相交

如图 3-19a 所示，已知正三棱锥 SABC 及水平面 P、正垂面 Q，完成三棱锥被 P、Q 两平面截切后的三面投影。

由图 3-19a 可知，正三棱锥的底面是水平面，底面上三条棱线均未与平面 P、Q 相交；三条侧棱线中，SA 和 SB 同时被平面 P、Q 截切，各产生两个交点；由于 P、Q 两个截平面相交，产生一条交线和两个端点，因此，正三棱锥被平面 P、Q 截切后得到两个断面，均为四边形，如图 3-19b 所示。因为 P 为水平面，其水平投影反映断面实形，正面投影和侧面投影积聚成直线；Q 为正垂面，断面在正投影面上积聚成斜线，水平投影和侧面投影为类似形。作图过程如下：

1）作交点的正面投影 1′、2′、3′、4′、5′、6′。Ⅰ、Ⅴ分别是棱线 SA 与平面 P、Q 的交点，Ⅱ、Ⅵ分别是棱线 SB 与平面 P、Q 的交点，Ⅲ、Ⅳ是平面 P、Q 交线上的两个端点，该交线垂直于正投影面。

2）求平面 P 上的交点。平面 P 平行于三棱锥底面，故平面 P 与整个三棱锥的截交线是一个与底面平行且相似的三角形。通过棱线 SA 上的点Ⅰ，在水平投影面上作出 P 面所在三角形的水平投影，根据投影关系，在该三角形投影上确定点Ⅱ、Ⅲ、Ⅳ的水平投影 2、3、4，在侧投影面上作出 1″、2″、3″、4″，如图 3-19c 所示。

3）求平面 Q 上的交点。根据 5′、6′，分别在棱线 SA 和 SB 的水平投影和侧面投影上作出 5、6 和 5″、6″，如图 3-19c 所示。

4）作截交线的投影并判断可见性。在水平投影和侧面投影中，分别将平面 P 和 Q 上各交点顺次连线。水平投影面上的四边形 1234 就是平面 P 截切三棱锥而产生的断面的实形，侧面投影中 1″2″3″4″积聚成直线。水平投影中的四边形 3456 和侧面投影中四边形 3″4″5″6″是平面 Q 截切三棱锥而产生的断面的类似形。水平投影中，两截平面交线的投影 34 不可见，画细虚线，如图 3-19d 所示。

5）完善轮廓。三棱锥在被平面 P 和 Q 截切时，只有棱线 SA 中Ⅰ Ⅴ和棱线 SB 中的Ⅱ Ⅵ被截去，这两部分线段的水平投影和侧面投影不应再画出，而其他未被截去的棱线仍按投影关系完善各投影，如图 3-19d 所示。

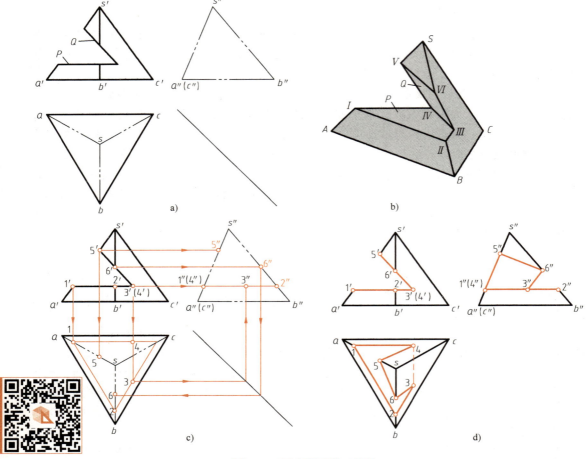

图 3-19 两个平面截三棱锥

a）已知条件　b）立体图　c）求交点的投影　d）作截交线并完善轮廓

在平面与平面立体相交时，也常出现穿孔立体，如图 3-20 所示，其实质仍是多个平面截切平面立体，读者可自行分析。

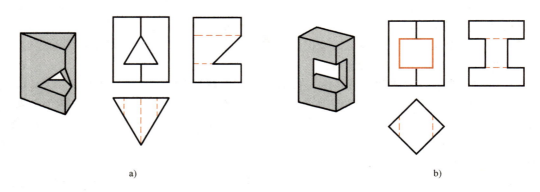

图 3-20 平面立体穿孔

a）三棱柱穿三角孔　b）四棱柱穿方孔

3.4 平面与回转体表面相交

曲面立体的截交线通常是一条封闭的平面曲线,也可能是由截平面上的曲线和直线所围成的平面图形或多边形。截交线的形状取决于回转面的几何性质以及它与截平面的相对位置。

截交线是截平面和曲面立体表面的共有线,截交线上的点也都是它们的共有点,如图 3-21 所示。当截平面为特殊位置平面时,截交线的投影就积聚在截平面有积聚性的同面投影上,可用在曲面立体表面上取点和取线的方法作截交线。

截交线上有一些能确定其形状和范围的特殊点,包括曲面转向轮廓线上的点,截交线在对称轴上的顶点,以及最高、最低、最前、最后、最左、最右点等,其他点都是一般点。

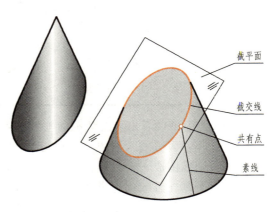

图 3-21 平面与回转体表面相交

求作曲面立体的截交线,一般步骤如下:
1) 形体分析。分析回转体的表面性质及投影特性。
2) 截平面分析。确定截平面数目和空间位置。
3) 求截交线。用线面交点法,先作出所有特殊点,再插补一些一般点,最后连成截交线的投影。
4) 判断可见性。截交线的可见性与所属回转面部位的可见性相同。
5) 完善截后曲面立体的投影。

3.4.1 平面与圆柱相交

由于截平面与圆柱轴线的相对位置不同,平面与圆柱面相交的截交线有三种形状,见表 3-1。

表 3-1 平面与圆柱面的截交线

截平面的位置	平行于圆柱轴线	垂直于圆柱轴线	倾斜于圆柱轴线
截交线的形状	平行两直线	圆	椭圆
立体图			

(续)

截平面的位置	平行于圆柱轴线	垂直于圆柱轴线	倾斜于圆柱轴线
投影图	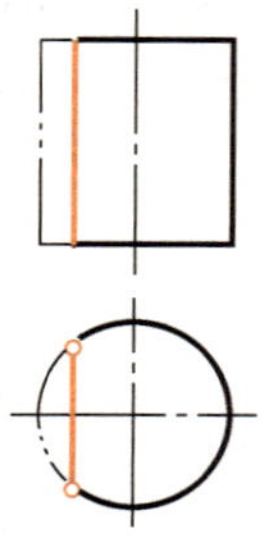	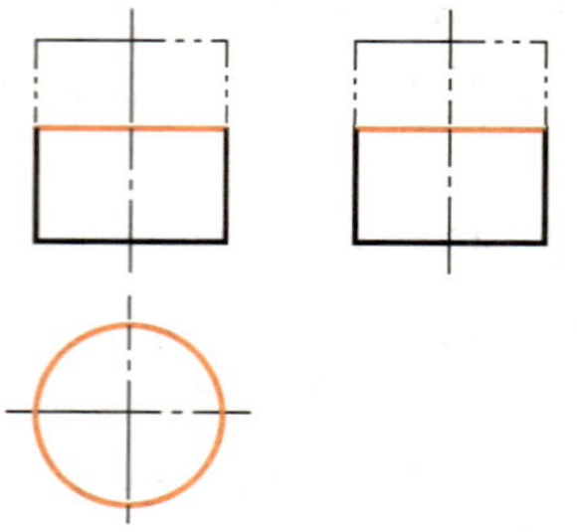	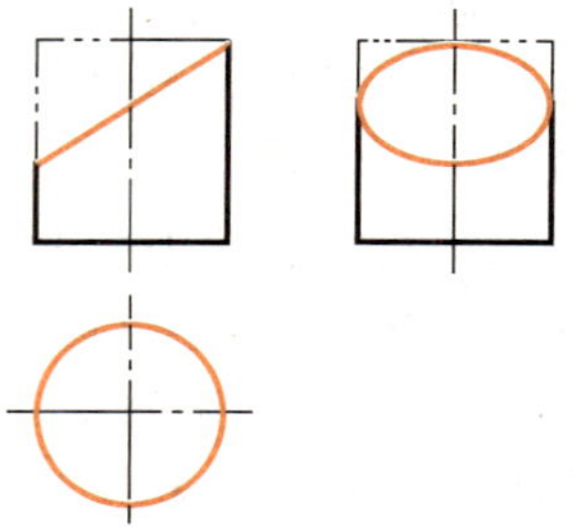

从表 3-1 中可以看出：当截平面与圆柱相交时，若截平面平行于圆柱轴线，则与顶面、底面分别交得一段直线，与圆柱面相交得到两段平行于轴线的直线，也是圆柱面上的两条素线，四条截交线围成一个矩形；当截平面垂直于圆柱轴线时，截交线为垂直于轴线的圆；当截平面倾斜于圆柱轴线时，若截平面只截到圆柱面，截交线是椭圆，若截平面既截到圆柱面，又截到顶面和底面，截交线是两段直线和两段椭圆弧，若截平面既截到圆柱面，又截到顶面或底面之一时，截交线是一段直线和一段椭圆弧。

如图 3-22a 所示，圆柱被正垂面 P 截切，截平面与圆柱轴线倾斜且只与圆柱面相交，截交线是一个椭圆。根据截交线的共有性，该椭圆位于截平面 P 上，是一个正垂椭圆，其正面投影为一条斜线，同时，该椭圆也位于圆柱面上，其水平投影与圆柱面的水平投影圆重合。通过椭圆的两面投影，即可作出第三投影。作图过程如下：

1）作出未被截切的圆柱的侧面投影。

2）求特殊点。由图 3-22a 所示正面投影可知，截平面 P 与圆柱的四条转向轮廓线均有相交，产生四个交点 Ⅰ、Ⅱ、Ⅲ、Ⅳ，在正面投影中标出四个交点的投影 1′、2′、3′、4′。Ⅰ、Ⅲ 分别是截交线上的最左、最右点，也是最低、最高点（也是椭圆长轴上的两个端点），Ⅱ、Ⅳ 分别是截交线上的最前、最后点（也是椭圆短轴上的两个端点），各点的水平投影均在圆柱面的积聚性投影圆上。再作出各点的侧面投影 1″、2″、3″、4″，如图 3-22b 所示。

3）求一般点。在水平投影圆上任取点 5，5′在平面 P 的积聚性投影上，由 5、5′求出 5″。利用椭圆曲线的对称性，作出点 Ⅴ 的其余对称点 Ⅵ、Ⅶ、Ⅷ 的侧面投影，如图 3-22c 所示。

4）连线并判断可见性。按水平投影中各点的顺序，在侧面投影上依次光滑连接各点，即得截交线的侧面投影。截交线的侧面投影可见，画粗实线，如图 3-22d 所示。

5）完善圆柱轮廓。侧面投影中，两条竖线分别是圆柱的前、后转向轮廓线，这两条素线分别在 Ⅱ、Ⅳ 点被截断，2″、4″以下部分保留，画粗实线；两条水平线分别是顶面和底面的投影，顶面被截去，只剩下底面的投影，完善轮廓后的投影如图 3-22d 所示。

多个截平面截圆柱时，逐一求出每个截平面的截交线，其截交线的组合即为所求，但要注意截平面之间的交线。

第3章 立体的投影

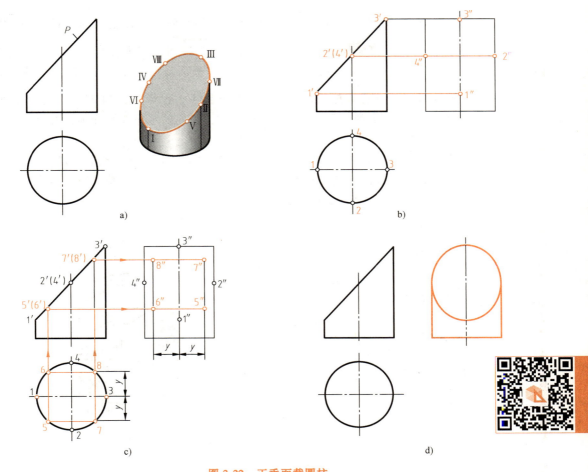

图 3-22 正垂面截圆柱
a）已知条件　b）作特殊点　c）作一般点　d）作截交线并完善轮廓

例 3-5　如图 3-23a 所示的圆柱被平面切口，补全其水平投影和侧面投影。

分析　由图 3-23a 中正面投影可知，圆柱轴线铅垂放置，圆柱的切口是由两个侧平面和一个水平面截切而成的。侧平面与圆柱轴线平行，截交线是与圆柱轴线平行的直线，也是铅垂线；水平面与圆柱轴线垂直且只与圆柱面的中间部分相交，截交线是两段圆弧；同时，两个侧平面分别和圆柱顶面及水平面相交，截交线为直线。即侧平面截圆柱，截面为矩形；水平面截圆柱，截面为两段圆弧和两条直线围成的平面，如图 3-23b 所示。

作图步骤

1）作侧平面截圆柱的截交线。两个侧平面与圆柱面相交，截交线为四条铅垂线，在正面投影中标出四条铅垂线的投影 $a'd'$、$b'c'$、$e'h'$、$f'g'$，它们的水平投影积聚成点，如图 3-23c 所示，由此再作侧面投影 $a''d''$、$b''c''$、$e''h''$、$f''g''$。由于两个侧平面左右对称，侧面投影重合，$a''d''$ 与 $b''c''$ 可见，画粗实线，$e''h''$ 与 $f''g''$ 分别被 $a''d''$ 和 $b''c''$ 遮挡，不可见。侧平面与圆柱顶面的交线即为 AB、EF，作出它们的水平投影和侧面投影。

2）作水平面截圆柱的截交线。水平面与圆柱面的交线是两段前后对称的圆弧$\overset{\frown}{DH}$、$\overset{\frown}{CG}$。它们的水平投影dh和cg反映实形，分别重合在圆柱面的积聚性水平投影上；侧面投影是两条直线$1''d''(h'')$和$2''c''(g'')$，点Ⅰ、Ⅱ是水平面与圆柱前、后转向轮廓线的交点，是将圆弧$\overset{\frown}{DH}$和$\overset{\frown}{CG}$分成左右可见与不可见的分界点，投影$1''d''$和$2''c''$可见，$1''h''$和$2''g''$不可见。水平面与两个侧平面的交线为CD、GH，它们的水平投影分别在两个侧平面的积聚投影上，侧面投影重合且不可见，如图3-23c所示。

3）完善轮廓。侧面投影中，圆柱前、后转向轮廓线在点Ⅰ、Ⅱ处被截断，$1''$、$2''$点以下部分保留；圆柱顶圆只保留AB左侧和EF右侧部分，其侧面投影积聚成直线$a''(e'')b''(f'')$；圆柱底面投影完整保留，如图3-23d所示。

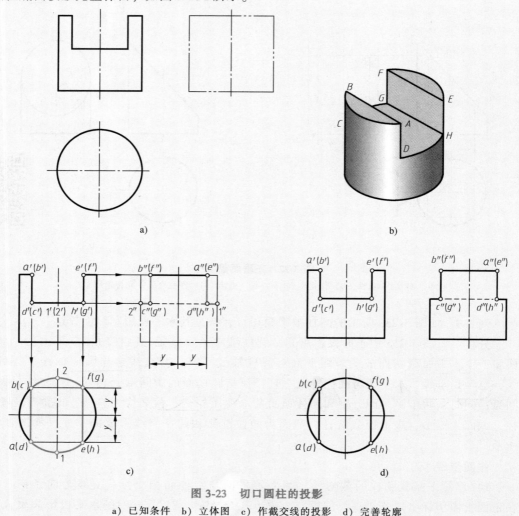

图3-23 切口圆柱的投影
a）已知条件　b）立体图　c）作截交线的投影　d）完善轮廓

例3-6* 已知圆柱被截后的水平投影和侧面投影，如图3-24a所示，完成其正面投影。

分析 根据侧面投影可知,圆柱的中间从左往右切去一个U形槽,U形槽的水平投影应该是一个矩形,但图3-24a中所示U形槽的水平投影是一个环形结构,而且圆柱的投影出现了左右两个圆,说明圆柱在被切去U形槽后又被截切,水平投影左右对称,截平面也应左右对称。显然,水平投影和侧面投影中的U形面是类似形,如图3-24c中阴影所示,由此可知,圆柱是被两个对称的正垂面截切,而且,两个正垂面也切到了U形槽。

作图步骤

1)作出未被截切的圆柱的正面投影。

2)截U形槽。U形槽的上部是两个正平面和圆柱面相交,因为正平面和圆柱的轴线平行,交线是平行于轴线的直线;U形槽的下部是半个圆柱面,正面投影是最下的转向轮廓线,如图3-24b所示。

3)正垂面截圆柱。正垂面的正面投影是直线,根据三个类似U形面的投影关系,即可作出两个正垂面的正面投影,如图3-24c所示。

4)完善轮廓。擦去被截去的图线,将剩下的图线按要求描深、加粗,如图3-24d所示。

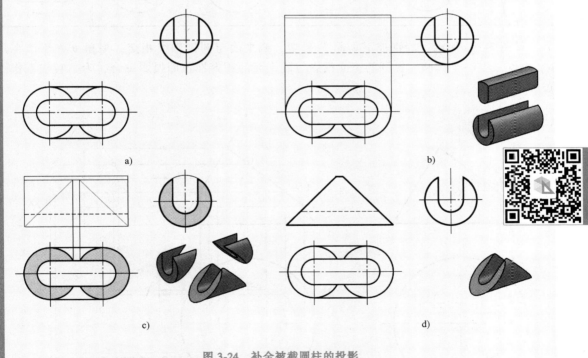

图3-24 补全被截圆柱的投影
a)已知条件 b)截U形槽 c)正垂面截切 d)完善轮廓

3.4.2 平面与圆锥相交

平面与圆锥面相交,截交线有五种情况,见表3-2。

表 3-2 平面与圆锥面的截交线

截平面的位置	通过锥顶	与轴线垂直	与轴线倾斜且 $\theta>\alpha$	与轴线倾斜且 $\theta=\alpha$	与轴线倾斜且 $\theta<\alpha$ 或与轴线平行 $\theta=0°$
截交线的形状	相交两直线	圆	椭圆	抛物线	双曲线
立体图					
投影图					

如图 3-25a 所示，圆锥被正垂面 P 截切，截平面与圆锥轴线相交，夹角 θ 大于锥半角 α，截交线是一个椭圆，椭圆的正面投影与截平面的积聚性正面投影重合，为一直线。作图过程如下：

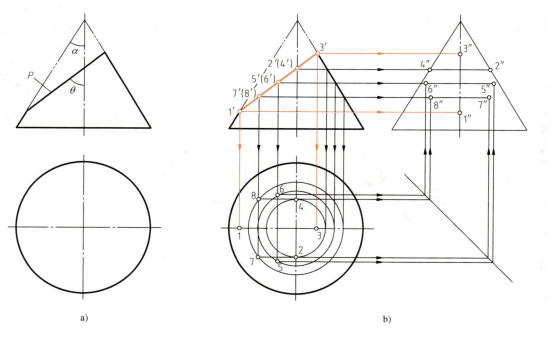

图 3-25 正垂面截圆锥
a) 已知条件 b) 作交点的投影

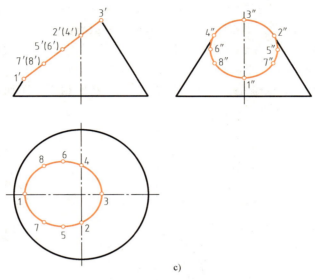

图 3-25　正垂面截圆锥（续）
c）作截交线并完善轮廓

1）作未被截切的圆锥的侧面投影。

2）求特殊点。由图 3-25a 所示正面投影可知，截平面 P 与圆锥的四条转向轮廓线均有相交，产生四个交点 Ⅰ、Ⅱ、Ⅲ、Ⅳ，在正面投影中标出四个交点的投影 1′、2′、3′、4′，由各点所在转向轮廓线的投影确定 1、2、3、4 和 1″、2″、3″、4″。其中，Ⅰ、Ⅲ 分别是截交线上的最左、最右点，也是最低、最高点，也是截交线椭圆长轴上的两个端点，取 1′3′ 的中点，可得椭圆短轴端点 Ⅴ、Ⅵ 的正面投影 5′、6′，Ⅴ、Ⅵ 是截交线上的最前和最后点。由于 Ⅴ、Ⅵ 不在圆锥的转向轮廓线上，因此可作水平纬圆求其各投影，如图 3-25b 所示。

3）求一般点。为使椭圆曲线较为准确，视具体情况，可再求适量的一般点，作法与点 Ⅴ、Ⅵ 类似，如图 3-25b 中所示的点 Ⅶ、Ⅷ。

4）连截交线并判断可见性。在水平投影和侧面投影中依次光滑连接各点，得到两个类似椭圆。两个椭圆均可见，如图 3-25c 所示。

5）完善圆锥轮廓。圆锥底圆未被截切，各投影保留；侧面投影中，保留圆锥面前、后转向轮廓线 2′、4′ 以下部分投影，完善轮廓后的投影如图 3-25c 所示。

例 3-7　如图 3-26a 所示，已知圆锥及截平面 P 的水平投影，求圆锥被截后的正面投影。

分析　截平面 P 是正平面且平行于圆锥轴线，截交线是双曲线，其水平投影与截平面 P 的积聚性水平投影重合，正面投影反映实形。

作图步骤

1）求特殊点。P 面分别与圆锥最前转向轮廓线和底圆交于 A、B、C 三点，在水平投影中标出 a、b、c，在底圆的正面投影中确定 b′、c′，a′ 由纬圆法求得，如图 3-26b 所示。

2）求一般点。在水平投影上任作纬圆，与 P 面的水平投影交于 d、e，利用纬圆法确定 d′ 和 e′。视具体情况，用相同方法可再求适量一般点。

3）连截交线并判断可见性。在正面投影中依次光滑连接各点，得到双曲线的实形，双曲线位于前半圆锥面上，正面投影可见，如图 3-26c 所示。

4）完善圆锥轮廓。圆锥左、右转向轮廓线未与 P 面相交，正面投影保留；再将剩余底圆投影加粗，如图 3-26c 所示。

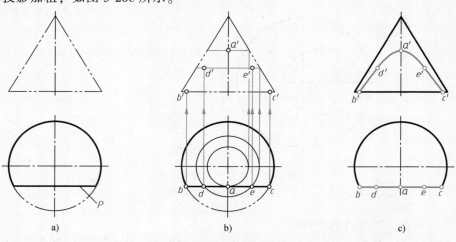

图 3-26 正平面截圆锥
a）已知条件　b）作交点的投影　c）作截交线并完善轮廓

例 3-8　如图 3-27a 所示，补全圆锥被多个平面截切后的水平投影和侧面投影。

分析　从图 3-27a 所示正面投影可知，圆锥被一个正垂面、一个水平面和一个侧平面截切。正垂面经过锥顶，截交线是两条相交于锥顶的直线（素线）；水平面与圆锥的轴线垂直，截交线是圆弧；侧平面与圆锥的轴线平行，截交线是双曲线。多个截平面截立体时，应逐一求出每个截平面的截交线。显然，圆锥被截切后仍前后对称，这些交线的正面投影与所在截平面的正面投影重合，它们的水平投影和侧面投影都可见。

作图步骤

1）补全圆锥侧面投影。

2）作正垂面截交线的投影。正垂面与底圆相交于点 Ⅰ、Ⅱ，利用素线法确定截交线的最高点 Ⅲ、Ⅳ，分别连接 Ⅳ Ⅱ、Ⅱ Ⅰ、Ⅰ Ⅲ 的水平投影和侧面投影，如图 3-27b 所示。

3）作水平面截交线的投影。利用纬圆法在水平投影面上作出水平面的实形圆，在该圆上确定截交线最右点的投影 5、6（3、4 为最左点的投影），以及最前点和最后点的投影 7、8，再作出这些点的侧面投影。水平投影中，圆弧 $\overset{\frown}{486}$ 和 $\overset{\frown}{375}$ 即为截交线的实形投影，其侧面投影为两条直线 4″8″、3″7″，如图 3-27c 所示。注意连接正垂面与水平面的交线的投影 34、3″4″。

4）作侧平面截交线的投影。在正面投影中作出截交线最高点的投影 9′，该点位于圆锥右侧转向轮廓线上，由此可确定 9 和 9″的位置。再在截交线的正面投影中任意确定两个一般点 10 和 11，利用纬圆法作出两个一般点的其他两面投影。在侧面投影中，将 6″、11″、9″、10″、5″光滑连接，即得截交线的实形投影，其水平投影是直线 56。侧平面与水平面的交线 Ⅴ Ⅵ 的投影已经作出，如图 3-27d 所示。

5）完善轮廓。水平投影中，圆锥底圆左侧被正垂面截切，直线 12 右侧保留；侧面投影中，圆锥前、后转向轮廓线被水平面截切，7″、8″下部分保留，底圆投影保留，如图 3-27e 所示。

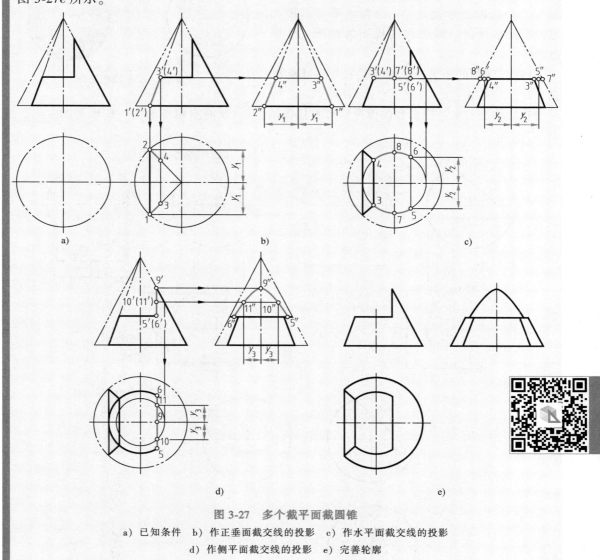

图 3-27 多个截平面截圆锥

a）已知条件 b）作正垂面截交线的投影 c）作水平面截交线的投影
d）作侧平面截交线的投影 e）完善轮廓

3.4.3 平面与圆球相交

平面与球面的截交线是圆。当截平面平行于投影面时，截交线的投影为圆；当截平面垂直于投影面时，截交线的投影为直线；当截平面倾斜于投影面时，截交线的投影为椭圆。

如图 3-28 所示，截平面 P 是水平面，截交线的正面和侧面投影是水平线段，分别与平面 P 的正面和侧面投影重合，截交线的水平投影反映圆的实际形状，圆的直径可从正面和侧面投影中量取，圆心与球心的同面投影重合。

如图 3-29 所示，圆球被正垂面 P 截去左上角，P 面与正投影面垂直，截交线的投影为直线且与 P 面正面投影重合，P 面与水平投影面和侧投影面都倾斜，截交线的投影为椭圆。作图过程如下：

1) 作椭圆的极值点。在正面投影中作椭圆长、短轴端点 a'、b'、c'、d'，A、B 两点在正面转向轮廓线上，水平投影和侧面投影可直接得出。C、D 两点用纬圆法，作水平圆求得，如图 3-29a 所示。

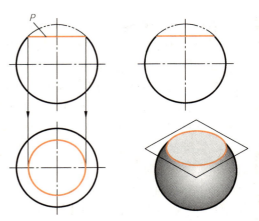

图 3-28 水平面截圆球

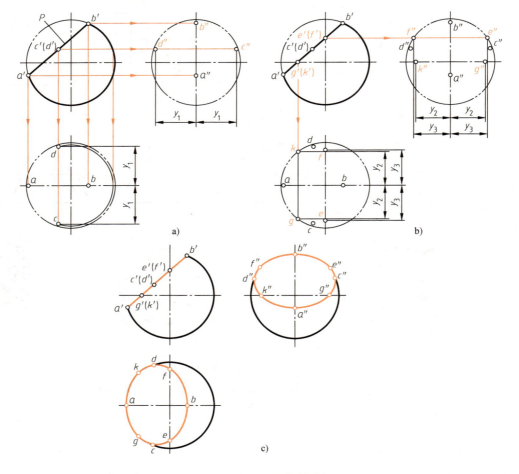

图 3-29 正垂面截圆球

a) 作极值点的投影　b) 作其他特殊点的投影　c) 作截交线并完善轮廓

2)作其他特殊点。E、F、G、K 四点分别在侧面和水平面的转向轮廓线上,可直接求得,如图 3-29b 所示。

3)连接截交线并判断可见性。在各投影面上依次光滑连接各点的投影,构成两个类似椭圆,两个椭圆均可见,如图 3-29c 所示。

4)完善轮廓。从正面投影可知,水平转向轮廓圆被 P 面截去 G、K 左侧,右侧轮廓圆保留;侧面转向轮廓圆被 P 面截去 E、F 上部,下部轮廓圆保留,如图 3-29c 所示。

例 3-9 如图 3-30a 所示,已知带切口半球的正面投影,求其水平投影和侧面投影。

分析 由图 3-30a 可知,半球上的切口由一个侧平面和一个水平面截切而成,其截交线的空间形状均为圆弧。侧平面与圆球截交线的侧面投影反映实形,正面和水平投影积聚成直线;水平面与圆球截交线的水平投影反映实形,正面和侧面投影积聚成直线。

作图步骤

1)求侧平面截交线的投影。截交线的正面投影与截平面的积聚投影重合,作截交线的最高点 A 的正面投影 a',在侧面投影中作出过点 A 的侧平纬圆的实形投影,根据高度确定截交线的最低两点 B、C 的投影 b''、c'',圆弧 $\overparen{b''a''c''}$ 即为截交线的侧面投影,该圆弧可见。水平投影中,通过作点 B、C 所在水平纬圆的投影,可得 b、c,截交线投影积聚成直线 bc,如图 3-30b 所示。

2)求水平面截交线的投影。水平面截交线的正面投影与截平面的积聚投影重合,其水平投影位于如图 3-30b 所示过点 B、C 的水平纬圆上。点 D 是水平面截交线的最右点,点 B、C 是最左两点,且该截交线经过侧面转向轮廓圆,交点为 E、F,作出 e''、f''。圆弧 $\overparen{BEDFC}$ 的侧面投影积聚成直线 $e''f''$,其中,$b''c''$ 段不可见,如图 3-30c 所示。两截平面的交线 BC 的三面投影已经作出,无需再作。

3)完善轮廓。因半球的底面未被截切,水平转向轮廓圆及其侧面投影保留;侧面转向轮廓圆在点 E、F 处被水平面截断,e''、f'' 下部保留,如图 3-30d 所示。

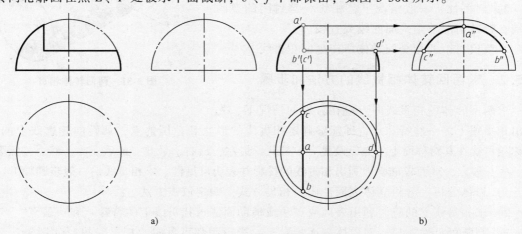

图 3-30 带切口半球的投影
a)已知条件 b)作侧平面截交线的投影

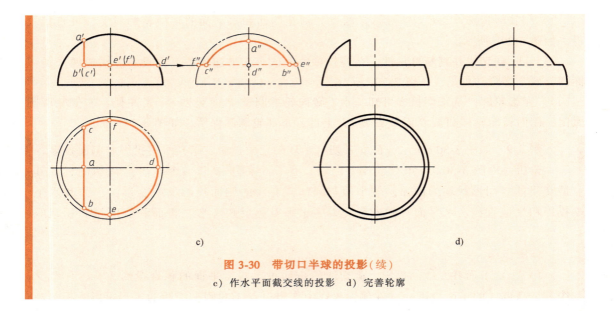

图 3-30 带切口半球的投影（续）
c）作水平面截交线的投影　d）完善轮廓

3.5 两回转体表面相交

3.5.1 相贯线的基本概念

两个立体相交称为相贯，在相贯体的表面上形成的交线称为相贯线，如图 3-31 所示。相贯线的性质：

1）共有性。相贯线是两立体表面的共有线，相贯线上的点是两立体表面的共有点。所以求相贯线的实质就是求两立体表面的共有点。

2）封闭性。一般情况下，相贯线是封闭的空间曲线，特殊情况下是平面曲线或直线。

本节仅讨论两相交回转体所产生的相贯线。

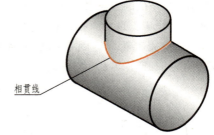

图 3-31 两回转体相贯

3.5.2 求两回转体相贯线的方法和步骤

求两回转体的相贯线时，应在方便的情况下，先作出相贯线上的一些特殊点，即能够确定相贯线的形状和范围的点，如转向轮廓线上的点、对称相贯线在其对称面上的点以及最高、最低、最左、最右、最前、最后点等，然后按需要再作一些一般点，从而较准确地画出相贯线的投影并表明可见性。求相贯线的一般步骤如下：

1）形体分析。分析立体表面性质及相贯方式，确定取点方法。

2）求相贯线上的点。利用表面取点法或辅助面法求相贯线上的特殊点和一般点。

3）判断可见性。只有两立体表面相对某一投影面都可见时，相贯线投影才可见，否则不可见。

4）依次连线。将同面投影上的各点投影顺次连成光滑曲线。

5）完成相贯体的投影。

1. 表面取点法

表面取点法也称为积聚性法，它是利用圆柱面投影具有积聚性的特点，先在圆柱积聚投影上确定相贯线上若干个共有点的投影，然后在另一回转体表面上利用表面取点的方法求出它们的未知投影，从而作出相贯线投影的方法。因此，当两相交回转体中有一个是圆柱且轴线垂直于某一投影面时，可采用表面取点法求解相贯线。

如图3-32a所示，两圆柱轴线垂直相交（也称正交），相贯线为空间封闭的曲线，且前后、左右都对称。小圆柱的轴线为铅垂线，圆柱面的水平投影积聚；大圆柱的轴线为侧垂线，圆柱面的侧面投影积聚。根据相贯线的共有性，相贯线的水平投影与小圆柱面的水平投影重合，侧面投影与大圆柱面的侧面投影重合，且分别为两投影面中共有的一段圆弧，即水平投影中的整圆和侧面投影中的上段小圆弧。相贯线的两面投影已知，只需作出正面投影。

作图过程如图3-32b所示：

1）求特殊点。在相贯线的水平投影上定出最左、最前、最右、最后点Ⅰ、Ⅱ、Ⅲ、Ⅳ的投影1、2、3、4（它们分别是小圆柱四条转向轮廓线上的点。其中，Ⅰ、Ⅲ也是大圆柱最上转向轮廓线上的点），在相贯线的侧面投影上相应地作出1″、2″、3″、4″，根据点的投影规律，分别求出各点的正面投影1′、2′、3′、4′。

2）求一般点。在已知相贯线的侧面投影上任取重影点5″、6″、7″、8″，在小圆柱的积聚投影上确定5、6、7、8，由此再作出正面投影5′、6′、7′、8′。

3）分析可见性，光滑连线。按顺序光滑连接所求各点的正面投影，即得相贯线的投影。其中，相贯线的前半部分同时位于两个圆柱的前半圆柱面上，所以正面投影1′5′2′6′3′可见，画成粗实线，对称的后半部分1′7′4′8′3′不可见，但虚线省略不画，如图3-32b所示。

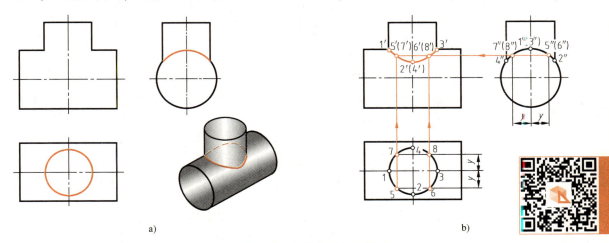

图3-32 作正交两圆柱相贯线的投影
a）已知条件 b）作相贯线的投影

两正交的圆柱，在零件上是最常见的，它们的相贯线一般有三种形式，即两外圆柱面相交，相贯线可见，如图3-33a所示；外圆柱面与内圆柱面相交，相贯线也可见，如图3-33b所示；内圆柱面与内圆柱面相交，相贯线不可见，如图3-33c所示。无论哪种形式，相贯线的分析和作图方法都是相同的。

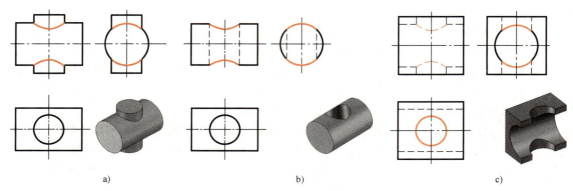

图 3-33 正交两圆柱相贯线的形式
a) 两外圆柱面相交 b) 外圆柱面与内圆柱面相交 c) 两内圆柱面相交

如图 3-33 所示，若小圆柱和大圆柱的直径保持不变，三种情况所得相贯线的形状和大小完全一样。当两圆柱的直径发生改变时，相贯线的形状也会发生变化。如图 3-34a 所示，当水平圆柱的直径大于竖直圆柱且上下贯穿时，相贯线的非积聚投影分布在上下两端；当两圆柱直径相等时，相贯线空间形状为两个椭圆，两椭圆均与两圆柱轴线平行的投影面垂直，其投影为两条相交直线，如图 3-34b 所示；当水平圆柱的直径小于竖直圆柱时，相贯线的非积聚投影分布在左右两端，如图 3-34c 所示。无论两圆柱的直径如何变化，相贯线的非积聚投影总是关于小圆柱的轴线对称，且弯向大圆柱的轴线。

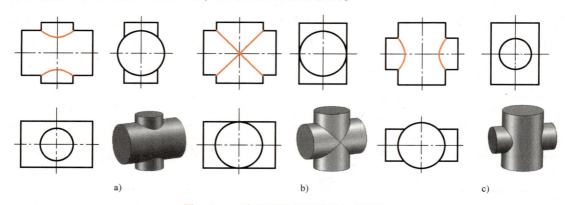

图 3-34 正交两圆柱相贯线的变化规律
a) 水平圆柱直径大于竖直圆柱 b) 水平圆柱直径等于竖直圆柱 c) 水平圆柱直径小于竖直圆柱

例 3-10 如图 3-35 所示，已知圆柱与圆锥相交，完成相贯线的投影。

分析 由图 3-35a 中所示正面投影可知，圆柱与圆锥的轴线垂直相交，相贯线为一封闭的空间曲线。由于圆柱的轴线是正垂线，圆柱的正面投影具有积聚性，再根据共有性可知，相贯线的正面投影即为整个圆周。由于两个相贯体都左右对称，所以相贯线也是左右对称的形状。利用表面取点法求相贯线，先在圆柱的正面投影上取点，再按照圆锥面上取点的方法，求出点的其他两面投影。

作图步骤

1) 作特殊点的投影。在相贯线的正面投影上确定最上、最左、最下、最右四个极值点的投影 1′、2′、3′、4′（该四点也是圆柱转向轮廓线上的点），利用圆锥面上的取点方法（纬圆法）作出水平投影 1、2、3、4，再根据点的投影特性，作出各点的侧面投影 1″、2″、3″、4″，如图 3-35b 所示。

2）作一般点的投影。在相贯线正面投影的适当位置确定四个一般点的投影 5′、6′、7′、8′，再利用纬圆法，作出水平投影 5、6、7、8，由此可得到各点的侧面投影 5″、6″、7″、8″，如图 3-35c 所示。

3）分析可见性，光滑连线。按正面投影中各点的顺序光滑连接水平投影和侧面投影中的点，如图 3-35d 所示。水平投影中，圆锥面上的所有点都可见，但圆柱面上只有上半部分的点可见，下半部分不可见，因此，相贯线 26384 应画成细虚线；侧面投影中，由于相贯线左右对称，右侧部分完全被左侧遮挡，只需画出左侧可见部分 1″5″2″6″3″。

4）完善相贯体轮廓线。因圆锥底圆未与圆柱相交，其水平投影和侧面投影完整保留，水平投影中被圆柱遮挡的部分画成细虚线；圆锥最前转向轮廓线与圆柱相交，交点 Ⅰ、Ⅲ 之间与圆柱融合，其侧面投影不可再画。圆柱的四条转向轮廓线分别在点 Ⅰ、Ⅱ、Ⅲ、Ⅳ 与圆锥面相交，因此，其投影也应画到交点处，如图 3-35d 所示。

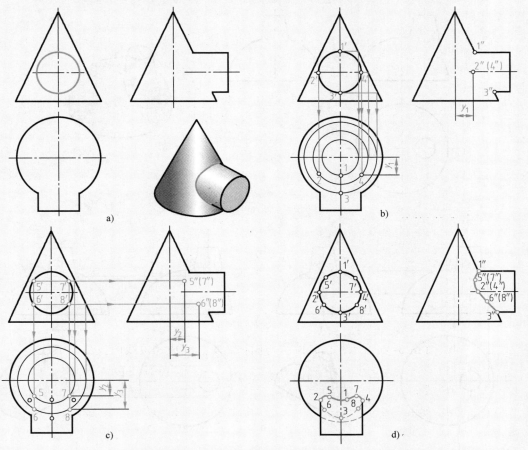

图 3-35　圆柱与圆锥相贯

a) 已知条件　b) 作特殊点的投影　c) 作一般点的投影　d) 作相贯线的投影并完善轮廓

2. 辅助平面法

当两相交的回转体表面有一个投影无积聚性或均无积聚性时，可以采用辅助平面法求作相贯线的投影。辅助平面法依据的是三面共点原理，即假想用与两个回转体都相交的辅助平面切割两个回转体，则两组交线的交点，是辅助平面和两回转体表面的三面共点，即为相贯线上的点，如图 3-36 所示。为了能方便地作出相贯线上的点，

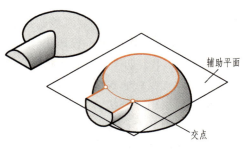

图 3-36 辅助平面法

一般选用特殊位置平面作为辅助平面，并使辅助平面与两回转体的交线的投影简单易画，如交线为直线或平行于投影面的圆等。

如图 3-37a 所示，圆台与半球相交，圆台从半球的左上方全部贯穿进半球体，圆台的轴线与半球的轴线不重合，但两回转体具有公共的前后对称面。因此，相贯线是一条前后对称的封闭的空间曲线。由于圆台和半球的回转面的投影都没有积聚性，所以不能用积聚性法求相贯线，只能用辅助平面法作图。

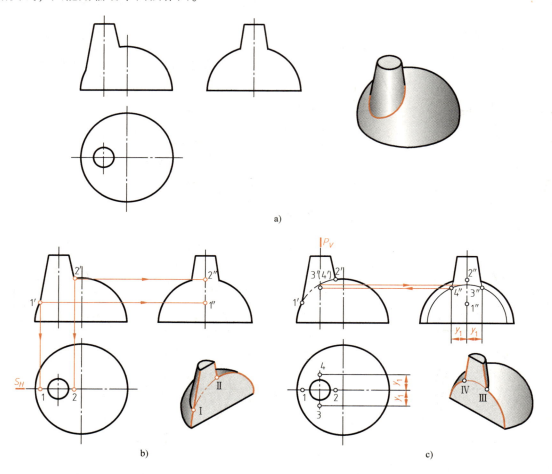

图 3-37 辅助平面法求相贯线
a）已知条件 b）正平面截切 c）侧平面截切

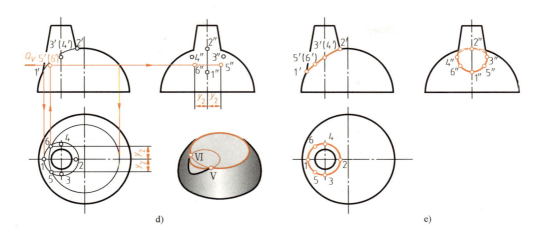

图 3-37 辅助平面法求相贯线（续）
d）水平面截切　e）作相贯线的投影并完善轮廓

要得到简单易画的截交线，对圆台而言，辅助平面应通过圆台延伸后的锥顶或垂直于圆台的轴线；对半球而言，辅助平面可选用投影面平行面。综合两者考虑，此处辅助平面应选择过圆台轴线的正平面和侧平面，这两个辅助平面与圆台和半球的截交线都是直线和圆；也可选择水平面，截交线都是水平圆。

根据上述分析，利用辅助平面求圆台与半球的相贯线，作图过程如下：

1）用经过圆台和半球轴线的正平辅助平面 S_H 截切。该截平面与圆台的截交线是圆台左右两条转向轮廓线，与半球的截交线是球的正面转向轮廓圆，两者截交线的交点记为相贯线上的点Ⅰ、Ⅱ，在正面投影中作出 1'、2'，再由 1'、2'作出 1、2 和 1″、2″，如图 3-37b 所示。从投影图中可知，Ⅰ、Ⅱ是相贯线上的最左、最右点，也是最低、最高点。

2）用经过圆台轴线的侧平辅助平面 P_V 截切。该截平面与圆台的截交线是圆台前后两条转向轮廓线，与半球的截交线是侧平圆，两者截交线的交点记为相贯线上的点Ⅲ、Ⅳ。利用纬圆法求出侧平圆侧面投影，该投影与圆台前后转向轮廓线的侧面投影的交点即为 3″、4″，再由 3″、4″作出 3'、4'和 3、4，如图 3-37c 所示。Ⅲ、Ⅳ是相贯线上的最前和最后点。

3）用与圆台和半球轴线垂直的水平辅助平面 Q_V 截切。该截平面与圆台和半球的截交线均为水平圆，两水平圆的交点记为相贯线上的点Ⅴ、Ⅵ。作出两水平圆的水平投影，其交点即为 5、6，再由 5、6 作出 5'、6'和 5″、6″，如图 3-37d 所示。

4）连线并判断可见性。按顺序光滑连接各点的同面投影，即得相贯线的三面投影。根据相贯线投影的可见性原则判断，正面投影 1'5'3'2' 可见，1'6'4'2' 不可见，两者互相重合，画粗实线；水平投影 153246 全部可见；侧面投影 4″6″1″5″3″ 可见，画粗实线，3″2″4″ 不可见，画细虚线，如图 3-37e 所示。

5）完善两立体的投影。侧面投影中，半球的转向轮廓圆被圆台遮挡的部分为细虚线，圆台的前、后转向轮廓线侧面投影画到 3'、4' 且可见，如图 3-37e 所示。

3.5.3 相贯线的特殊情况

一般情况下，两回转体的相贯线是空间曲线，但在某些特殊情况下，也可能是平面曲线或直线。下面通过实例简单介绍比较常见的特殊情况。

1. 相贯线为椭圆

轴线相交，且回转面能公切于一个球的两回转体相贯，相贯线为椭圆，椭圆垂直于两回转体轴线所确定的平面。在与椭圆垂直的投影面上，过轴线交点，将两回转体转向轮廓线的交点相连，得到一条直线，即为相贯线在该投影面上的投影。当两个回转体完全贯穿时，相贯线为两个相交椭圆，如图 3-38 所示。

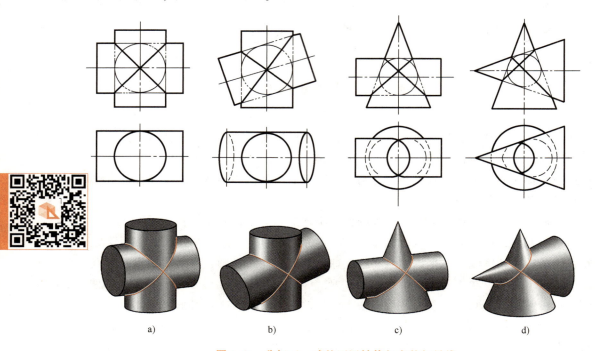

图 3-38 公切于一球的两回转体相交的相贯线

a) 柱柱正交 b) 柱柱斜交 c) 柱锥相交 d) 锥锥相交

> **蒙日定理**
>
> 加斯帕尔·蒙日：1746—1818 年，法国科学家，投影几何学的奠基人，在 1798 年出版的《画法几何学》中，首次将正投影当作独立的科学学科来阐述，由于它的科学原理的完整性，对发展造型艺术的几何原理具有十分重大的意义。他提出的蒙若定理，解释了相贯线可以是平面椭圆的情况，即当两个二次曲面外切或内切于第三个二次曲面时，其相贯线为平面曲线。具体地说，两个二次曲面相切于同一个球面时，其相贯线为椭圆。

2. 相贯线为圆

回转体共轴相交，相贯线为垂直于公共轴线的圆，如图 3-39 所示。

3. 相贯线为直线

特殊情况下，某些回转体相贯，相贯线可能为直线。如图 3-40a 所示，两轴线平行的圆

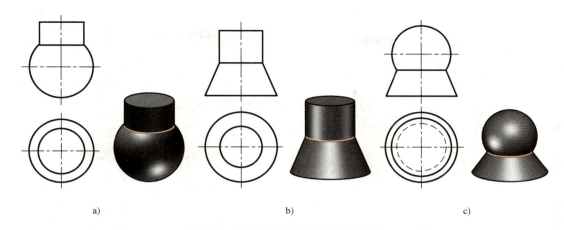

图 3-39 两回转体共轴相交的相贯线
a) 柱球相贯　b) 柱锥相贯　c) 球锥相贯

柱相贯，相贯线为两条平行直线。如图 3-40b 所示，两锥顶角相等的圆锥共顶相贯，相贯线为两条相交直线。

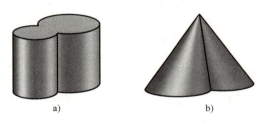

图 3-40 相贯线为直线的典型情况
a) 轴线平行的两圆柱相贯　b) 锥顶角相等的两圆锥共顶相贯

3.5.4　组合相贯线

两个以上的立体相贯，其表面之间形成的交线称为组合相贯线。组合相贯线中的各段相贯线，分别是两个立体表面的交线；而两段不同的相贯线之间的连接点，必定是三个立体表面所共有的交点

例 3-11　如图 3-41a 所示，半球与两个圆柱相贯，求组合相贯线的投影。

分析　由图 3-41a 所示可知，相贯体的上部是小圆柱上部和半球表面相交，因为小圆柱与半球共轴线（侧垂轴线），其相贯线为与轴线垂直的侧平半圆，半圆的半径与小圆柱面的半径一致，即相贯线的侧面投影与小圆柱面的侧面投影重合，正面投影和水平投影为直线。相贯体的下部是小圆柱和大圆柱相交，相贯线是一段空间曲线，其水平投影重合在大圆柱的积聚投影上，侧面投影重合在小圆柱的积聚投影上，正面投影待求。相贯体的右边是半球与大圆柱相切，由于相切处是光滑过渡，不必画出相切的圆。又因为三个立体均前后对称，因此相贯线也前后对称，相贯线的正面投影前后重合。

作图步骤

1)作小圆柱与半球的相贯线。相贯线为侧平半圆弧,其侧面投影 $\overparen{a''b''c''}$ 反映半圆实形,水平投影和正面投影分别为直线 abc 和 $b'a'(c')$,如图 3-41b 所示。

2)作两圆柱的相贯线。其侧面投影和水平投影已知,分别为半圆弧 $\overparen{a''e''d''f''c''}$ 和 $aedfc$,根据点的投影特性作出各点的正面投影后连线,如图 3-41c 所示。

3)判断可见性,完成作图,如图 3-41d 所示。

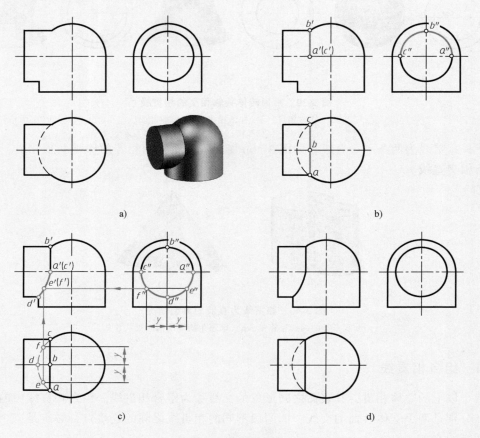

图 3-41 柱柱、柱球组合相贯

a) 已知条件 b) 作小圆柱与球相交 c) 作两圆柱相交 d) 作图结果

西方工程制图著作的翻译

1871年,由徐建寅与傅兰雅合译的《器象显真》是我国第一部系统、完整地介绍西方工程制图的译著,它的出现标志着中国工程图学已经迈向了新的历史时期。《器象显真》四卷,由江南制造局翻译出版,书中附有《器象显真图》。其第三卷介绍了各种正棱锥体、圆锥体,如六棱锥、五棱锥、圆锥等与平面相截,圆柱相交,斜交圆柱与球体相贯,球体与棱柱相贯等作图画法,此外还有圆环剖面的画法。这些图例以两视图为主,如图 3-42 所示。

第3章 立体的投影

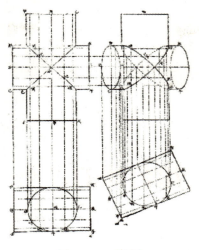

图 3-42 两视图

思 考 题

3-1 从你身边的物体中找全各类立体，分析它们的投影特性。

3-2 棱柱和棱锥表面取点方法有何不同？

3-3 当截平面垂直于投影面时，怎样求作平面立体的截交线？

3-4 什么样的点是曲面立体截交线上的特殊点？什么样的点是曲面立体截交线上的一般点？

3-5 如何根据曲面投影的外形轮廓线判断其可见性？

3-6 用辅助平面法作相贯线的基本原理是什么？如何恰当地选择辅助平面的位置？

3-7 比较用积聚性取点法和辅助平面法作相贯线的区别。

第 4 章

组合体的投影

> **本章要点**
>
> 本章主要介绍画组合体的方法和步骤，读组合体的方法和步骤，标注组合体尺寸的方法。

4.1 组合体的形成

任何机械零件或物体，从形体的角度分析，都可以看作是由若干简单的形体（通常称基本体）组合而成的组合体。组合体的形成主要取决于构成它的基本体形状、基本体之间的组合方式以及基本体之间的表面连接关系。

4.1.1 三视图的投影规律

在三投影面体系中，物体的三视图是国家标准规定的基本视图（第 6 章介绍）中的三个，规定的名称是：从前向后投射的 V 面投影为主视图，从上向下投射的 H 面投影为俯视图，从左向右投射的 W 面投影为左视图。如图 4-1a 所示。

在三视图中，俯视图在主视图的正下方，左视图在主视图的正右方，按此位置配置的三视图，不需标注其名称，如图 4-1b 所示。

三视图中，物体的方位关系分别在不同的视图中得以体现。主、左视图体现了物体的上下方位，即视图的上、下方就是物体的上、下方；主、俯视图体现了物体的左右方位，即视图的左、右方就是物体的左、右方；俯、左视图体现了物体的前后方位，俯视图的下方和左视图的右方表示物体的前方，俯视图的上方和左视图的左方表示物体的后方，即远离主视图的一侧是物体的前方，靠近主视图的一侧是物体的后方，如图 4-2a 所示。

物体有长、宽、高三个方向的尺寸，通常规定：物体左右之间的距离为长（X 坐标），前后之间的距离为宽（Y 坐标），上下之间的距离为高（Z 坐标）。从图 4-2b 所示可看出，主、俯视图反映物体的长度，物体在主视图和俯视图上的投影在长度方向上保持对正；主、左视图反映物体的高度，物体在主视图和左视图上的投影在高度方向上保持平齐；俯、左视

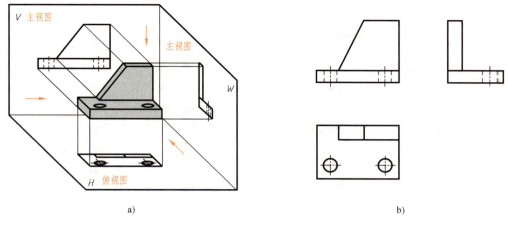

图 4-1 三视图的形成
a) 三视图的形成过程   b) 三视图

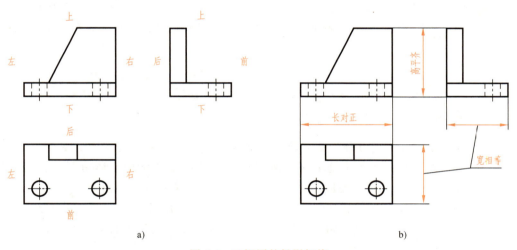

图 4-2 三视图的投影规律
a) 物体的方位关系   b) 三等规律

图反映物体的宽度，物体在俯视图和左视图上的投影在宽度方向上保持相等。由此可得出三视图的投影规律——三等规律：

  主视俯视——长对正。
  主视左视——高平齐。
  俯视左视——宽相等。

  三视图中，物体的整体和局部都要符合三等规律，它是画图和读图的基本投影规律。

三等规律的由来

  三等规律由我国著名的图学家赵学田教授提出。赵学田，1900—1999 年，湖北巴东人。1924 年毕业于北京工业大学机械系，1931—1946 年间在武汉大学工学院任教，1953 年后赴华中工学院任教。曾任中国工程图学学会第一届理事长，中国科普作家协会第一届常务理事。

  20 世纪 50 年代，国家大规模经济建设初期，机械行业工人因技术水平低，看不懂图样，经常生产出废品和返修品。赵学田教授凭借长期从事机械制图教学和工厂培训新工人的实践经验，于 1954 年 2 月，将自己编写的《速成看图》带到武昌造船厂教授工人看图知识，取得了很好的效果。于是在 1954 年 4 月将《速成看图》更名为《机械工人速成看图》后正式出版。书中，赵学田教授将机械制图所需要的最根本的投影几何知识点编成口诀，大大提高了工人们的学习效率。其中，对三视图总结了一段口诀："前顶两图长对正，左前两图高看齐，左视右视两个图，宽度原来有关系。" 1957 年 5 月出版的《机械图图介》中，赵学田教授对其中两句做了修改："前顶视图长对正，前左视图高看齐，顶视左视两个图，宽度原来有联系。" 到 1964 年 9 月，《机械工人速成看图（修订本）》出版，三视图投影关系总结为九字诀："长对正，高平齐，宽相等。" 1966 年 8 月出版的《机械制图自学读本》中，三视图投影规律口诀也随之演变为："主视俯视长对正，主视左视高平齐，俯视左视宽相等，三个视图有关系"。该口诀对九字诀再次进行了新的诠释。

  九字诀的出现，很快得到了教育界、科技界的重视和认可，被全国各种制图教材广泛采用。

4.1.2 组合体的组合方式

  组合体按构成方式不同可分为叠加型、切割型和综合型三种。

  (1) 叠加型组合体 由若干基本体叠加而成。如图 4-3a 所示的形体由圆台、圆柱和六棱柱叠加而成；如图 4-3b 所示的形体由两个长方体和一个半圆柱叠加而成。

  (2) 切割型组合体 可看成是由基本体经切割后形成的。如图 4-3c 所示的形体是由圆柱被切割出一个方槽后形成的；如图 4-3d 所示的形体可以看成是由长方体切割出两个三棱柱和一个圆柱后形成的。

  (3) 综合型组合体 是由若干基本体叠加后，再在其基本体内切割掉一些基本体后形成的。如图 4-3e 所示的形体，由半圆柱和 U 形柱叠加后再将半圆柱切割掉三个角，将 U 形

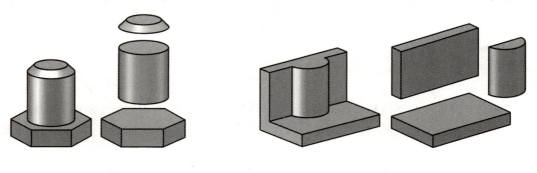

图 4-3 组合体的组合形式

a) 叠加型（一） b) 叠加型（二）

第4章 组合体的投影

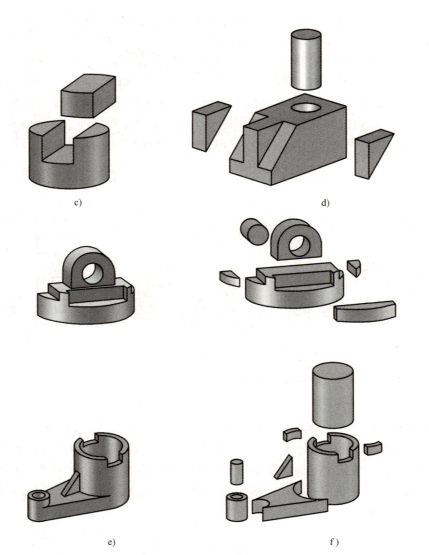

图 4-3 组合体的组合形式(续)

c)切割型(一) d)切割型(二) e)综合型(一) f)综合型(二)

柱切割掉一个圆柱而成；如图 4-3f 所示的形体由一大一小两个圆柱、一个三棱柱和一个异形曲面立体叠加后，再在两个圆柱中间切割掉两个圆柱、在大圆柱上切出两个槽而形成。

在许多情况下，由于基本体选择不同，三种形式并无严格界限。

4.1.3 组合体上相邻表面之间的连接关系

无论哪种形式的组合体，其被叠加或切割掉的各基本体之间可能处于上下、左右、前后或对称、或同轴等相对位置状态；相邻两个基本体表面之间有堆叠、相切、相交三种连接关系。

1. 堆叠（共面或不共面）

当两个基本体相互堆叠后其表面处于同一平面内，称为共面或平齐，此时在视图上不应

105

画出两表面的分界线；当两个基本体堆叠后其表面不处于同一平面内，称为不共面或不平齐，此时投影之间需用线隔开。如图 4-4 所示的三个组合体，均可看成由上、下两个形体堆叠组成。如图 4-4a 所示的组合体中，上、下两个形体前表面共面，后表面也共面，因此主视图上前表面连接处不应画线，后表面连接处也不画线。如图 4-4b 所示的组合体中，上、下两个形体前表面共面，后表面不共面，因此主视图上前表面连接处不画线，后表面连接处画线（虚线）。如图 4-4c 所示的组合体中，上、下两个形体前、后表面都不共面，因此主视图上前表面连接处画粗实线，后表面连接处画虚线，因虚线被粗实线遮挡，省略不画。

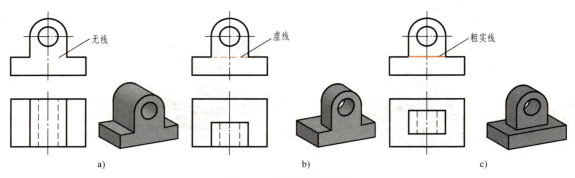

图 4-4　表面共面的画法

a）前后均共面　b）前共面后不共面　c）前后均不共面

2. 相切

两个基本体表面（平面与曲面或曲面与曲面）相切的叠加方式称为相切。如图 4-5a 所示的组合体，底板前、后表面与左、右两个圆柱面相切，相切处光滑过渡，不存在分界线，因此作图时相切处不应画线。但底板顶面的投影在主、左视图中应画到切线的位置处。如图 4-5b 所示的组合体，中间的连接板前、后曲面与左、右两个立体的表面均是相切，四处相切的地方都不画线。

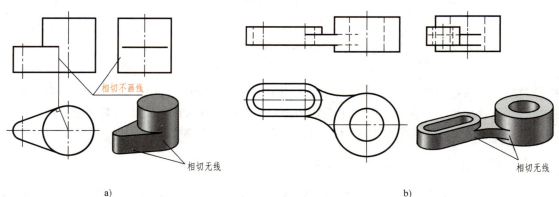

图 4-5　表面相切的画法

a）平面与曲面相切　b）曲面与曲面相切

3. 相交

两个基本体的表面相交的叠加方式称为相交。如图 4-6a 所示的组合体，左侧耳板前、后表面与圆柱面相交，相交处有交线，交线是相交两表面的分界线，作图时要画出交线的投影。如图 4-6b 所示，水平板和三棱柱分别与圆柱筒相交，交线为直线；两圆柱筒相交，交线为曲线。

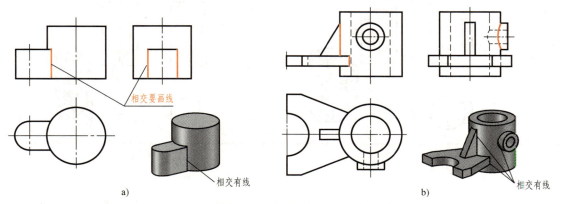

图 4-6 表面相交的画法

当两个基本体相交组合时，两立体融合成一个整体，原基本体的部分轮廓线自然消失，不应画出。形体邻接表面相交时图线的画法见表 4-1。

表 4-1 形体邻接表面相交处的画法

形体	叠 加	切 割
棱柱与圆柱相交		
圆柱与圆柱相交		

(续)

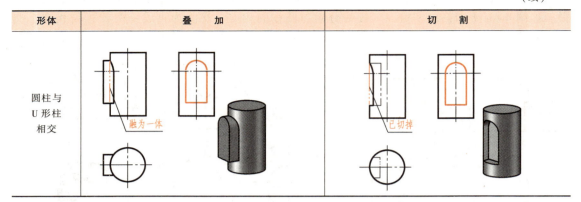

4.1.4 形体分析法

把组合体假想分解为若干个基本体，并对基本体的形状及其相对位置进行分析，然后综合起来确定组合体的分析方法，称为形体分析法。

形体分析法的分析过程是：先分解后综合，从局部到整体。运用形体分析法把一个复杂的组合体分解为若干个基本体，可将一个复杂的、陌生的对象转变为较为熟悉的对象，这种化难为易、化繁为简的思维过程，也是画图和读图的基本分析方法。

如图4-7所示的组合体，可分解成底板Ⅰ、竖板Ⅱ和肋板Ⅲ三个基本体。底板是个长方体，左右各切去一个圆柱孔；竖板上部为半圆柱，下部为四棱柱，中间切孔；肋板是个三棱柱。三个基本形体由底板在下方，竖板在底板的后上方，肋板在底板的前上方并与竖板相交的方式叠加后构成一个左右对称的组合体。

如图4-8所示的组合体，可看作是长方体逐步切割掉三个基本形体而成。先切去左上角的三棱柱Ⅰ，再切去左侧的四棱柱Ⅱ和前上方的五棱柱Ⅲ。

图4-7 叠加型组合体形体分析

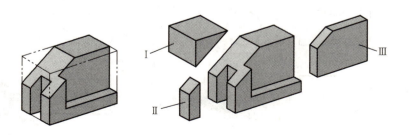

图4-8 切割型组合体形体分析

4.2 组合体视图的画法

画图是将物体按正投影方法表达在平面图纸上的过程。画组合体视图时，可以首先假想地把组合体分解成为若干个基本体，分析这些基本体的形状、组合方式、相对位置以及它们的表面连接关系，再按照投影规律画出组合体的三视图。

下面以图 4-9a 所示的轴承座为例，说明画组合体三视图的一般方法及步骤。

1. 形体分析

形体分析可从以下几方面进行。

1）分析基本体的形状。如图 4-9a 所示的轴承座可以看作由圆筒Ⅰ、支承板Ⅱ、肋板Ⅲ和底板Ⅳ四个基本体组合而成。圆筒是一空心圆柱体，支承板、肋板和底板分别是不同形状的平面体，底板上有两个小圆柱孔。各基本体的形状如图 4-9b 所示。

2）分析各基本体的相对位置。圆筒在上方，底板在下方，支承板和肋板位居中间，肋板靠前，支承板靠后，四个基本体叠加后构成一个左右对称的组合体。

3）分析各基本体之间的组合方式。支承板的左、右侧面与圆筒的外柱面相切，前面与圆筒的外柱面相交产生交线，后面与底板以及圆筒的后表面共面；肋板的左、右侧面及前面与圆筒的外圆柱面均相交产生交线，后面与支承板截交；支承板和肋板叠加在底板上面。

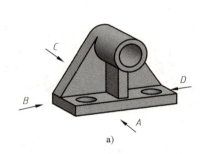
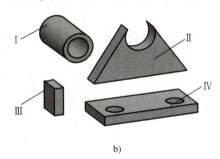

图 4-9 轴承座
a）立体图 b）形体分析

2. 确定主视图

主视图是三视图中最重要的视图，主视图选择恰当与否，直接影响组合体视图表达的清晰性。主视图的选择包括组合体的安放位置及投射方向。

（1）安放位置 画组合体视图时，一般使组合体处于自然安放位置，即保持组合体稳定的放置状态，通常使主要平面放置成投影面平行面，主要轴线放置成投影面垂直线。

（2）投射方向 主视图应较多地反映出组合体的结构形状特征以及各形体之间的相对位置关系，即把最能反映其形状特征及相对位置的方向作为主视图的投射方向。

在选择组合体的安放位置和投射方向时，还要同时考虑各视图中不可见部分最少，以尽量减少视图中的虚线。

如图 4-9 所示的轴承座已处于自然安放位置，即底板底面作为水平面放置。再分别从箭头所示的 A、B、C、D 四个方向进行观察，得到如图 4-10 所示的投影，比较后可得 A、C 向，能更多地反映各部分的形状特征和彼此之间的位置，但若以 C 向作为主视图，虚线较多，显然没有 A 向清晰，所以选 A 向作为主视图的投射方向。主视图确定后，其他视图也随之而定。

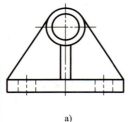  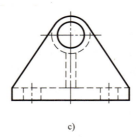 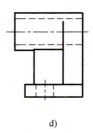

a)　　　　　　　　b)　　　　　　　　c)　　　　　　　　d)

图 4-10　分析轴承座主视图的投射方向

a) A 向　b) B 向　c) C 向　d) D 向

3. 确定比例和图幅

视图确定后，即可根据所画组合体的大小及复杂程度，确定画图比例和图幅。画图时，尽量选用 1∶1 的比例，这样既便于直接估量组合体大小，又便于画图。按选定的比例，根据组合体的长、宽、高计算出三个视图所占的范围，并在视图之间留出标注尺寸的位置和适当间距，再据此选用合适的标准幅面。

4. 画三视图

（1）画图框和标题栏　在选好的幅面上，按照国家标准画出图框和标题栏。

（2）确定视图的位置　画三视图时，首先需要布图，即确定三个视图的位置，使其均匀分布在图纸中间，以便整体布局匀称美观。每个视图都有水平和竖直两个方向，通常用定位基准线来确定这两个方向的位置。定位基准线一般选择组合体的底面、对称面、重要的端面以及回转体的轴线等。如图 4-11a 所示，轴承座的定位基准线分别采用左右对称面、底板底面和后表面的投影。应注意，布图时视图之间、视图与图框之间均应留出足够的空间，以备标注尺寸。

（3）画底稿　按形体分析法所分解的各基本体及它们的相对位置，用细线逐个画出它们的三视图。画底稿的顺序为：先画定位线，后画定形线；先画主要轮廓，后画局部细节；先画实体，后挖空，如图 4-11b~e 所示。

对每一个基本体，应从反映形状特征的视图画起，而且要三个视图相互联系起来画，不应先画完一个完整的视图，再画另一个视图。这样既能保证各基本体间的相对位置和投影关系，又能提高画图速度。如圆筒和支承板在主视图上反映其形状特征，对它们的形体宜先画主视图，再画俯、左视图。

在逐个画各基本体时，要进行线面分析，注意各基本体表面连接处的投影。如支承板的侧面轮廓线在俯、左视图上要画到切点处；肋板与圆筒相交，在左视图上要正确画出肋板侧面与圆柱面的交线。

（4）检查，加粗　底稿画完后，要仔细检查、修正错误，擦去多余的作图线。对形体表面中的投影面垂直面，形体间邻接表面上处于相切、共面或相交关系的面、线投影要重点校核。检查无误后，按标准图线描深、加粗。可见部分用粗实线画出，不可见部分用细虚线画出；当组合体对称时，在对称图形上应画对称线；对大于或等于半圆的圆弧及圆要画出对称中心线；回转体要画出轴线。对称线和轴线用细点画线表示，如图 4-11f 所示。

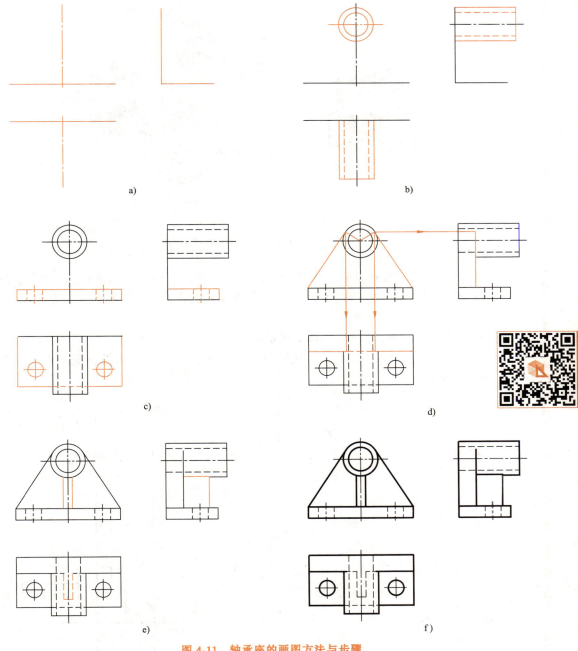

图 4-11　轴承座的画图方法与步骤

a) 画定位线　b) 画圆筒的三视图　c) 画底板的三视图
d) 画支承板的三视图　e) 画肋板的三视图　f) 校核并加粗

轴承座属于叠加型组合体，画图时，先将组合体进行拆分，逐一画出各基本体的三视图。对于切割型组合体，其画法与叠加型组合体有所不同。首先用形体分析法分析该组合体在切割前完整的形体，再分析有哪些地方被切割，切割的形体是什么，最后逐个画出每个切口的三面投影。

例 4-1 根据图 4-12a 中所示导向块的立体图，画出三视图。

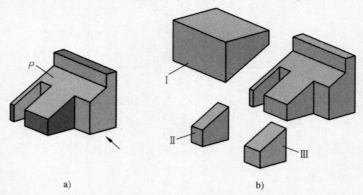

图 4-12 导向块立体图
a) 立体图 b) 形体分析

分析 该导向块可看作是长方体逐步切割掉三个四棱柱而成，如图 4-12b 所示。导向块按自然位置安放后，选定如图 4-12a 所示箭头所指的方向为主视图的投射方向。

作图步骤

1) 画长方体的三视图，如图 4-13a 所示。
2) 切左上角（形体Ⅰ）。先画主视图切口的投影，再画其他两投影图的截交线投影，如图 4-13b 所示。

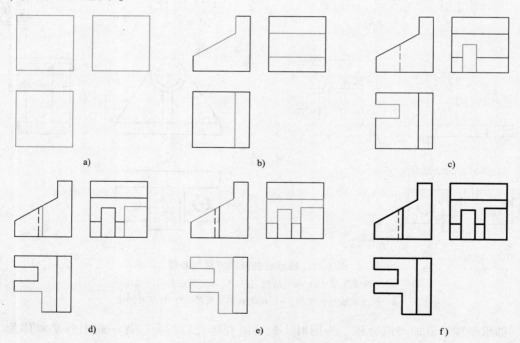

图 4-13 导向块的画图方法与步骤
a) 画切割前的形体三视图 b) 切左上角 c) 切左后槽 d) 切左前角 e) 检查 f) 加粗

3）切左后槽（形体Ⅱ）。先画俯视图切口的投影，再画主视图截交线的投影，注意交线为不可见，画虚线，最后根据高平齐、宽相等画左视图的截交线投影，如图 4-13c 所示。

4）切左前角（形体Ⅲ）。先画俯视图切口的投影，再画主视图截交线的投影，最后根据高平齐、宽相等画左视图的截交线投影，如图 4-13d 所示。

5）检查，加深。如图 4-12a 中所示的正垂面 P，其俯、左视图的投影是类似的十边形，如图 4-13e 中所示的橘色线框部分。检查无误后，按规定的线型描深、加粗，如图 4-13f 所示。

4.3 读组合体的视图

读图是根据已经画出的视图，通过形体分析和线面的投影分析，想象出物体形状的过程。画图是由"物"到"图"，而读图是由"图"到"物"，读图是画图的逆过程，如图 4-14 所示。为了正确而又快速地读懂视图，必须掌握读图的基本要领和基本方法。

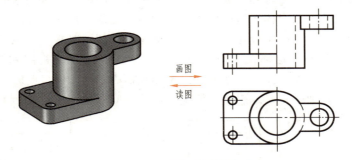

图 4-14 画图与读图的关系

4.3.1 读图的基本要领

1. 将几个视图联系起来识读

由于每个视图只能反映物体在某一方向上的投影，仅由一个或两个视图不一定能唯一地确定物体的形状。如图 4-15 所示的三组视图，其主视图都相同，但俯视图不同，所表示的

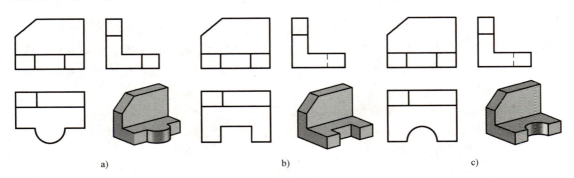

a) b) c)

图 4-15 一个视图相同的不同组合体

形体也不同。如图 4-16 所示的三组视图，其主视图和俯视图都相同，但左视图不同，所表示的形体也不相同。由此可见，只有将给出的全部视图联系起来识读，才能想象出组合体的整体形状。

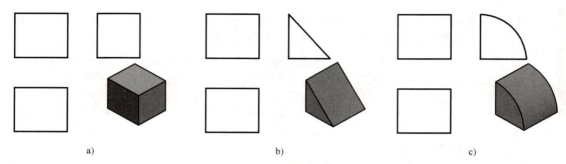

图 4-16　两个视图相同的不同组合体

2. 善于抓住形状或位置特征视图

反映组合体形状的三视图，每个图的信息量并不一样。能清楚表达组合体形状特征的视图称为形状特征视图；能清楚表达构成组合体的各形体之间相互位置关系的视图，称为位置特征视图。抓住清楚表达组合体形状或位置特征的视图能既方便又快速地读懂图。

通常主视图能较多地反映组合体整体形状特征，所以读图时常从主视图入手。但组合体中各基本体的形状特征不一定都在主视图上。如图 4-17 所示，主视图和俯视图都是矩形，能表示的形体很多，只有通过左视图才能确定矩形线框表示的形体。此时从左视图入手，再配合其他视图，就能迅速、正确地想象出该组合体的空间形状。

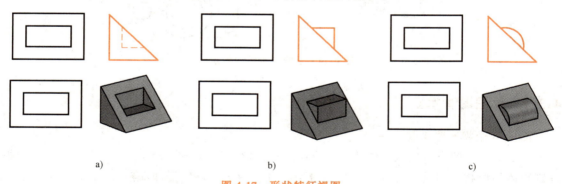

图 4-17　形状特征视图

如图 4-18 所示，主视图的形状特征很明显，但位置不清楚。对照俯视图可以看出，圆形和矩形线框一个是挖，另一个是凸，但不确定哪一个是挖，哪一个是凸，只有对照左视图才能确定。因此，左视图为位置特征视图。抓住位置特征视图，就能准确地判断各基本体之间的相对位置关系。

3. 理解视图中图线和线框的含义

通常视图中图线的含义为：
1) 平面或曲面的积聚性投影。
2) 两个面交线的投影。
3) 曲面转向轮廓线的投影，如图 4-19 所示。

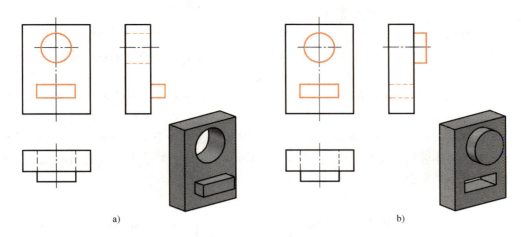

图 4-18 位置特征视图

通常视图中封闭线框的含义为：
1）平面的投影。
2）曲面的投影，如图 4-19 所示。

相邻的两个封闭线框，不可能是同一个面的投影。可能是两个面交错、平行，也可能是两个面相交。如图 4-19 所示，主视图中平面 A 和平面 B 的投影相邻，空间上这两个面是相交的；俯视图中平面 C 和平面 D、E 的投影相邻，空间上平面 C、D 是平行的，平面 C、E 是交错的。

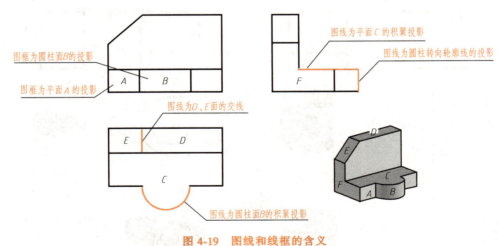

图 4-19 图线和线框的含义

4.3.2 读图的方法和步骤

1. 形体分析法

读组合体视图的基本方法和画图一样，主要是运用形体分析法，在反映形状特征比较明显的主视图上先按线框将组合体划分为几个部分，即几个基本体，然后通过投影关系找到各线框所表示的部分在其他视图中的投影，想象出基本体的形状，再分析各基本体之间的位置关系及表面连接关系，最后综合起来构思出组合体的整体形状。

读图的顺序一般是：

先看主要部分，后看次要部分；先看易懂部分，后看难懂部分；先看整体形状，后看局部细节。

下面以图 4-20a 所示组合体的三视图为例，说明运用形体分析法读组合体视图的方法和步骤。

总体思路：从三个视图中对投影关系，可初步看出这是一个由三个基本形体构成的组合体，首先通过形体分析构思出每个基本体的空间形状，进而分析它们彼此之间的位置关系和表面连接关系，再综合起来想象出整体形状。

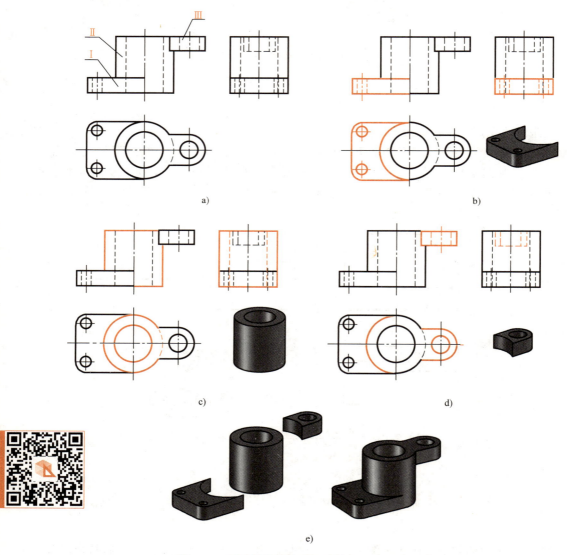

图 4-20 用形体分析法读组合体视图的方法和步骤

a) 组合体的三视图，分形体　b) 对形体 I 的投影，想形状　c) 对形体 II 的投影，想形状
d) 对形体 III 的投影，想形状　e) 定位置，综合起来想整体

（1）划线框，分形体 以特征视图为主，借助绘图工具，按照三视图的投影规律，配合其他视图，进行初步的投影分析和空间分析，划出线框，分出基本形体。如图4-20a所示，先从主视图入手，将组合体分为左（Ⅰ）、中（Ⅱ）、右（Ⅲ）三个部分，划出线框，分出三个基本形体。

（2）对投影，想形状 利用三等规律，找出每个基本形体的三面投影，想象出它们的形状。

由主视图中的左边线框Ⅰ与俯、左视图对投影，左视图对应的是一个矩形，俯视图对应的是一个矩形挖切掉一个半圆的投影，而俯视图中的两个小圆框对应主、左视图中的虚线，说明是两个圆柱通孔。由此可见左边部分是一块板，俯视图反映了板的实形，板的左侧有两个小圆孔，左前和左后角是圆角，如图4-20b所示。

主视图的中间线框Ⅱ是一个矩形，对应俯视图上的圆和左视图的矩形，显然这是一个圆柱，圆柱中间有一个通孔，如图4-20c所示。

主视图的右边矩形线框Ⅲ对应左视图上的矩形线框，因为被中间的圆柱筒遮挡，所以用细虚线表示。俯视图反映了该基本形体的实形，即一个U形板，板中间有一个通孔，如图4-20d所示。

（3）定位置，综合起来想整体 在读懂每部分形体的基础上，进一步分析它们之间的组成方式和相对位置关系，从而想象出整体形状。如图4-20e所示，板Ⅰ和圆柱筒Ⅱ左右叠加，板的前、后表面和圆柱面相切，两形体底面共面；圆柱筒和U形板Ⅲ左右叠加，U形板前、后表面与圆柱面相交，两形体的上表面共面；三个形体共同组成一个前后对称的组合体。

例4-2 如图4-21a所示，已知主、俯两个视图，补画左视图。

分析 从图4-21a所示可以看出，这是一个综合型组合体。分析主视图，将组合体分解为五个基本形体。对照俯视图，逐个边想形状边补画左视图。

补画各基本形体的步骤与画组合体视图一样：先画定位线，后画定形线；先画主要轮廓，后画局部细节；先画实体，后挖空。

作图步骤

1）在特征视图（主视图）上分离出底板的线框Ⅰ。由主、俯视图对投影，可以看出它是一块倒凹字形的底板，中间挖切了一个大孔，四周挖切了四个小孔。根据投影规律高平齐，从主视图中直接画出底板的高度位置线，在俯视图中量取底板的宽度，画出底板外轮廓在左视图上的投影，然后画出下边的方槽、中间大圆柱孔和四周四个小圆柱孔的投影，这些槽和孔是内部结构，从投射方向看是不可见的，用细虚线表示，如图4-21b所示。

2）由特征视图（俯视图）结合主视图，分离出上部矩形线框Ⅱ。它是一个轴线垂直于水平面的圆柱体，中间有两个孔，其中下面的大孔穿通底板，与底板中间的孔大小一致且同轴；圆柱体前面再挖切一圆柱小孔，与圆柱体里面的内孔相通，且两孔轴线垂直相交。根据投影关系，画出圆柱体的投影，切割中间两孔和前面一小孔，这些孔从投射方向看是不可见的，用细虚线表示，如图4-21c所示。

3）由特征视图（主视图）分离出左右两边三角形线框Ⅲ、Ⅳ，这是两个三棱柱，

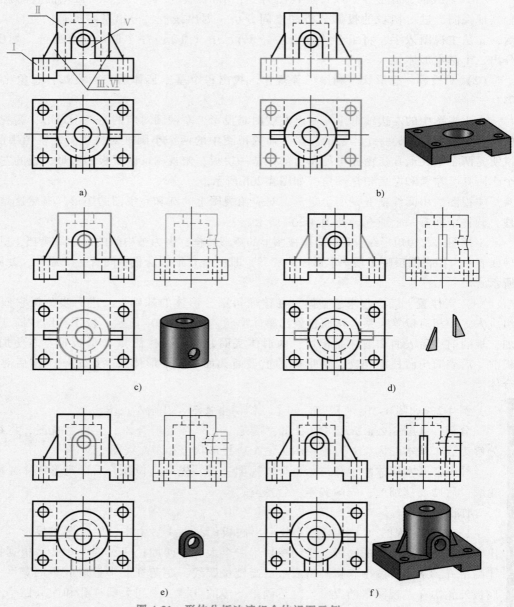

图 4-21 形体分析法读组合体视图示例
a）由已知视图分形体　b）想象并画出凹字形的底板，挖切五孔
c）想象并画出圆柱，挖切中间两孔和前方小孔　d）想象并画出两侧三棱柱
e）想象并画出 U 形耳板　f）想象组合体整体形状，检查加深图线

左视图上的投影为一矩形，如图 4-21d 所示。

4）由特征视图（主视图）分离出前面 U 形带圆的线框 V。它是一个 U 形板，里面挖切一个水平圆柱孔，该孔与圆柱体 II 中的水平圆柱孔相通，两孔大小一致且同轴。根据投影特性，画出 U 形板在左视图上的投影。需要注意的是，圆柱体和 U 形板原本是一个整体，两者叠加后，内部没有分界线，因此，必须去掉圆柱体前面的转向轮廓线和相贯线，如图 4-21e 所示。

5）根据整体形状校核补画左视图，并按规定的线型描深、加粗，如图 4-21f 所示。

例 4-3　如图 4-22a 所示，已知组合体的主、俯视图，补画其左视图。

分析　从图中可以看出，这是一个切割型组合体。对于这一类形体，首先通过形体分析恢复出切割体的原形，进而在原形的基础上分析切割掉的基本形体由哪些面切割，以及这些面相对于投影面的位置，切割后在形体表面上产生的交线是什么形状以及这些交线相对于投影面的投影是否为实形。

主视图和俯视图的外形轮廓最接近矩形，因此，该组合体的原形是一个长方体，在此基础上分别用不同的圆柱面和平面逐步切割掉六块基本形体，如图 4-22b 所示。

作图步骤

1）根据投影关系，首先画出原形长方体的左视投影，即一矩形，如图 4-22c 所示。

2）在原形的基础上用三个平面在中间靠左边的位置切割掉一个长方体，从前向后形成一个通槽，画出中间通槽的左视图投影，如图 4-22d 所示。

3）组合体的左边用不同的圆柱面分别切去两个半圆柱孔。画出不同半径的两个半圆柱孔在左视图中的投影，如图 4-22e 所示。

4）在组合体的上表面向下用四个平面挖去一个小的长方体，形成一个长方形的孔。该孔的左视投影是不可见的，用细虚线表示，如图 4-22f 所示。

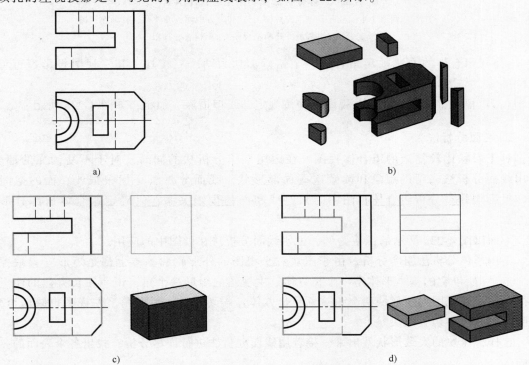

图 4-22　形体分析法读切割型组合体示例

a) 已知主、俯视图　b) 形体分析　c) 补画原形的左视图　d) 切左侧长方体槽，补画左视图

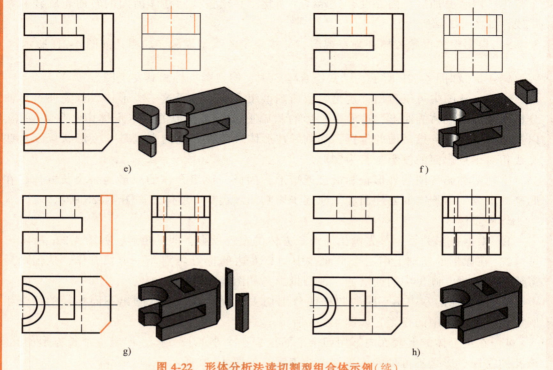

图 4-22 形体分析法读切割型组合体示例(续)
e) 切左侧两个半圆柱孔，补画左视图　f) 切上方中间长方体孔，补画左视图
g) 切右侧两角，补画左视图　h) 检查、加粗

5）组合体的右边前后角各用一个铅垂面切去两个三棱柱，其左视图投影不可见，画虚线，如图 4-22g 所示。

6）根据整体形状校核左视图，并按规定的线型描深、加粗，如图 4-22h 所示。

2. 线面分析法

对于形状比较复杂的组合体视图，在运用形体分析法的同时，对于不易读懂的部分，常用线面分析法来帮助想象和读懂这些局部形状。线面分析法是指根据线、面的空间性质和投影规律，分析组合体视图中的某些线和面的投影关系，以确定组合体该部分形状的方法。

下面以图 4-23a 所示的压块为例，说明线面分析法在读图中的应用。

先用形体分析法粗略分析。由于压块三个视图的外形轮廓基本上都是矩形（只缺掉了几个角），所以它的基本形体是一个长方体。主视图的矩形缺个角，说明在长方体的左上方切掉一角。俯视图的矩形缺两个角，说明长方体左端切掉前、后两角。左视图也缺两个角，说明前后两边各切去一块。

这样，压块的大致形状就出来，接着用线面分析法进行详尽分析，找出各个表面的三个投影。

1）如图 4-23b 所示，由主视图斜线 p'，在俯视图中找出与它对应的梯形线框 p，根据投影关系得左视图投影 p''，p''、p 是类似形，由此可知 P 面是一个梯形正垂面，长方体的左上角就是这个正垂面切割而成的。

2）如图 4-23c 所示。由俯视图斜线 q，在主视图中找出与它对应的七边形 q'，根据投影关系得左视图投影 q"，q"也是一个类似的七边形，可知 Q 面是一个铅垂面，长方体的左端前后切口，就是由前后对称的两个铅垂面切割而成的。

3）从左视图上的直线 r"入手，如图 4-23d 所示，r"在主视图上对应一个矩形线框，在俯视图上对应一条线，可以看出，R 面是正平面。如图 4-23e 所示，s"在主视图上对应一条线，在俯视图上对应一个矩形线框，因此，S 面是水平面。长方体前下和后下两个角，就是由这两个平面切割而成的。

这样，既从形体上，又从线、面的投影上进行分析，全面弄清了压块的三个视图，就可以想象出如图 4-23f 所示的空间形状了。

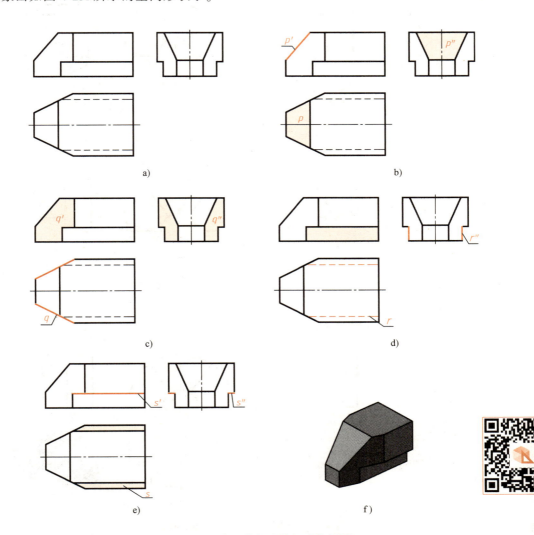

图 4-23　用线面分析法读组合体视图

a）压块三视图　b）分析 P 面，想形状　c）分析 Q 面，想形状
d）分析 R 面，想形状　e）分析 S 面，想形状　f）压块立体图

例 4-4　如图 4-24a 所示，已知组合体的主、左视图，补画其俯视图。

分析　如图 4-24a 所示的组合体，其主视图的外形轮廓接近半圆，左视图外形轮廓接近矩形，主视图上有缺口，左视图有缺角，可以想象出该组合体是半圆柱被 P、Q、S 三个面切割而成的，根据线面分析法，可补画出俯视图。

作图步骤

1）补画原形的投影。原形是一个半圆柱，俯视图为一矩形，如图 4-24b 所示。

2）主视图下方的半圆形缺口，是由 P 面切割而成的，对应其左视图上的投影可知，P 面是个半圆柱面。根据投影关系，在俯视图中画出 P 面的投影，也是一个矩形。因为 P 面在下方，水平投影不可见，如图 4-24c 所示。

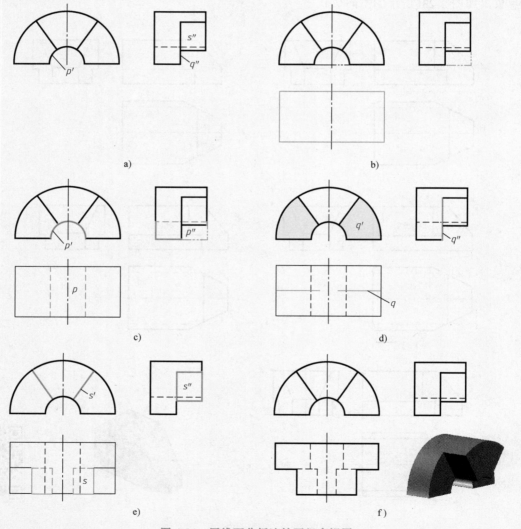

图 4-24　用线面分析法补画组合视图

a) 组合体主、左视图　b) 补画切割之前的基本体投影　c) 分析并补画 P 面截切后的投影
d) 分析并补画 Q 面截切后的投影
e) 分析并补画 S 面截切后的投影　f) 检查、加深

3）左视图前下方的缺角由 Q、S 两个面切割而成。根据投影关系，Q 面对应主视图上两个封闭线框，说明半圆柱的左下角和右下角都被切割。显然，Q 面是正平面，根据正平面的投影特性，其水平投影是直线，如图 4-24d 所示。S 面的侧面投影是一矩形，对应正面投影两条斜线，说明 S 面是正垂面，其水平投影也是矩形。两个正垂面在下方，水平投影不可见，如图 4-24e 所示。

4）整理图线。从左视图上可以看出，Q 面切去了两个半圆柱面的前半部分转向轮廓线，而组合体的前表面只剩下两个正垂面中间的部分，擦去多余图线，并按规定的线型描深、加粗，如图 4-24f 所示。

例 4-5 如图 4-25a 所示，补画视图中所缺的图线。

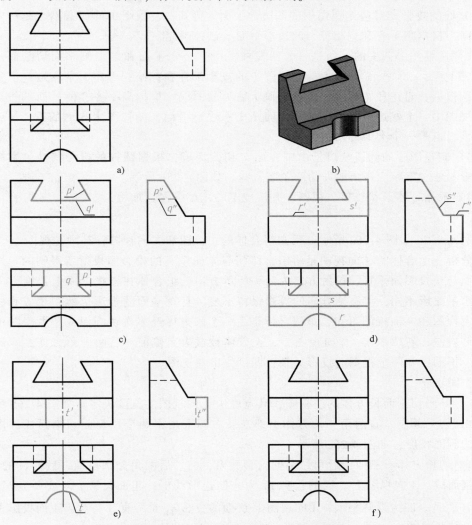

图 4-25　补画组合体三视图中所缺的图线
a）补画视图中的漏线　b）立体图　c）切燕尾槽，补图线
d）切四棱柱，补图线　e）切圆柱，补图线　f）检查，加粗

分析 如图 4-25a 所示的组合体是一切割型组合体,其三个视图外形轮廓都接近矩形,表明该组合体在切割之前是一个长方体。主视图中有一个燕尾形缺口,说明该组合体在前后方向上被截去一个燕尾槽;左视图中有一四边形缺口,说明组合体的前上角被截去一个四棱柱;俯视图下方有一个圆弧形缺口,表明组合体前下方被一个圆柱面切割。由此可想象出组合体的立体形状,如图 4-25b 所示。可采用线面分析法逐个补线。

作图步骤

1) 主视图中的燕尾槽由一个水平面和两个左右对称的正垂面切割而成,如图 4-25c 所示。根据长对正的投影规律,水平面 Q 在俯视图中的投影是一个矩形平面 q,由水平面的投影特性,左视图中的 q'' 必然是一条积聚直线,根据高平齐和宽相等,即可补画左视图中 Q 面的投影 q'',因为左视图中该水平面不可见,故 q'' 画成虚线。再由主视图中正垂面 P 面的投影 p' 对应俯视图中的四边形平面 p 可知,左视图中的 p'' 必然也是一个四边形平面,根据高平齐和宽相等,四边形平面 p'' 已补画完整。

2) 左视图中截去的一角是一个四棱柱,由一个水平面和一个侧垂面切割而成。如图 4-25d 所示。水平面 R 在主、左视图中的投影都存在,俯视图中 r 应该是一个实形多边形,根据长对正和宽相等,即可补画 r 缺失的图线。根据高平齐,侧平面的投影 s'' 对应主视图中一个八边形线框,说明 S 面是个八边形平面,俯视图中 S 面的投影 s 已经补画完整,也是一个类似的八边形。

3) 俯视图中的圆弧缺口是由圆柱面 T 切割而成,根据圆柱的投影特性,主视图中的投影 t' 是一矩形,补画缺失的两条竖直线,如图 4-25e 所示。

4) 根据整体形状校核三视图,并按规定的线型描深、加粗,如图 4-25f 所示。

例 4-6* 如图 4-26a 所示,已知组合体的主视图和 A 向视图,补画左视图。

分析 组合体的 A 向视图是将组合体朝与 A 向垂直的投影面投射所得到的视图,该投影面与正投影面垂直,投射方向为箭头所示方向。组合体在该投影面上长度方向的投影与水平投影不同,但宽度方向的投影保持不变,且正平面的投影仍然积聚成直线。由已知主视图和 A 向视图可知,该组合体是由一个长方体经多次切割而成,主视图中长方体被截去左、右两个角,A 向视图中,长方体被截去右侧前、后两个角,且左侧截去一个槽。根据已知两个视图的投影关系,即可作出左视图。

作图步骤

1) 补画切割前长方体的左视图,其宽度由 A 向视图的宽度决定,如图 4-26b 所示。

2) 切上部左、右两角。长方体上部左、右两个角由两个正垂面切割而成,作出正垂面的侧面投影,如图 4-26c 所示。

3) 切长方体右侧前、后角。根据投影关系,前、后两角分别由前、后对称的 P、Q 面切割而成,A 向视图上 P 面的投影 p_1 为一四边形线框,正面投影 p 对应一条竖直线,表明 P 面是一四边形侧平面;A 向视图上 Q 面的投影 q_1 是一直线,对应正面投影上一个四边形线框 q',表明 Q 面是一四边形的正平面。根据正面投影上 P、Q 面的高度和 A 向视图上的宽度,作出四边形侧平面 P 和正平面 Q 的侧面投影,如图 4-26d 所示。

4) 切左侧槽。左侧中间位置的槽由 T 面和前后对称的 R、S 面切割而成。A 向视图中，t_1 是与投射线平行的直线，对应的正面投影 t 是一条斜线，表明 T 面是一正垂面；s_1 对应正面投影中一四边形线框 s'，S 面是正平面；r_1 是一条倾斜直线，对应的 r' 为五边形线框，表明 R 面是五边形的一般位置面。根据各个面上顶点所在的位置，即可作出侧面投影，如图 4-26e 所示。

5）整理图线。去掉切去部分轮廓的投影，将剩下的轮廓线按图线要求加深、加粗，如图 4-26f 所示。

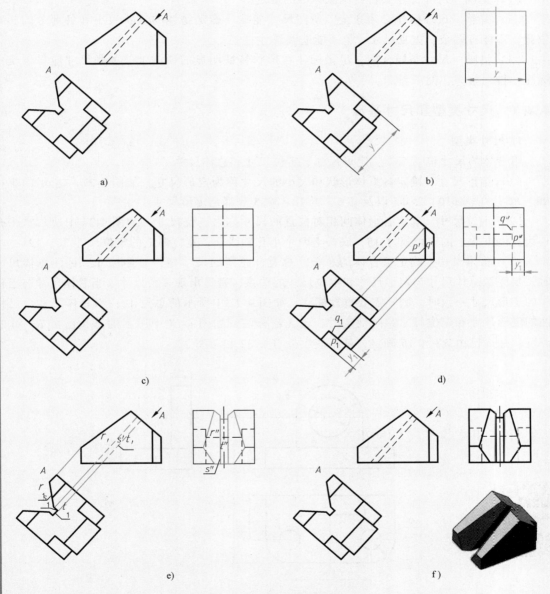

图 4-26 补画组合体视图

a）已知条件　b）补画切割之前的基本体投影
c）切上部左、右两角　d）切右侧前、后两角　e）切左侧槽　f）整理图线

4.4 组合体的尺寸标注

视图只能表达组合体的形状,而组合体的大小及各部分的相对位置,需要通过标注尺寸来确定。

组合体尺寸标注的基本要求如下:

(1) **正确** 尺寸标注要符合国家标准的规定。

(2) **完整** 尺寸标注必须齐全,所注尺寸能唯一确定物体的形状大小和各部分的相对位置,不能有多余、重复尺寸,也不能遗漏尺寸。

(3) **清晰** 尺寸布局合理,尽量标注在形状特征明显的视图上,关联尺寸应尽量集中标注,排列整齐,便于看图。

4.4.1 尺寸类型和尺寸基准

1. 尺寸类型

组合体的尺寸包括三类:定形尺寸、定位尺寸和总体尺寸。

(1) **定形尺寸** 确定各形体形状和大小的尺寸称为定形尺寸,如图 4-27 中所示的半径 $R8$、$R6$、直径 $\phi10$、$2\times\phi5$ 以及高 6、宽 18、宽 5 等都是定形尺寸。

(2) **定位尺寸** 确定各形体间相对位置的尺寸称为定位尺寸,如图 4-27 中所示水平孔轴线高度方向上的定位尺寸 15,底板上两个小孔轴线长、宽方向上的定位尺寸 20、12。

(3) **总体尺寸** 确定组合体的总长、总宽、总高的尺寸称为总体尺寸。标注总体尺寸时,要注意总体尺寸与定形尺寸和定位尺寸的关系,避免出现多余尺寸。当总体尺寸与已标注的定形尺寸一致时,则不需要重复标注,如图 4-27 中所示的总宽 18;当总体尺寸由已标注的定形尺寸和定位尺寸共同确定时,也无需标注,如图 4-27 中所示的总长已由 $R6$ 和 20 确定,总高已由 $R8$ 和 15 确定,就不应再标总长 32 和总高 23。

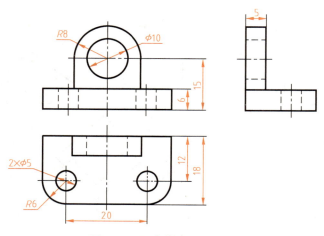

图 4-27 组合体的尺寸类型

2. 尺寸基准

组合体中,形体的位置由基准确定,标注定位尺寸时,必须先确定尺寸基准。用来确定尺寸位置的点、直线、平面称为尺寸基准。常采用组合体的底面、端面、对称面以及主要回转体的轴线作为尺寸基准。

一般组合体有长、宽、高三个方向的尺寸基准，且在同一方向上根据需要可以有若干个基准，这若干个基准中，有一个是主要基准，其余为辅助基准。如图 4-28 所示，以左右对称面为长度方向主要尺寸基准，标注底板四个孔的长度定位尺寸 25，以前后对称面为宽度方向主要尺寸基准，标注底板四个孔的宽度定位尺寸 12，以底板底面为高度方向主要尺寸基准，标注圆筒上水平孔的高度定位尺寸 13 等。

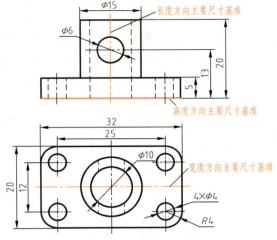

图 4-28 组合体的尺寸基准

4.4.2 基本体的尺寸标注

组合体由基本体组合而成，要想掌握组合体的尺寸标注，必须先学会标注基本体的尺寸，常见基本体的尺寸标注法如图 4-29 所示。

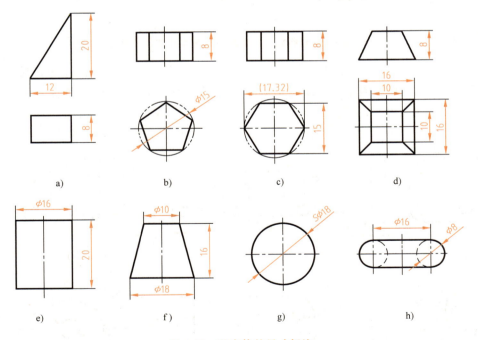

图 4-29 基本体的尺寸标注

如图 4-29a 所示，三棱柱不标注三角形斜边长；如图 4-29b 所示，五棱柱的底面是圆内接正五边形，可标注出底面外接圆直径和高度尺寸；如图 4-29c 所示，正六棱柱的底面尺寸有两种标注形式，一种是注出正六边形的对角尺寸（外接圆直径），另一种是注出正六边形的对边尺寸（内切圆直径），一般只需注出两者之一，或将两个尺寸都注上，但必须将其中一个尺寸加注括号作为参考尺寸。如图 4-29d 所示，四棱台只标注上、下两个底面尺寸和高度尺寸。

如图 4-29e~h 所示，标注圆柱、圆台、圆环等回转体的直径尺寸时，应在数字前加注"φ"，并且常注在其投影为非圆的视图上。用这种形式标注尺寸时，只要用一个视图就能确定其形状和大小，其他视图可省略不画。圆球也只需画一个视图，可在直径或半径符号前加注"S"。

如图 4-30 所示，对于具有斜截面和带缺口的基本体，除了注出基本体的尺寸外，还要注出确定截平面位置的尺寸。截平面位置确定之后，立体表面的交线会自然产生，因此不必标注交线的尺寸。

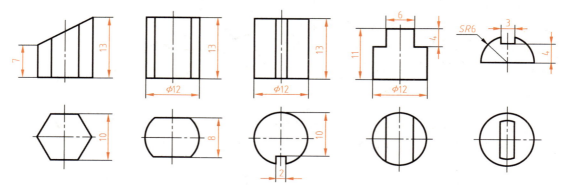

图 4-30　具有斜截面和带缺口的基本体的尺寸标注

图 4-31 所示是几种常见底板的尺寸标注。当组合体的端部不是平面而是回转面时，该方向一般不直接标注总体尺寸，而是由确定回转体轴线的定位尺寸和回转面的定形尺寸（半径或直径）间接确定。

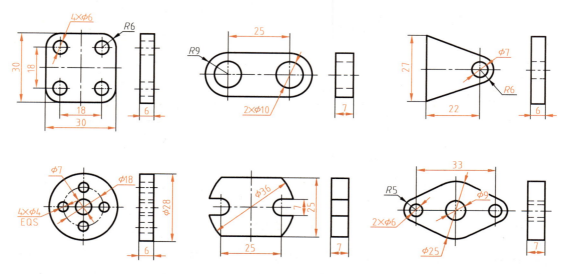

图 4-31　常见底板的尺寸标注

4.4.3 尺寸的清晰布置

尺寸清晰，就是要求所标注的尺寸排列适当、整齐、清楚，便于看图。

1. 尽量把尺寸标注在反映形状特征明显的视图上

为了看图方便，尺寸应尽可能标注在反映基本形体形状特征较明显、位置特征较清楚的视图上，并且把有关联的尺寸尽量集中标注。如图 4-32 所示，主视图是上部燕尾槽的形状特征视图，燕尾槽的尺寸标注在主视图上为好；俯视图是下部方形槽的形状特征视图，方形槽的尺寸标注在俯视图上为好。

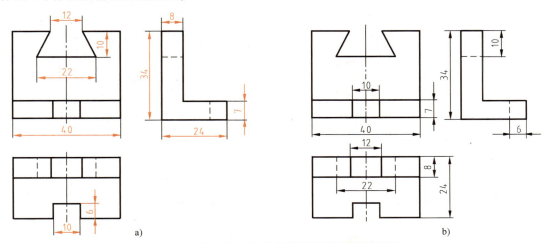

图 4-32 尺寸标注在反映形状特征明显的视图上

a) 好 b) 不好

2. 尽量把尺寸标注在视图外部

为方便看图，尺寸应尽量标注在视图外部，并配置在两视图之间，便于对照。如图 4-33 所示。

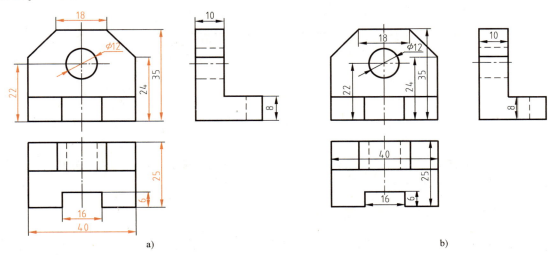

图 4-33 尺寸尽量标注在视图外部

a) 好 b) 不好

3. 布局整齐

相互平行的线性尺寸，应按大小顺序排列，小尺寸在内，大尺寸在外，间距均匀，避免尺寸线与尺寸界线相交，同方向的串联尺寸应排列在一条直线上，如图 4-34 所示。对于内形尺寸和外形尺寸均需要标注的图形，应将内、外形尺寸分别标注在视图的两侧，如图 4-35 所示。

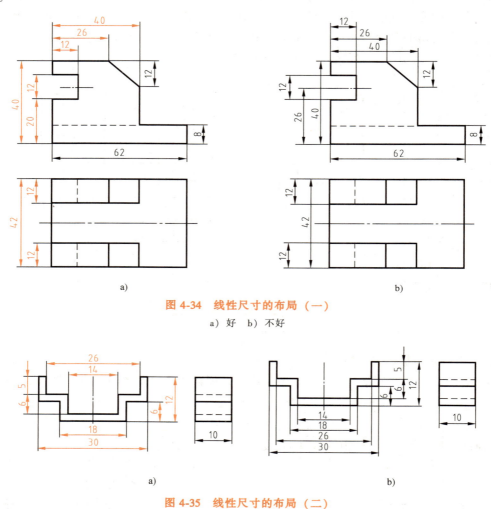

图 4-34　线性尺寸的布局（一）
a）好　b）不好

图 4-35　线性尺寸的布局（二）
a）好　b）不好

4. 回转体直径的布局

多个同心圆柱的直径尺寸，最好标注在非圆的视图上。对于回转面上均匀分布的孔，其定形尺寸和定位尺寸集中标注在有圆的视图上为好，如图 4-36 所示。

4.4.4　组合体尺寸标注的方法及步骤

组合体都由基本体组合而成，为使组合体的尺寸标注完整，仍用形体分析法假想将组合体分解为若干基本体，注出各基本体的定形尺寸以及确定它们之间相对位置的定位尺寸，最后根据组合体的结构特点注出总体尺寸。

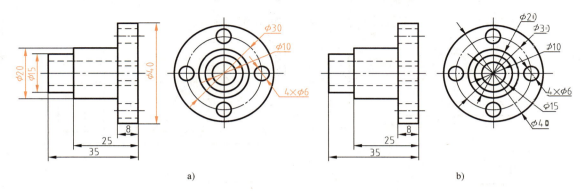

图 4-36 回转体直径的布局
a) 好 b) 不好

下面以图 4-37 所示轴承座为例，说明组合体视图上尺寸标注的方法和步骤。

1. 形体分析

将组合体分解成若干基本体，明确组成该组合体的基本体数量、各基本体的形状、相互位置、邻接表面的相互关系等。如图 4-37 所示，该轴承座由圆筒、底板、支承板和肋板四个基本体组成。

2. 选定尺寸基准

轴承座为左右对称结构，其底板底面和后端面都是比较大的平面，如图 4-37a 所示，选定轴承座的左右对称面作为长度方向主要尺寸基准，底板底面作为高度方向主要尺寸基准，后端面作为宽度方向主要尺寸基准。

3. 逐个标注各形体的定位和定形尺寸

通常先标注基本体长、宽、高三个方向的定位尺寸，再标注基本体的定形尺寸。对于较复杂的基本体，一般采用先整体后局部的顺序进行标注。

（1）圆筒 如图 4-37b 所示，圆筒的位置由其轴线确定，该轴线位于长度方向尺寸基准上，长度定位尺寸无需标注，高度方向标注轴线与高度基准的距离即高度定位尺寸 17。再标注圆筒的定形尺寸，直径 φ10、φ7 和宽度尺寸 18。

（2）底板 如图 4-37c 所示，底板的左右对称面、后端面和底面分别和长、宽、高三个方向的尺寸基准重合，底板的位置已确定，定位尺寸无需标注。只需标注底板长、宽、高定形尺寸 31、15、3。底板上的两个圆孔，先注出定位尺寸 20、10，再注出定形尺寸 2×φ5。

（3）支承板 如图 4-37d 所示，支承板的左右对称面、后端面分别和长、宽方向的尺寸基准重合，长、宽方向的定位尺寸无需标注；高度方向的位置由底板的高度尺寸 3 确定，不再标注。支承板定形尺寸只需注出宽度尺寸 5，其下面长度与底板同长，已标注；上面与圆筒相切，不应标注任何尺寸。

（4）肋板 如图 4-37e 所示，肋板的左右对称面与长度方向尺寸基准重合，高度方向的位置由底板的高度尺寸 3 确定，宽度方向的位置由支承板的宽度 5 确定。标注肋板长、宽尺寸 3、8。肋板左右侧面与圆筒的截交线由作图决定，无需标注高度尺寸。

4. 综合考虑，标注总体尺寸

标注了组合体中各基本体的定位和定形尺寸以后，对于整个组合体还要考虑总体尺寸的标注。如图4-37f所示，轴承座的总长31、总宽18已在图上注出，无需重复标注。由于高度方向有一圆柱面，总高由定位尺寸17和圆柱半径确定，不需标注。

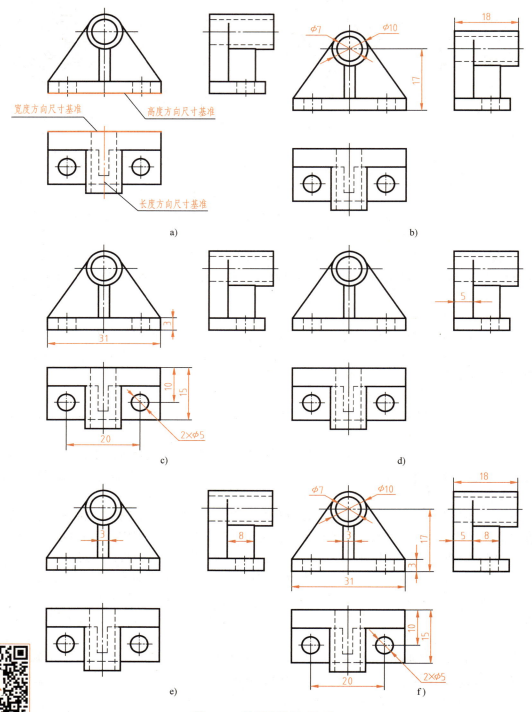

图4-37 轴承座的尺寸标注

a) 选择尺寸基准 b) 标注圆筒尺寸 c) 标注底板尺寸 d) 标注支承板尺寸 e) 标注肋板尺寸 f) 综合标注

5. 检查

完成组合体尺寸标注后，应按正确、完整、清晰的要求做整体性检查。应清楚每个尺寸的含义，检查每个基本体三个方向的定位和定形尺寸是否有遗漏和重复。如有不妥，应作适当修改或调整。

例 4-7 标注如图 4-38a 所示组合体的尺寸。

分析 如图 4-38a 所示的三视图属于切割型组合体，标注切割型组合体的尺寸，仍然是利用形体分析法对其形体进行分析，确定尺寸基准，逐步标注各形体的定位尺寸和定形尺寸。

标注步骤

1) 形体分析。分析组合体的三视图，可确定该组合体是由梯形棱柱经过多次切割而成，其切割的基本形体如图 4-38b 所示。

2) 选定尺寸基准。根据尺寸基准选择原则，选定组合体的右端面为长度方向尺寸基准，底面为高度方向尺寸基准，前后对称面为宽度方向尺寸基准，如图 4-38a 所示。

3) 逐个标注各形体的定位和定形尺寸。对于切割型组合体，一般可先标注切割前形体的尺寸，再逐步标注各切割体的定位和定形尺寸，如图 4-38c~g 所示。

4) 检查。按照组合体尺寸标注的基本要求进行检查。需要注意的是，若首先标注了组合体切割前形体的尺寸，一般组合体的总体尺寸已经确定，无需重复标注，如图 4-38h 所示。

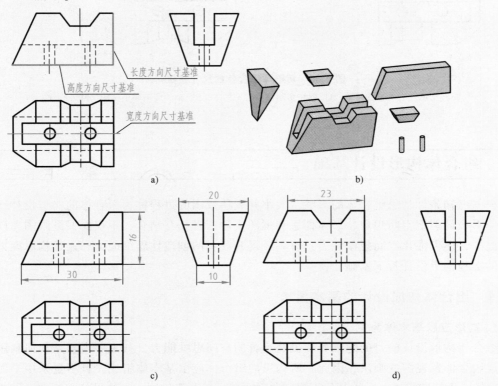

图 4-38 切割型组合体的尺寸注法

a) 分析三视图，选择尺寸基准　b) 形体分析　c) 标注切割前立体的尺寸　d) 标注切割左上角三棱柱后的尺寸

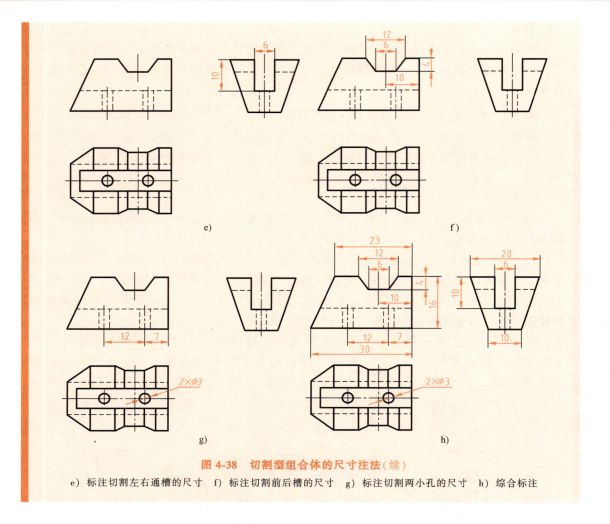

图 4-38 切割型组合体的尺寸注法（续）

e）标注切割左右通槽的尺寸　f）标注切割前后槽的尺寸　g）标注切割两小孔的尺寸　h）综合标注

4.5 组合体构形设计基础

根据已知条件构思组合体的形状、大小并表达成图的过程称为组合体的构形设计。组合体的构形设计能把空间想象、形体构思和视图表达三者相互结合，不仅能促进画图和读图能力的提高，还可强化空间想象能力，有利于提升读者的创造性思维能力和设计构思能力，为今后的工程构形设计打下基础。

4.5.1 组合体构成设计的基本要求

1. 构形应以基本体为主

组合体构形设计的目的是培养和提高读者的空间思维能力，其主要内容是如何利用基本体构成组合体及视图的画法，因此，所构思的组合体应由基本体组成，且尽量采用平面立体和回转体，无特殊需要不采用其他不规则曲面立体，以利于绘图、标注尺寸和制造。如图 4-39 所示，小轿车和台灯的构形，都采用的是棱柱、圆台、圆柱、圆球等基本体。

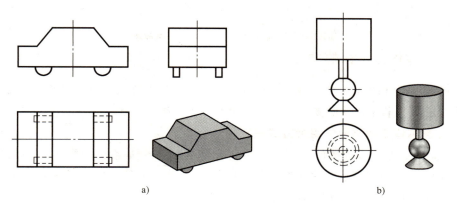

图 4-39 构形以基本体为主
a) 小轿车构形　b) 台灯构形

2. 构形应具有创新性

构成一个组合体所使用的基本体类型、大小、组合方式和相对位置的任一因素发生变化，都将引起构形的变化，这些变化的组合就是千变万化的构形结果。设计者可充分发挥想象力，力求打破常规，构想出具有不同风格且结构新颖的形体。

3. 构形应便于成形

组合体的构形不但要合理，而且要易于制作。两个形体组合时，不能出现点、线、面连接的情况。如图 4-40a 所示，圆锥与圆柱、圆球之间是点连接。如图 4-40b、c 所示，圆柱和圆柱之间、长方体和长方体之间是直线连接；如图 4-40d 中所示圆柱与长方体之间是曲线

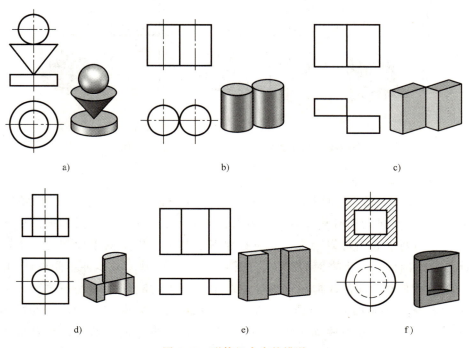

图 4-40 形体组合中的错误

（圆）连接。如图 4-39e 所示，两长方体之间是面连接。另外，封闭的内腔不便于成形，一般不要采用，如图 4-40f 所示。

4.5.2 组合体构形设计的方法

组合体构形设计的基本方法是叠加和切割。在具体进行叠加和切割构形时，还要考虑表面的凹凸、正斜、平曲以及形体之间不同组合方式等因素。

1. 通过基本体之间不同的组合方式联想构形

图 4-41a 所示为一组合体的主视图，可将它联想成两个基本体的简单叠加或切割，如图 4-41b、c 所示；也可联想为多个基本体的叠加或切割，如图 4-41d、e 所示；还可联想为多个基本体既叠加又切割，如图 4-41f、g 所示。

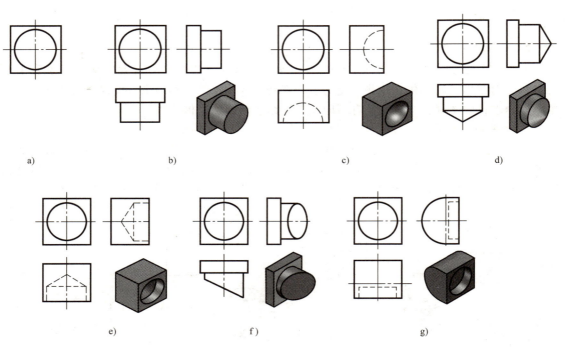

图 4-41 由基本体之间不同的组合方式联想构形

2. 通过表面的凹凸、正斜、平曲联想构形

图 4-42a 所示为一组合体的主视图。假设其原形是一长方体，根据主视图上的三个封闭线框，可确定组合体的前面有三个可见的表面，可以是平面，也可以是曲面。由于它们两两相邻，相邻的两个表面可以相交，也可以错开。相交可以是两平面相交，也可以是平面与曲面相交。因此，三个表面的凹凸、正斜、平曲就可以构成多种不同形状的组合体。图 4-42b~g 所示是对中间的线框进行构想的结果。图 4-42b、c 所示是正平面凹与凸的构形，图 4-42d、e 所示是曲面凹与凸的构形，图 4-42f、g 所示是斜平面凹与凸的构形。用同样的方法，还可以对左右两面进行凹与凸、正与斜、平与曲的联想，构思出的组合体将会更多。

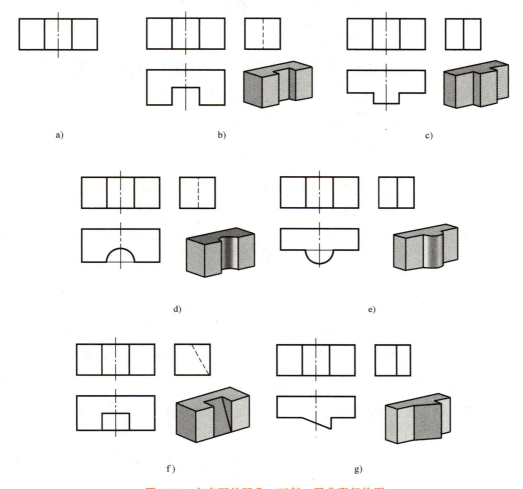

图 4-42　由表面的凹凸、正斜、平曲联想构形

3. 通过虚实线投影重影联想构形

如图 4-42a 所示的主视图，若其中的某些粗实线的投影，各重影有一条或多条虚线，还可构思出更多不同的组合体，如图 4-43 所示。

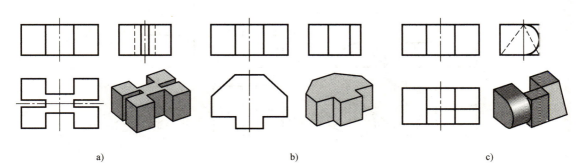

图 4-43　由虚实线投影重影联想构形

4.5.3 组合体构形设计举例

1. 根据语言描述的要求构思组合体

例 4-8　设计一个多面体，使其包含所有特殊位置平面和一般位置平面。

解

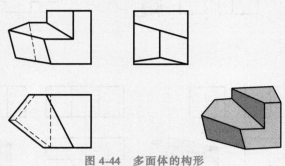

图 4-44　多面体的构形

2. 由一个或两个视图构思组合体

如果只给定一个或两个视图，组合体的形状是不确定的，可以通过构思得到各种各样的组合体。构形时，应根据视图中的线、线框与相邻线框的含义，对形体进行广泛的联想，根据相邻线框表示不同位置的表面，通过凹凸、正斜、平曲的变化构思不同的形体。

例 4-9　如图 4-45a 所示，根据俯视图，构思三种不同的形体。

解　俯视图上有三个封闭的线框，表示组合体的上面有三个可见的表面，根据面的凹凸、正斜、平曲的变化，可任意构思出三个组合体，如图 4-45b~d 所示。

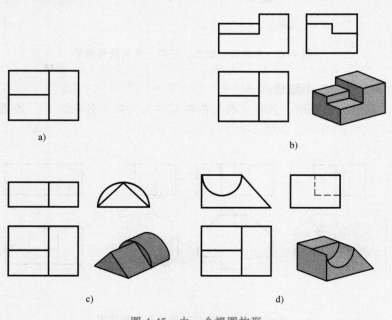

图 4-45　由一个视图构形

例 4-10　如图 4-46a 所示，根据主视图和俯视图，构思三种不同的形体。

解　通过两个视图进行构形设计，需要将两个视图结合起来分析，利用投影关系，逐一找出可能的基本体并对其构形。如图 4-46a 所示，主视图和俯视图分别由三个封闭线框构成，根据长对正的投影关系，初步将该组合体分成左、中、右三个基本形体，再逐步对三个基本形体进行构思，最后将构思的基本体叠加。叠加时要注意相邻两个基本体连接处的投影必须符合已知视图的要求，如图 4-46b~d 所示。

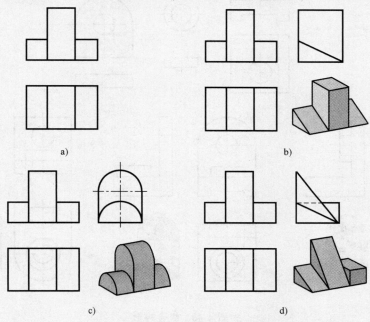

图 4-46　由两个视图构形

3. 通过给定形体的外形轮廓线构思组合体

例 4-11　由图 4-47a 所示的三个投射方向的外形轮廓构思组合体。

解　此类设计给定了组合体的外形轮廓线，但并未限制轮廓内的图线有多少、什么形状以及是否可见。因为不能超出外轮廓，一般是以切割的形式进行构形设计。如图 4-47a 所示的三面投影与圆柱的外形轮廓接近，可构想组合体由圆柱切割而成，如图 4-47b、c 所示。

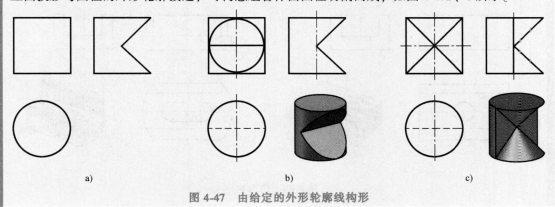

图 4-47　由给定的外形轮廓线构形

4. 组合构形设计

例 4-12　由图 4-48a 所示的基本形体构思组合体。

解　此类设计为给定几个基本体，通过各种不同位置的组合，构思设计多种不同形状的组合体。图 4-48a 所示为三个简单形体，改变这三个形体的相对位置，就可得到多种不同的组合体，如图 4-48b~d 所示。

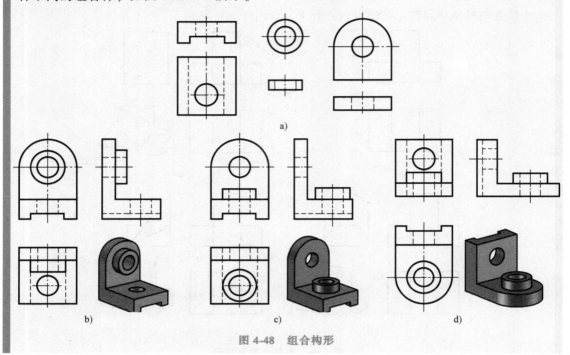

图 4-48　组合构形

5. 仿形构形设计

例 4-13　已知如图 4-49a 所示的组合体，设计一个与此组合体形体相近的组合体。

解　仿形构形设计是仿照已知组合体的形状和结构特点，设计类似的组合体。如图 4-49a 所示的组合体是由一个长方体切去一个方槽和一个圆柱孔而成，若仍保留其槽形结构，将左右两端的侧平面改成圆柱面，中间的圆柱孔改为长圆孔，便可得到一个新的组合体，如图 4-49b 所示。

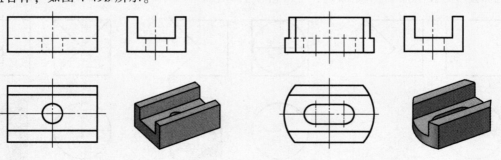

图 4-49　仿形构形

6. 补形构形设计

例 4-14* 已知如图 4-50a 所示的组合体，设计一个组合体，使之与已知组合体对接能构成一高度为 L 的完整圆柱。

解 如图 4-50a 所示的组合体是高度为 L 的圆柱被多个平面切割后形成的，提取出所有截平面的投影，再补画出圆柱的外轮廓投影，即可得到补形体，如图 4-50b 所示。

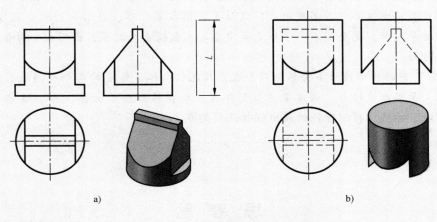

图 4-50 补形构形

7. 管道模型体

例 4-15 根据如图 4-51 所示的管道模型的三视图，构建管道的空间模型体。（选自国赛题）

解 此类设计是给定一根具有空间形体的管道的三视图，通过分析投影特性，在空间立方体中构建管道的空间形体，如图 4-51a、b 所示。

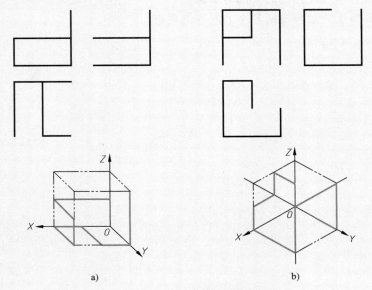

图 4-51 构建管道模型体

图学竞赛中的构形设计

对组合体进行构形设计是提高空间想象力和创造性思维能力的有效方法，深受图学工作者的重视。在每年举办的"'高教杯'全国大学生先进成图技术与产品信息建模创新大赛"（以下简称"大赛"）中，构形设计都是重要的竞赛内容。"大赛"由教育部高等学校工程图学课程教学指导委员会、中国图学学会制图技术专业委员会、中国图学学会产品信息建模专业委员会主办，各高校承办，吸引了全国各省、市、自治区的众多院校的师生，参与人数逐年增加，是全国各类学科竞赛中参与人数较多的大赛，已列入全国普通高校学科竞赛排行榜。

"大赛"中的构形设计多为根据两个视图构思组合体，给定的两个视图往往形状相同或者镜像，构思难度较大。构建管道模型体曾出现在第八届"大赛"中。这些构形设计很好地检验了学生对投影理论的理解程度及空间想象力。

思 考 题

4-1 组合体的组合形式有哪几种？组合体中各基本体表面间连接关系有哪些？它们的画法各有何特点？

4-2 什么是形体分析法？简述用形体分析法画图和读图的步骤。

4-3 什么是线面分析法？简述用线面分析法读图的步骤。

4-4 画组合体视图时，如何选择主视图？

4-5 简述组合体尺寸标注的方法与步骤？

4-6 试用最精练的语言概括各小节内容的要点。

第 5 章

轴 测 图

> **本章要点**
>
> 本章介绍轴测图形成的原理及画法，主要是介绍正等轴测图和斜二轴测图的画法，帮助读者提高理解形体及空间想象的能力。为正确理解投影图提供形体分析及线面分析的思路。

5.1 轴测图的基本知识

用正投影法绘制的三视图能准确地表达出物体的形状，但其缺点是直观性较差，不容易想象出物体的真实形状，有时表达的物体不能唯一确定，如图 5-1 所示。因此在工程上，常采用轴测图这种能同时反映出物体三个坐标面的形状，并接近于人们的视觉习惯，形象、逼真、富有立体感的图形作为辅助图样，来说明机器的结构、安装、使用等情况，用以帮助构思、想象物体的形状。如图 5-2a、b、c 和图 5-3 所示。

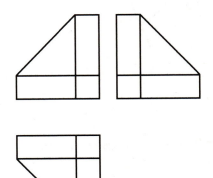

图 5-1 三视图

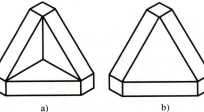

图 5-2 轴测图

图 5-3　发动机轴测剖视图

1. 轴测图的形成

将物体连同其参考直角坐标系，沿不平行于任一坐标面的方向 S，用平行投影法将其投射在单一投影面 P 上，所得到的图形就是轴测图。（平面 P 称为轴测投影面，方向 S 称为轴测投射方向）如图 5-4 所示。

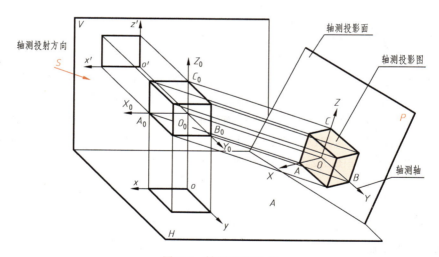

图 5-4　轴测图的形成

2. 与轴测图相关的基本元素

（1）轴测轴　如图 5-4 所示，在轴测投影图中，空间物体的三个坐标轴 O_0X_0、O_0Y_0、O_0Z_0 在轴测投影面 P 上的投影 OX、OY、OZ，称为轴测轴。

（2）轴向伸缩系数　轴测轴上的单位长度与相应直角坐标系上的单位长度之比称为轴向伸缩系数。如图 5-4 所示，在三个坐标轴 O_0X_0、O_0Y_0、O_0Z_0 上各取单位长度线段 O_0A_0、O_0B_0、O_0C_0，向轴测投影面 P 上投射得投影为 OA、OB、OC，其轴向伸缩系数为：

$p_1 = OA/O_0A_0$，为 OX 轴的轴向伸缩系数。

$q_1 = OB/O_0B_0$，为 OY 轴的轴向伸缩系数。
$r_1 = OC/O_0C_0$，为 OZ 轴的轴向伸缩系数。

（3）轴间角　如图 5-5 所示，相邻两个轴测轴之间的夹角为轴间角。

3. 轴测图的分类

理论上轴测图有无数种，根据轴测投射方向与轴测投影面是否垂直，可将轴测图分为正轴测图与斜轴测图两类。

又由于物体相对于轴测投影面位置不同，轴向伸缩系数也不同。故两类轴测图又分别有下列三种不同的形式。

正轴测图 $\begin{cases} \text{正等轴测图（简称正等测）} \ p_1 = q_1 = r_1 \text{。} \\ \text{正二轴测图（简称正二测）} \ p_1 = r_1 \neq q_1 \text{。} \\ \text{正三轴测图（简称正三测）} \ p_1 \neq q_1 \neq r_1 \text{。} \end{cases}$

斜轴测图 $\begin{cases} \text{斜等轴测图（简称斜等测）} \ p_1 = q_1 = r_1 \text{。} \\ \text{斜二轴测图（简称斜二测）} \ p_1 = r_1 \neq q_1 \text{。} \\ \text{斜三轴测图（简称斜三测）} \ p_1 \neq q_1 \neq r_1 \text{。} \end{cases}$

为了作图方便，工程上常采用正等轴测图和斜二轴测图。

4. 轴测图的投影特性

1）空间立体上相互平行的两直线，其投影仍保持平行。

2）空间立体上平行于某坐标轴的线段，其投影长度等于该坐标轴的轴向伸缩系数与线段长度的乘积。

由以上性质，若已知各轴向伸缩系数，在轴测图中即可画出平行于轴测轴的各线段的长度，这就是轴测图中"轴测"两字的含义。

5.2　正等轴测图的画法

5.2.1　正等轴测图的形成、轴间角和轴向伸缩系数

当三根坐标轴与轴测投影面倾斜的角度相同时，用正投影法得到的投影图即为正等轴测图。

由于三根坐标轴对于轴测投影面倾斜的角度相同，因此，三个轴间角相等，都是 120°，其中 OZ 轴规定画成竖直方向，如图 5-5 所示。由于三根坐标轴对于轴测投影面的倾斜角都相同（均为 35°16′），故此：

轴向伸缩系数：$p = q = r = \cos 35°16′ \approx 0.82$。

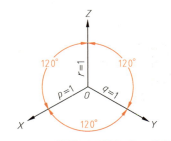

图 5-5　正等轴测图轴间角和简化轴向伸缩系数

为作图简便，规定采用简化轴向伸缩系数即 $p = q = r = 1$ 作图，这样就可以把物体的轴向尺寸直接度量到轴测轴上。由于画出的图形沿各轴向的长度都分别放大了 1/0.82（约 1.22）倍，因此，它画出的图形大于实际的图形，但不影响看图的效果。

5.2.2　平面立体的正等轴测图的画法

绘制平面立体轴测图的基本方法，就是按照"轴测"原理沿坐标轴测量，然后按坐标

画出各顶点的轴测图,该方法简称为坐标法。对不完整的形体,可先按完整形体画出,然后用切割的方法画出其不完整部分,此法称为切割组合法。对一些平面立体则采用形体分析法,先将其分成若干基本形体,然后再逐个将形体混合在一起,此法称为混合法。

1. 坐标法

根据立体表面上各顶点的坐标分别画出它们的轴测投影,然后依次连接立体表面的轮廓线。该方法是绘制轴测图的基本方法,它不但适用于平面立体,也适用于曲面立体;不但适用于正等测,还适用于其他轴测图的绘制。

例 5-1 用坐标法绘制正六棱柱的正等轴测图。

分析 如图 5-6a 所示,由正投影图可知,正六棱柱的顶面、底面均为水平的正六边形。在轴测图中,顶面可见,底面不可见,宜从顶面画起,且使坐标原点与顶面正六边形中心重合。

作图步骤 具体作图步骤如图 5-6 所示。

1) 画轴测轴 $OXYZ$。

2) 在 X 轴上取 $OA = o_0a$,$OD = o_0d$;在 Y 轴上取 $OM = O_0m$,$ON = O_0n$。

3) 过 M、N 分别作直线 $BC // OX$,$EF // OX$,取 $MB = MC = NE = NF = mb$,然后连成顶面,如图 5-6b 所示。

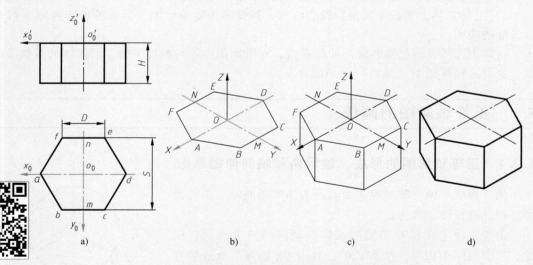

图 5-6 正六棱柱正等轴测图的画法

4) 过 F、A、B、C 作正六棱柱的棱线,它们都平行于 Z 轴且长度等于 H,连接底面可见边的轮廓线,如图 5-6c 所示。

5) 擦去多余图线并描深,得到完整的正六棱柱的正等轴测图,如图 5-6d 所示。

2. 切割组合法

切割组合法适用于以长宽方式构成的平面立体,它以坐标法为基础。先用坐标法画出未被切割的平面立体的轴测图,然后用截切的方法逐一画出各个切割部分。

例 5-2　用切割组合法绘制切割四棱柱的正等轴测图

分析　如图 5-7a 所示，该物体可以看成是由一个四棱柱切割而成。左上方被一个正垂面切割，右前方被一个侧垂面切割而成。画图时可先画出完整的四棱柱，然后逐步进行切割。

作图步骤　具体作图步骤如图 5-7 所示。

1) 画轴测轴 $OXYZ$；然后画出完整的四棱柱的正等轴测图，如图 5-7b 所示。
2) 量尺寸 a、b，切去左上方的第Ⅰ块，如图 5-7c 所示。
3) 量尺寸 c、d，切去右前方第Ⅱ块，如图 5-7d 所示。
4) 擦去多余图线并描深，得到四棱柱切割体的正等轴测图，如图 5-7e 所示。

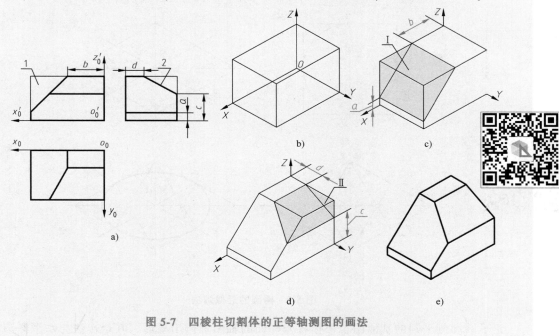

图 5-7　四棱柱切割体的正等轴测图的画法

5.2.3　曲面立体正等轴测图的画法

1. 圆的正等轴测图的画法

在画圆柱、圆锥等回转体的轴测图时，关键是解决圆的轴测投影的画法。图 5-8 所示为一个正立方体在正面、顶面和左侧面上分别画有内切圆的正等轴测图。由图可知，每个正方形都变成了菱形，而内切圆变为椭圆并与菱形相切，切点仍在各边的中点。由此可见，平行于坐标面的圆的正等轴测图都是椭圆，椭圆的短轴方向与相应菱形的短对角线重合，即与相应的轴测轴方向一致，该轴测轴就是垂直于圆所在平面的坐标轴的投影，长轴则与短轴相互垂直。如水平圆的投影椭圆的短轴与 Z 轴方向一致，而长轴则垂直于

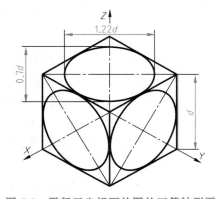

图 5-8　平行于坐标面的圆的正等轴测图

短轴。若轴向伸缩系数采用简化系数,所得椭圆长轴约等于 $1.22d$,短轴约等于 $0.7d$。

下面以直径为 d 的水平圆为例,说明投影椭圆的近似画法。

1)过圆心 O_0 作坐标轴;并作圆的外切正方形,切点为:a、b、c、d,如图 5-9a 所示。

2)作轴测轴及切点的轴测投影。过切点 A、B、C、D 分别作 X、Y 轴的平行线,相交成菱形(即外切正方形的正等轴测图);菱形的对角线分别为椭圆长、短轴的方向,如图 5-9b 所示。

3)过切点 A、B、C、D 分别作各边的垂线,交得圆心 1、2、3、4,如图 5-9c 所示。

4)分别以 1、2 为圆心,以 1B(或 2A)为半径画大圆弧 BC、AD;以 3、4 为圆心,以 3A(或 4B)为半径画小圆弧 AC、BD,如此连成近似椭圆,如图 5-9d 所示。

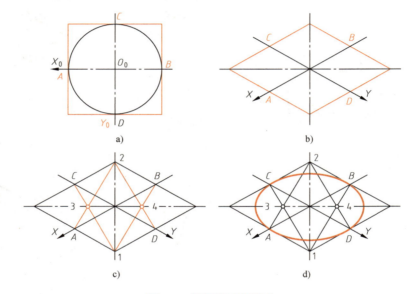

图 5-9 椭圆的近似画法

正平圆和侧平圆的轴测图,根据各坐标面的轴测轴作出菱形,其余作法与水平椭圆的正等轴测图的画法类似,如图 5-10a、b 所示。

由此,当物体上具有平行于两个或三个坐标面的圆时,因正等轴测椭圆的作图方法统一而又较为简便,故适宜选用正等轴测投影来绘制这类物体的轴测投影。

2. 圆柱体的正等轴测图的画法

如图 5-11a 所示,圆柱的轴线垂直于水平面,顶面和底面都是水平面,在将要画出的圆柱的正等轴测图中,其顶面为可见,故取顶圆中心为坐标原点,使 Z 轴与圆柱的轴线重合,其作图步骤如下。

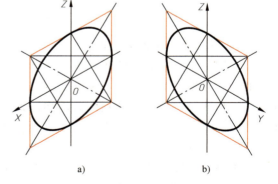

图 5-10 正平圆与侧平圆正等轴测图的画法

1)作轴测轴。用近似画法画出圆柱顶面的近似椭圆,再把连接圆弧的圆心沿 Z 轴方向向下移 H,以顶面相同的半径画弧,作底面近似椭圆的可见部分,如图 5-11b 所示。

2) 过两长轴的端点作两近似椭圆的公切线,即为圆柱面轴测投影的转向轮廓线,如图 5-11c 所示。

3) 擦去多余的作图线,然后描深,得到完整的圆柱体的正等轴测图,如图 5-11d 所示。

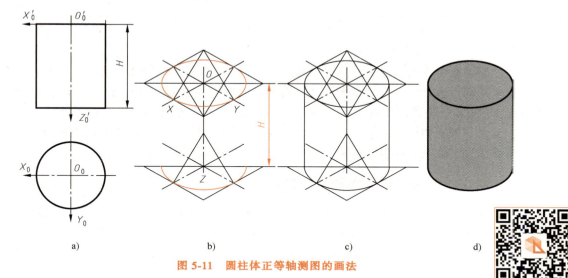

图 5-11　圆柱体正等轴测图的画法

3. 圆角的正等轴测图的画法

圆角通常是圆的四分之一,其正等轴测图画法与圆的正等轴测图画法相同,即作出对应的四分之一菱形,画出近似圆弧。

具体画法如下。

1) 画出直角底板轴测图,根据圆角半径 R,得到四个切点,自切点作边线的垂线,垂线交点为圆心,如图 5-12b 所示。

2) 过圆心画弧切于切点,所得弧即为正等轴测图上的圆角;对于底面圆角,只要将切

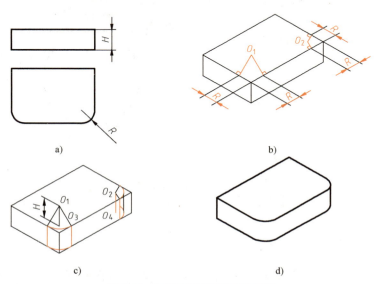

图 5-12　圆角正等轴测图的画法

149

点、圆心都沿 Z 轴方向下移板厚距离 H，以顶面相同的半径画弧即可。注意，右面圆角要画上两圆弧的公切线，如图 5-12c 所示。

3）擦除多余的作图线，然后加深，即完成圆角的作图，如图 5-12d 所示。

5.3 斜二轴测图

斜二轴测图中投射方向 S 必须与轴测投影面斜交。其特点是物体正放，光线斜射。当物体坐标系的某个坐标面平行于投影面时，相应两条坐标轴投影后的轴间角为 90°，轴向伸缩系数是 1，故能反映该面的真形，由于斜二轴测图能反映某个与轴测投影面平行的坐标轴的真形，所以一般把物体在某个方向上形状较为复杂，特别是有较多的图形或曲线的面平行于某个坐标面，再作该面的斜二轴测图，从而使作图反映真实形状。

5.3.1 斜二轴测图的轴间角和轴向伸缩系数

在正面斜轴测图中，因 XOZ 坐标面平行于轴测投影面 P，故不论投射方向 S 的位置如何，X 轴和 Z 轴在平面 P 上的投影，其轴向伸缩系数总是等于 1，轴间角 ∠XOZ 等于 90°。实际作图时，常取 Y 轴的轴向伸缩系数为 q = 0.5，取轴间角 ∠XOY = ∠YOZ = 135°，如图 5-13a 所示。

在斜二轴测图中，平行于 XOZ 坐标面的圆反映实形，而平行于 XOY，YOZ 坐标面的圆则为形状相同的椭圆。顶面椭圆 1 的长轴对 O_1X_1 轴偏转 7°；侧面椭圆 2 的长轴对 O_1Z_1 轴偏转 7°；它们的长轴约等于 1.06d，短轴约等于 0.33d。画起来较繁琐，如图 5-13b 所示。因此当物体上只有一个方向有圆时，用斜二轴测图较简便。

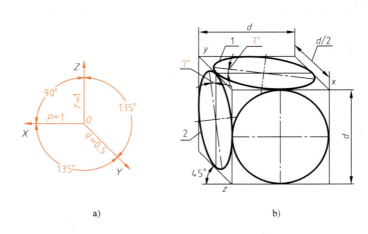

图 5-13 斜二轴测图
a) 轴间角和轴向伸缩系数　b) 平行于坐标面的圆的画法

5.3.2 斜二轴测图的画法举例

斜二轴测图与正等轴测图的作图方法基本相同，凡具有单向圆的零件，选用斜二轴测图作图较简便。其画法要点与正等轴测图类似，仅仅是轴间角和轴向伸缩系数以及椭圆的画法不同而已。

例 5-3 作出如图 5-14a 所示填料压盖的斜二轴测图。

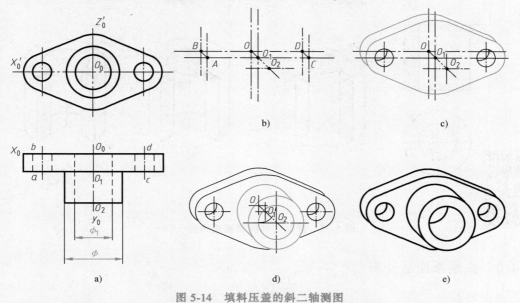

图 5-14 填料压盖的斜二轴测图

分析 组合体由圆柱和底板叠加而成,并且组合体沿圆柱轴线上下、左右对称,取底板后面的中心为原点确定坐标轴。

作图步骤 具体作图步骤如下。

1) 作轴测轴,并在 Y 轴上按 $q_1 = 0.5$ 确定底板前面的中心 O_1 和圆柱最前面的圆心 O_2,以及底板两侧的圆柱面的圆心 A、B、C、D,如图 5-14b 所示。

2) 以 O、O_1 为圆心作出底板中间的圆,以 A、B、C、D 为圆心作出两侧圆柱面和圆孔,然后作它们的切线,完成底板的斜二测,如图 5-14c 所示。

3) 以 O_1、O_2 为圆心,ϕ 为直径作圆,并作两圆的公切线,完成组合体前方圆柱的斜二测;以 O_1、O_2 为圆心,ϕ_1 为直径作圆,作出中间圆孔的斜二测,如图 5-14d 所示。

4) 擦去作图线,加深,作图结果如图 5-14e 所示。

5.4 轴测剖视图

为了表示零件的内部结构和形状,在轴测图上也可以采用剖视图画法。常采用两个剖切平面沿两个坐标面方向切掉零件的四分之一。轴测剖视图有两种画法。

5.4.1 先画外形后剖切

画法如下。

1) 确定坐标轴的位置(图 5-15a)。

2) 画出圆筒的轴测图及剖切平面与圆筒内外表面、上下底面的交线(图 5-15b)。

3)画出剖切平面后面零件可见部分的投影（图5-15c）。
4)擦掉多余的轮廓线及外形线，加深并画剖面线（图5-15d）。

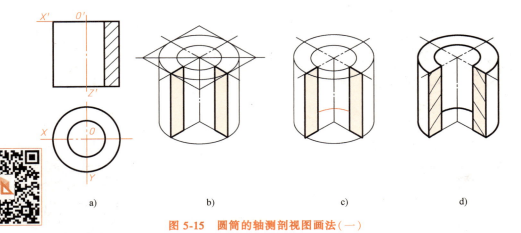

图5-15　圆筒的轴测剖视图画法（一）

5.4.2　先画断面后外形

画法如下。

1)确定坐标轴的位置（图5-16a）。
2)画出圆筒在 $X_1O_1Z_1$，$Y_1O_1Z_1$ 坐标面上的断面形状与剖面线（图5-16b）。
3)画出剖切平面后可见部分的投影（图5-16c）。

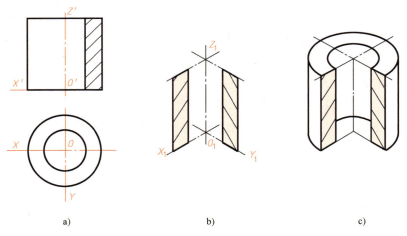

图5-16　圆筒的轴测剖视图画法（二）

5.4.3　剖面符号的画法

一般情况下，投影图上剖面线的方向与剖面区域主要轮廓线或轴线成45°夹角，即剖面线与两相关轴的截距相等。轴测图上的剖面线仍保持这种关系。图5-17a所示为正等轴测图剖面线画法，图5-17b所示为斜二轴测图剖面线画法。

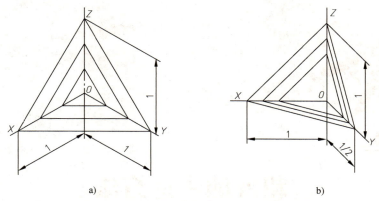

图 5-17 常用轴测图剖面线画法

思 考 题

5-1 轴测图是如何形成的？它主要分为哪两大类？
5-2 轴测图与正投影图有何区别？
5-3 平面立体正等轴测图的基本画法有几种？简述曲面立体正等轴测图的基本画法。
5-4 斜二轴测图主要应用的范围是什么？简述它的基本画法。

第 6 章

机件的表达方法

> **本章要点**
>
> 本章内容是在学习组合体投影图的基础上，依据技术制图国家标准 GB/T 17451—1998、17452—1998、GB/T 17453—2005，机械制图国家标准 GB/T 4458.1—2002、4458.6—2002 等的规定，介绍视图、剖视、断面等工程形体的常用表达方法及其应用，从而使工程形体的表达更为方便、清晰、简洁和实用，并为工程图样的绘制及阅读提供基础。

6.1 视图

视图主要用于表达机件的外形，一般只画出机件的可见部分，必要时才用细虚线表达其不可见部分。视图分为基本视图、向视图、局部视图和斜视图。

6.1.1 基本视图

将机件放在正六面体内，则该正六面体的六个侧面即为基本投影面，将机件分别向各基本投影面投射，所得的视图称为基本视图，其展开方法如图 6-1 所示。

1. 基本视图名称

主视图——从前向后投射所得的视图。
俯视图——从上向下投射所得的视图。
左视图——从左向右投射所得的视图。
右视图——从右向左投射所得的视图。
后视图——从后向前投射所得的视图。
仰视图——从下向上投射所得的视图。

2. 基本视图的配置

在同一张图样内，六个基本视图按图 6-2 所示配置时，一律不标注视图名称。六个基本视图之间仍满足长对正、高平齐、宽相等的投影规律。

实际使用时，并非要将六个基本视图都画出来，而是根据机件形状的复杂程度和结构特点，选择若干个基本视图，一般优先选用主、俯、左三个视图。

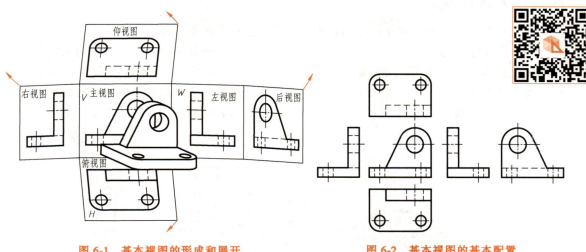

图 6-1　基本视图的形成和展开　　　　　　图 6-2　基本视图的基本配置

组合视图的萌芽及发展

中国古代装饰图案采用正面或侧面描写的方法与技巧，早在新石器时代的陶器修饰上已显露端倪，并掌握得十分好。在彩陶上也发现有描绘鱼、蛙、鸟等生物的侧面或正面形象，有的宜于俯视，有的适于平观。可见，这种方法和技巧是在长期的绘画创作中不断积累和创造出来的，也是图学实践的认识成果。这种表现图案的结构、原理、技巧，从新石器时代的彩陶起一直到汉、魏等朝代，始终植根于绘画艺术的土壤中而不衰败，并创作出各种各样的为人民喜爱的图样和形象。

苏轼（1036—1101）登庐山时的感受："横看成岭侧成峰，远近高低各不同。"这里所说的"横看"与"侧看"，近似于工程图学中视图的主视与侧视所得到图像的方法。组合视图的出现，为解决绘制复杂形状物体的图样提供了新的途径，几乎与现代图学相侔，其解决问题的思路与方法与现代图学在解决图样画法时所采用的思路和方法是一致的。

6.1.2　向视图

向视图是可以自由配置的视图。

1. 向视图的标注

在向视图的上方用大写拉丁字母标出该向视图的名称（如"A""B"等），且在相应的视图附近用箭头指明投射方向，并注上同样的字母，如图 6-3 所示。

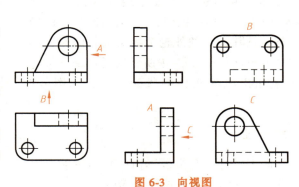

图 6-3　向视图

2. 投射箭头的位置

表示投射方向的箭头应尽可能配置在主视图为主的基本视图上，以便于读图。

6.1.3 局部视图

将机件的某一部分向基本投影面投射所得的视图称为 **局部视图**。

当机件的主要形状已由一组基本视图表达清楚，仅有部分结构尚需表达，而又没有必要再画出完整的基本视图时，可采用局部视图。如图 6-4 所示的机件，用主、俯两个基本视图已清楚地表达了主体形状，但为了表达左、右两个凸缘形状，再增加左视图和右视图，就显得繁琐和重复，此时可采用两个局部视图，只画出所需表达的左、右凸缘形状，则表达方案既简练又突出了重点。

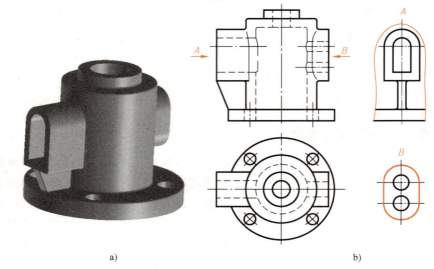

图 6-4 局部视图

1. 局部视图的配置、标注

局部视图按基本视图配置（如图 6-4b 中所示的局部视图 A），也可按向视图配置在其他适当位置并标注（如图 6-4b 中所示的局部视图 B）。

2. 局部视图的画法

局部视图的断裂边界用波浪线或双折线表示（如图 6-4b 中所示的局部视图 A）。但当所表示的局部结构完整，且其投影的外轮廓线又成封闭时，波浪线可省略不画（如图 6-4b 中所示的局部视图 B）。波浪线不应超出机件实体的投影范围，如图 6-5 所示。

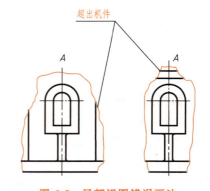

图 6-5 局部视图错误画法

6.1.4 斜视图

将物体向不平行于基本投影面的平面投射所得的视图，称为斜视图，如图 6-6a 所示。

机件上有倾斜于基本投影面的结构时，为了表达倾斜部分的实形，可设置一个与倾斜结构平行且垂直于一个基本投影面的辅助投影面，然后将该倾斜结构向辅助投影面投射并展开，所得的视图称为斜视图，如图 6-6b 所示。

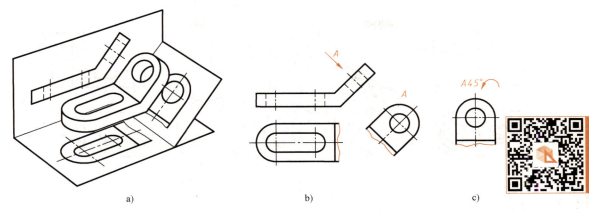

图 6-6 斜视图

斜视图的配置、标注及画法。

1) 斜视图一般按向视图的配置形式配置，在斜视图的上方必须用字母标出视图的名称，在相应的视图附近用箭头指明投射方向，并注上同样的字母，如图 6-6b 所示。

2) 在不致引起误解的情况下，从作图方便考虑，允许将图形旋转，这时斜视图应加注旋转符号，如图 6-6c 所示，旋转符号为半圆形，半径等于字体高度，线宽为字体高度的 1/10～1/14。必须注意，表示视图名称的大写拉丁字母应靠近旋转符号的箭头端，允许将旋转角度标注在字母之后。

3) 斜视图只表达倾斜表面的真实形状，其他部分用波浪线断开，如图 6-6b 所示。

6.2 剖视图

视图主要用于表达机件的外部形状，而内部结构只能用细虚线来表示。当机件的内部结构比较复杂时，在视图中就会出现很多细虚线，这些细虚线会影响机件表达的清晰程度，给读图和标注尺寸带来不便。因此，国家标准（GB/T 17452—1998、GB/T 4458.6—2002）中规定了用剖视图来表示机件的内部结构。

6.2.1 剖视图的基本概念

1. 剖视图的形成

假想用剖切面剖开机件，将处在观察者和剖切面之间的部分移开，而将剩余部分向投影面投射所得的图形，称为剖视图，简称剖视。如图 6-7c 中所示的主视图即为机件的剖视图。

2. 剖视图的画法

（1）确定剖切面的位置　剖切平面一般应通过机件的对称面且平行于相应的投影面，即通过机件的对称中心线或通过机件内部的孔、槽的轴线。如图 6-7b 所示。

（2）画出机件轮廓线　机件经过剖切后，内部不可见轮廓成为可见，将原来表示内部结构的细虚线改画成粗实线，同时剖切面后机件的可见轮廓线也要用粗实线画出。

（3）画剖面符号　为了区分实体和空腔，在机件与剖切平面接触的部分画出剖面符号。

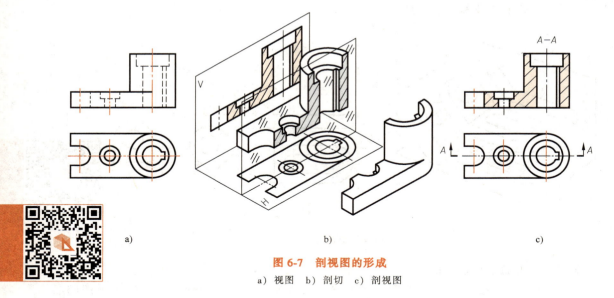

图 6-7 剖视图的形成
a）视图　b）剖切　c）剖视图

对同一机件，在它的各个剖视图和断面图中，所有剖面线的倾斜方向应一致，间隔要相同。

剖面符号与机件的材料有关，国家标准规定的部分常用材料的剖面符号见表 6-1。

表 6-1　部分常用材料的剖面符号

材料名称	剖面符号	材料名称	剖面符号
金属材料（已有规定剖面符号者除外）		液体	
线圈绕组元件		砖	
转子、电枢、变压器和电抗器等的叠钢片		玻璃及供观察用的其他透明材料	
非金属材料（已有规定剖面符号者除外）		型砂、填砂、粉末冶金砂轮、陶瓷刀片、硬质合金刀片等	

不需在剖面区域中表示材料的类别时，可采用通用剖面符号表示。通用剖面符号应以适当角度的细实线绘制，最好与主要轮廓线或剖面区域的对称线成 45°角，如图 6-8 所示。若

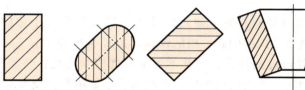

图 6-8　通用剖面符号

需要在剖面区域中表示材料的类别时，则应采用国家标准规定的剖面符号。

（4）剖视图的标注　标注的目的是为了看图方便，了解剖视图的名称和剖面的剖切位置。一般需标注以下内容（图6-7）。

1）剖视图的名称。在剖视图上方标注剖视图的名称"×—×"（×为大写拉丁字母）。

2）剖切符号。用短粗实线表示剖切面起、迄及转折位置，画图时尽可能不与图形轮廓线相交，在起、迄短粗实线外端用箭头指明投射方向。在短粗实线处注字母"×"，在剖视图正上方标注"×—×"。

当剖视图按投影关系配置，中间又没有其他图形隔开时，可省略箭头；当单一剖切平面通过机件的对称平面或基本对称平面，且剖视图按投影关系配置，中间又没有其他图形隔开时，可全部省略标注。

3. 画剖视图的注意事项

1）剖开机件是假想的，因此，当机件的一个视图画成剖视图后，其他视图的完整性不受影响，如图6-7所示的俯视图。

2）位于剖切面之后的可见部分应全部画出，不能漏线、错线。如图6-9所示，圆点所指的图线是画剖视图时容易漏画的图线，画图时应特别注意。

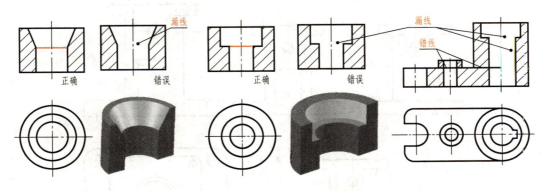

图6-9　剖视图中漏线、错线

3）剖视图中，凡是已表达清楚不可见的结构，其细虚线可以省略不画。但没有表达清楚的结构，允许画出少量的细虚线，如图6-10所示。

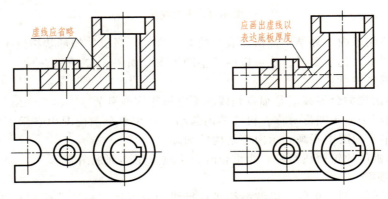

图6-10　剖视图中虚线问题

6.2.2 剖视图的种类

按剖切范围的大小将剖视图分为全剖视图、半剖视图和局部剖视图。

1. 全剖视图

用剖切面完全剖开机件所得的剖视图称为全剖视图。全剖视图用于外形简单内部结构较复杂且不对称的机件。如图 6-7c 所示。

2. 半剖视图

当机件具有对称平面时，在垂直于对称平面的投影面上投射所得的图形，以对称中心线为界，一半画成剖视图，另一半画成视图，这种剖视图称为半剖视图，如图 6-11 所示。

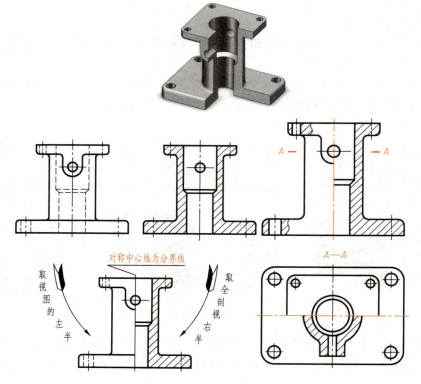

图 6-11 半剖视图

半剖视图适用于内、外结构都需要表达的对称机件。当机件的形状接近于对称，且不对称部分已另有图形表达清楚时，也可以画成半剖视图，如图 6-12 所示。

画半剖视图应注意：

1) 视图和剖视的分界线应是细点画线，不能以粗实线分界。

2) 半剖视图中由于图形对称，机件的内部结构已在半个剖视图中表示清楚，所以在表达外部形状的半个视图中不画表示内部结构的细虚线。

3) 当对称机件的轮廓线与中心线重合时，不宜采用半剖视图表示。

3. 局部剖视图

用剖切面局部地剖开机件，以波浪线或双折线为分界线，一部分画成视图以表达外形，其余部分画成剖视图以表达内部结构，这样所得的图形称为局部剖视图，如图 6-13 所示。

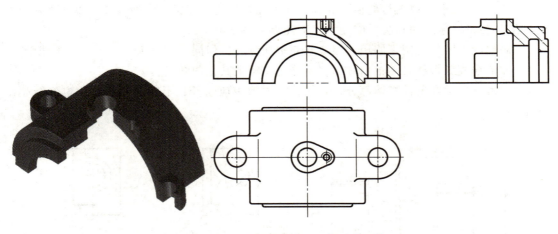

图 6-12 用半剖视图表达近似对称机件

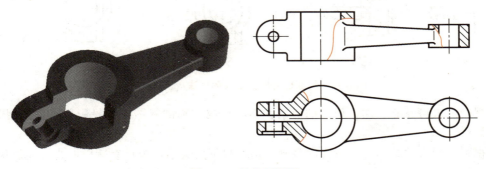

图 6-13 局部剖视图

局部剖视图主要用于表达机件上的局部内形，对于对称机件不宜作半剖视图时，也采用局部剖视图来表达。如图 6-14 所示的机件虽然对称，但位于对称面的外形或内形上有轮廓线，不宜画成半剖视图，只能用局部剖视图来表达。

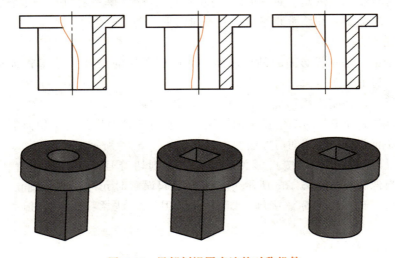

图 6-14 局部剖视图表达的对称机件

在局部剖视图中，视图与剖视图的分界线为细波浪线或双折线，波浪线可以认为是断裂面的投影。关于波浪线的画法，应注意以下几点（图6-15）：

1）局部剖视图与视图之间用波浪线或双折线分界，但同一图样上一般采用一种线型。
2）波浪线或双折线必须单独画出，不能与图样上其他图线重合。
3）波浪线应画在机件实体部分，在通孔或通槽中应断开，不能穿空而过，也不能超出视图轮廓之外。

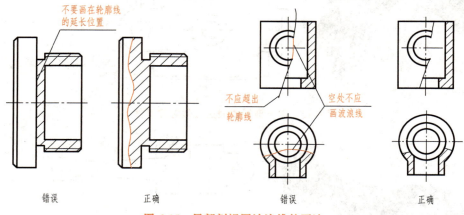

图 6-15　局部剖视图波浪线的画法

局部剖视图一般可省略标注，但当剖切位置不明显或局部剖视图未按投影关系配置时，则必须加以标注。

局部剖视图不受机件结构是否对称的限制，剖切范围的大小可根据表达机件的内外形状需要选取，所以局部剖视图是一种比较灵活的表达方法，运用得当可使图形简明清晰；但在一个视图中不宜过多采用局部剖，否则会使图形支离破碎，影响图形的清晰。

6.2.3　剖切面的种类

由于剖切面的数量和位置不同，可以有多种剖切方法：单一剖切面、几个平行的剖切平面和几个相交的剖切面（交线垂直于某一基本投影面）等。

1. 单一剖切面

（1）平行于某一基本投影面的剖切平面　如前面所讲的全剖视图、半剖视图和局部剖视图都采用这种剖切平面。

（2）不平行于任何基本投影面的剖切平面　若机件上有倾斜的内部结构需表达时，可选择一个与该倾斜部分平行的辅助投影面，用一个平行于该投影面的剖切面剖开机件，在辅助投影面上获得剖视图。这种剖切方法称为斜剖，如图6-16所示。

用斜剖获得的剖视图一般按投影关系配置在与剖切符号相对应的位置，也可将剖视图移至其他适当位置，如图6-16c所示。在不致引起误解时允许将图形旋正，此时必须加注旋转符号指明旋转方向并标注字母，如图6-16d所示。注意：斜剖标注时，字母必须水平注写。

2. 几个平行的剖切平面

当机件的内部结构位于几个相互平行的平面上时，可采用几个平行的平面同时剖开机

第6章　机件的表达方法

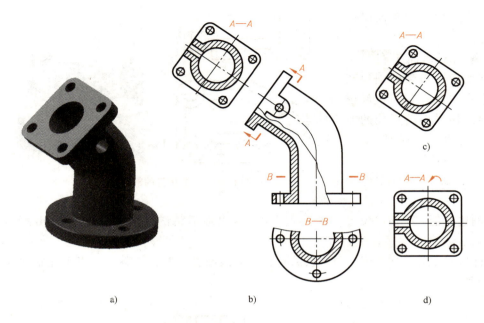

图 6-16　不平行于基本投影面的单一剖切面剖切

件，这种剖切方法俗称为阶梯剖。如图 6-17 所示的机件，在主视图中用几个平行的剖切面获得 A—A 全剖视图。

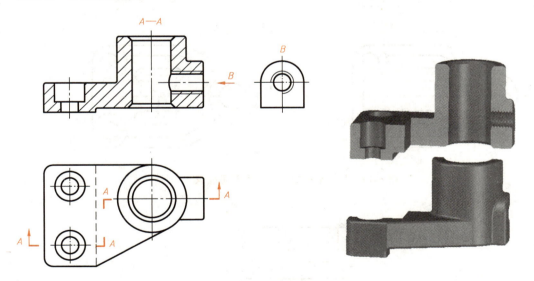

图 6-17　几个平行的剖切面剖切

用几个平行的剖切面画剖视图时必须进行标注，用短粗实线表示剖切面的起、迄和转折位置，并标上相同的大写字母，在起、迄外侧用箭头表示投射方向，在相应的剖视图上用同样的字母注出"×—×"表示剖视图名称，当转折处空间有限又不致引起误解时，允许省略字母，如图 6-18 所示。

当剖视图按投影关系配置、中间又无其他视图隔开时，可省略表示投射方向的箭头。

163

采用几个平行的剖切平面画剖视图时应注意：

1）虽然各个剖切面不在一个平面上，但剖切后所得到的剖视图应看成是一个完整的图形，在剖视图中不能画出剖切平面转折处的投影，如图6-19a中所示主视图。

2）剖切符号的转折处不应与图中的轮廓线重合，如图6-19a中所示的俯视图。

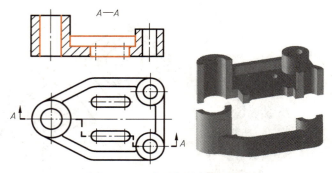

图6-18 几个平行的剖切平面

3）要正确选择剖切平面的位置，在剖视图中不应出现不完整的要素，如图6-19b所示主视图。

4）当机件有两个要素在图形上具有公共对称中心线或轴线时，应各画一半不完整的要素，如图6-20所示。

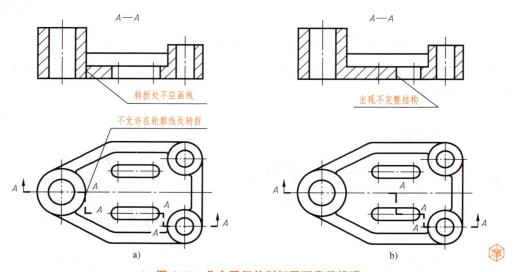

图6-19 几个平行的剖切平面常见错误

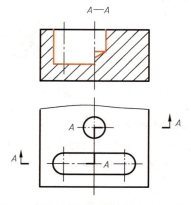

图6-20 具有公共对称面的几个平行的剖切平面

3. 几个相交的剖切面

用两个相交的剖切面（交线垂直于某一基本投影面）剖开机件的剖切方法俗称为旋转剖，如图 6-21 中所示俯视图 A—A 全剖视图。

几个相交的剖切面主要用于表达孔、槽等内部结构不在同一剖切平面内，但又具有公共回转轴线的机件。

采用几个相交的剖切面画剖视图时应注意：

1）当机件具有明显的回转轴时，两个剖切面的交线应与机件上的回转轴线相重合，如图 6-21 所示。

2）被倾斜的剖切平面剖开的结构，应绕交线旋转到与选定的投影面平行后再进行投射。但处在剖切平面后的其他结构，仍按原来位置投射。如图 6-21 所示，机件下部的小圆孔，其在 A—A 剖视图中仍按原来位置投射画出。

3）当相交两剖切平面剖到机件上的结构产生不完整要素时，则这部分按不剖绘制，如图 6-22 所示。

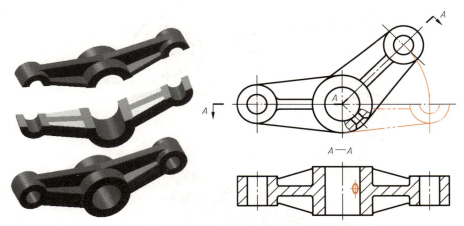

图 6-21 相交的剖切面剖切机件

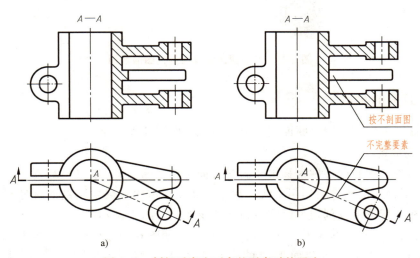

图 6-22 剖切后产生不完整要素时的画法

a）错误 b）正确

4)采用几个相交的剖切面画出的剖视图必须标注,标注方法与几个平行的剖切平面的标注方法相同。

6.3 断面图

6.3.1 断面图的概念

假想用剖切平面将机件的某处切断,仅画出剖切面与机件接触部分的图形称为断面图,简称断面。

如图 6-23 所示,为了得到键槽的断面形状,假想用一个垂直于轴线的剖切平面在键槽处将轴切断,只画出它的断面形状,并画上剖面符号。

断面图与剖视图的区别是:断面图只画出机件的断面形状,而剖视图除了断面形状以外,还要画出机件剖切面之后的投影。

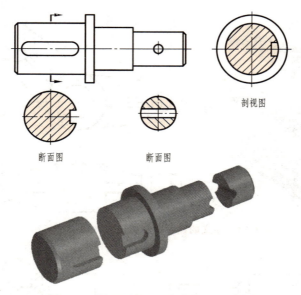

图 6-23 断面图画法及与剖视图的区别

6.3.2 断面图的种类

根据断面图配置的位置,断面图可分为移出断面图和重合断面图。

1. 移出断面图

画在视图之外的断面图称为移出断面图(简称移出断面),如图 6-24 所示。

1)移出断面图的轮廓线用粗实线绘制,在断面区域内一般要画剖面符号。移出断面图应尽量配置在剖切符号或剖切平面迹线的延长线上,如图 6-24a 所示。

2)必要时可将移出断面配置在其他适当位置,如图 6-24a 所示的 A—A 断面。

3)当剖切平面通过回转面形成的孔或凹坑的轴线时,这些结构按剖视绘制,如图 6-24a 所示的 A—A、B—B 断面。

4)剖切平面通过非圆孔而导致出现完全分离的两个断面时,则这些结构应按剖视绘制,在不致引起误解时,允许将图形旋转,如图 6-24b 所示。

5)断面图形对称时,也可画在视图的中断处,如图 6-25a 所示。

6)断面图是表示机件结构的正断面形状,因此剖切面要垂直于该结构的主要轮廓线或轴线,如图 6-25b 所示;由两个或多个相交剖切平面得出的移出断面,中间应断开,如图 6-25b 所示。

2. 移出断面图的标注

1)移出断面一般应用粗短画表示剖切位置,用箭头表示投射方向并注上字母,在断面图的上方应用同样字母标出相应的名称"×—×",如图 6-24b 所示。

2)配置在剖切符号或剖切平面迹线的延长线上的移出断面图,如果断面图不对称可省略字母,但应标注投射方向;如果图形对称可省略标注,如图 6-24a 所示。

3)移出断面按投影关系配置,可省略投射方向的标注,如图 6-24a 所示 B—B 断面。

4)配置在视图中断处的移出断面,可省略标注,如图 6-25a 所示。

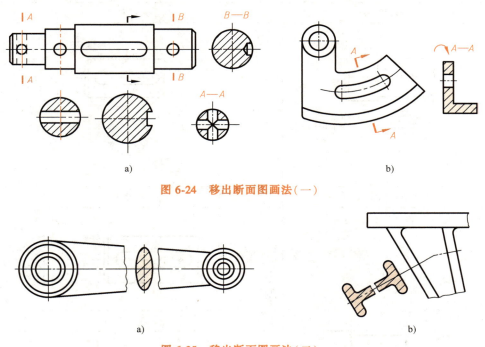

图 6-24 移出断面图画法(一)

图 6-25 移出断面图画法(二)

移出断面图标注见表 6-2。

3. 重合断面图

在不影响图形清晰的条件下,断面也可按投影关系画在视图内,画在视图内的断面图称为重合断面图(简称重合断面),如图 6-26 所示。

(1)重合断面的画法 其轮廓线用细实线绘制,当视图中的轮廓线与重合断面轮廓线重叠时,视图中的轮廓线仍然应连续画出不可间断。

(2)重合断面的标注 不对称重合断面在剖切符号处标注投射方向,但不必标注字母,如图 6-26a 所示;对称的重合断面不必标注剖切位置和断面图的名称,如图 6-26b 所示。

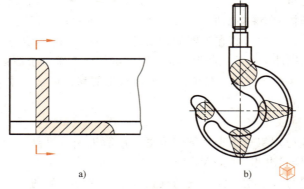

图 6-26 重合断面图

表 6-2 移出断面图的标注

位置	断面图形	
	对称	不对称
在剖切符号延长线上	(图:圆形对称断面)	(图:不对称断面)
	省略标注	省略名称
不在剖切符号延长线上	(图:A—A 对称断面)	按投影关系配置 (图:A—A 不对称断面)
		省略箭头
		非投影关系配置 (图:A—A 不对称断面)
	省略箭头	标注剖切符号箭头、断面图名称

6.4 局部放大图及常用简化画法

6.4.1 局部放大图

机件的部分结构用大于原图形所采用的比例画出的图形称为局部放大图,如图 6-27 所示。局部放大图可画成视图、剖视图、断面图,它与被放大部分的表达方式无关。当机件上的某些细小结构在原图形中表示不清或不便于标注尺寸时,可采用局部放大图。

局部放大图应尽量配置在被放大部分的附近,用细实线圈出被放大的部位;当同一机件上有多个被放大的部位时,必须用罗马数字依次标明被放大的部位,并在局部放大图的上方标注出相应的罗马数字和采用的比例;当机件上被放大的部分仅有一处时,在局部放大图的上方只需注明所采用的比例。同一机件上不同部位的局部放大图,当图形相同或对称时,只需要画出一个。

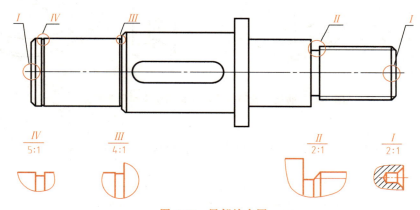

图 6-27 局部放大图

6.4.2 常用简化画法

为了简化作图和提高绘图效率,对机件的某些结构在图形表达方法上进行了简化,使图形既清晰又简单易画。常用的简化画法如下。

1. 肋板、轮辐的画法

对于机件上的肋、轮辐等,如按纵向剖切,这些结构都不画剖面符号,而用粗实线将它与邻接部分分开,如图 6-28 所示。

2. 均匀分布的肋板和孔的画法

当机件回转体上均匀分布的孔、肋和轮辐等结构不处于剖切平面上时,可将这些结构旋转到剖切平面上画出,如图 6-28a、c 所示;圆柱形法兰盘和类似机件上均匀分布的孔可按图 6-28a、b 所示绘制。

3. 相同结构要素的画法

1) 当机件上具有相同的结构要素(如孔、槽)并按一定规律分布时,只需要画出几个完整的结构,其余的可用细实线连接或画出它们的中心位置,并在图中注明其总数,如

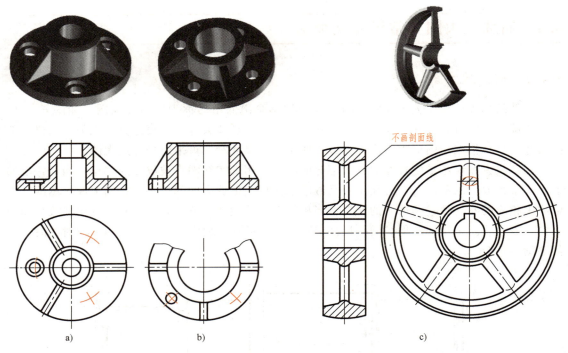

图 6-28 肋板、轮辐及均匀分布的肋板和孔的画法

图 6-29a、b、c 所示。

2) 圆柱形法兰盘和类似机件上均匀分布的孔，可按图 6-29d 所示的方法绘制。

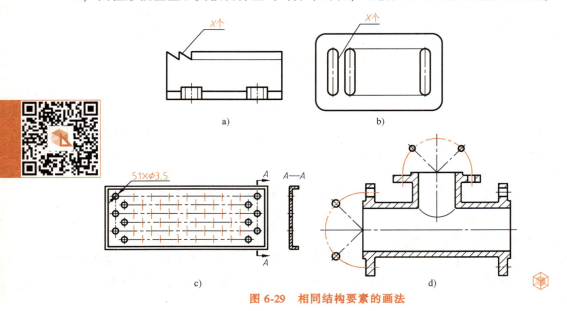

图 6-29 相同结构要素的画法

4. 断开画法

较长的机件（轴、杆、型材等）沿长度方向的形状相同或按一定规律变化时，可断开后缩短绘制，断开后的结构应按实际长度标注尺寸；断裂边界可用波浪线、细双点画线绘

制,如图6-30所示。

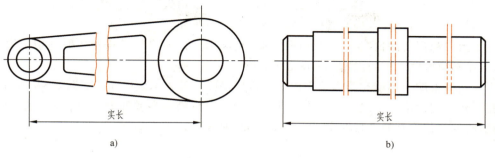

图 6-30　断开画法

5. 较小结构画法

1) 机件上较小结构如在一个图形中已表示清楚,其他图形可简化或省略不画,如图 6-31a 所示主视图中截交线的省略和图 6-31b 所示俯视图中相贯线简化。

2) 斜度和锥度较小时,其他投影也可按小端画出,如图 6-31c 所示。

3) 在不致引起误解时,机件图中的小圆角或 45° 小倒角均可省略不画,但必须注明尺寸或在技术要求中加以说明,如图 6-31d 所示。

4) 与投影面倾斜角小于或等于 30° 的圆或圆弧用圆代替椭圆,如图 6-31e 所示。

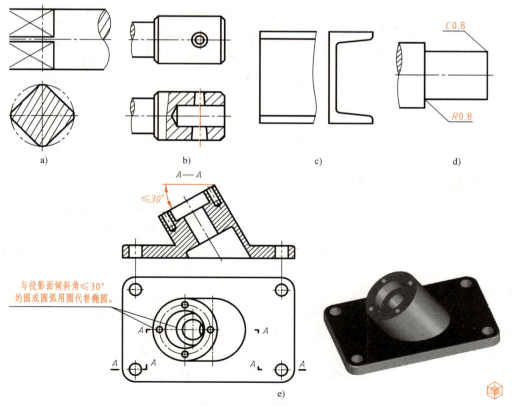

图 6-31　较小结构画法

6. 其他简化画法

1) 机件上有网状物、编织物或滚花部分，可在轮廓线附近用粗实线示意画出，并在零件图或技术要求中注明这些结构的具体要求，如图 6-32a 所示。

2) 在不致引起误解的情况下，机件图中的移出断面允许省略剖面符号，但剖切位置和断面图的标注必须遵照原来的规定，如图 6-32b 所示。

3) 当回转体上图形不能充分表达平面时，可用平面符号表示该平面，如图 6-32c 所示。

4) 在不致引起误解的情况下，对称机件的视图可以只画一半或四分之一，并在中心线的两端画出两条与其垂直的平行细实线，如图 6-32d 所示。

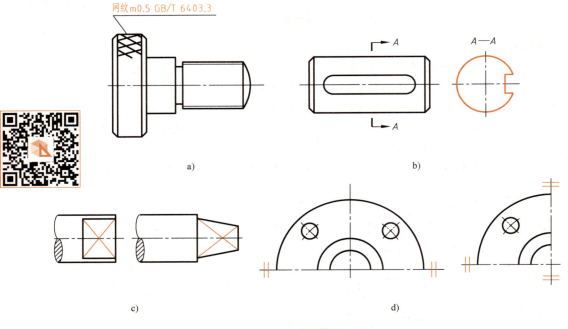

图 6-32　其他简化画法

我国工程制图标准化

图样简化是应经济发展、科技研究、社会信息化的要求而提出的。美国早在20世纪40年代就提出"简化制图"的概念，日本从20世纪50年代末开始推行简化制图，英国、德国、加拿大、苏联等也都先后通过不同方式推行图样简化。国际标准化组织专门成立了负责图样简化的分技术委员会 ISO/TC10/SCI，我国在20世纪80年代成立了全国性的图样简化研究会。

在标准化工作中，图形、图样的简化表示是我国的一个强项。1996年制定的《技术制图　简化表示法》（GB/T 16675.1~16675.2—2012）是采用国外图样简化和总结我国历年来简化表示法的创造性成果，在国际上受到一致好评，使得我国在图样简化方面处于国际领先地位。2000年，国际标准化组织（ISO）以我国这个标准为蓝本制定了 ISO 的图样简化表示法标准。

6.5 表达方法的综合应用

在绘制机械图样时，需根据机件的结构综合运用各种视图、剖视图和断面图。一个机件往往可以选用几种不同的表达方案。用一组图形既能完整、清晰、简明地表示出机件各部分内外结构形状，又看图方便、绘图简单，这种方案即为最佳。所以在选用视图时，要使每个图形都具有明确的表达目的，又要注意它们之间的相互联系，避免过多地重复表达，还应结合尺寸标注等综合考虑，以便于读图，力求简化作图。

例 6-1 如图 6-33 所示，选用适当的一组视图表达支架。

图 6-33 所示支架由三部分组成，上面是一个空心圆柱体，下面是一个倾斜的底板，中间是一个十字形肋板把上下两部分连接成为一个整体。表达该机件共用了四个视图，其中一个基本视图，两个局部视图和一个移出断面图。

分析

1) 为了表达机件的外部结构形状、上部圆柱的通孔以及下部斜板上的四个小通孔，主视图采用了两处局部剖。它既表达了肋、圆柱和斜板的外部结构形状，又表达了内部结构孔的形状。

2) 为了表达清楚上部圆柱与十字肋的相对位置关系，采用了局部视图。

3) 为了表达十字肋的断面形状，采用了一个移出断面。

4) 为了表达底板的实形及其与十字肋的相对位置，采用了"A"局部斜视图。

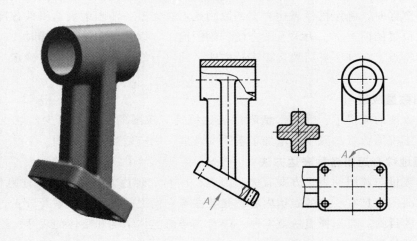

图 6-33 支架的表达

例 6-2 如图 6-34 所示，选用适当的一组视图表达四通管。

如图 6-34 所示的一组视图中，共五个视图，两个基本视图和三个局部视图。其中：主视图采用两个平行平面剖切的剖切方法，俯视图采用了相交的剖切面剖切方法。

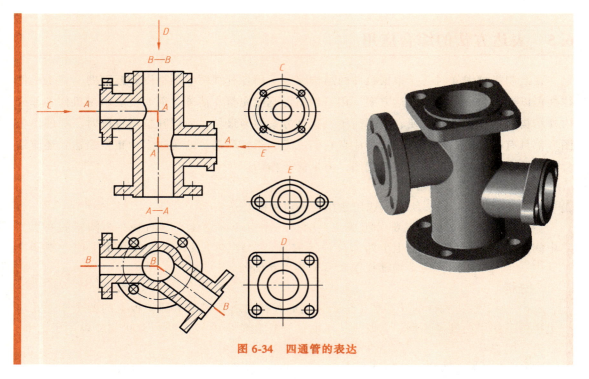

图 6-34 四通管的表达

6.5.1 表达方法选用原则

前面介绍了表达机件的各种方法，如视图、剖视图、断面图及各种规定画法和简化画法等。在绘制图样时，确定机件表达方案的原则是：在完整、清晰地表达机件各部分内外结构形状及相对位置的前提下，力求看图方便，绘图简单。因此，在绘制图样时，应针对机件的形状、结构特点，合理、灵活地选择表达方法，并进行综合分析、比较，确定出最佳的表达方案。

1. 视图数量应适当

在看图方便的前提下，完整、清晰地表达机件，视图的数量要减少，但也不是越少越好，如果由于视图数量的减少而增加了看图的难度，则应适当补充视图。

2. 合理地综合运用各种表达方法

视图的数量与选用的表达方案有关。因此，在确定表达方案时，既要注意使每个视图、剖视图和断面图等具有明确的表达内容，又要注意它们之间的相互联系及分工，以达到表达完整、清晰的目的。在选择表达方案时，应首先考虑主体结构和整体的表达，然后针对次要结构及细小部位进行修改和补充。

3. 比较表达方案，择优选用

同一机件，往往可以采用多种表达方案。不同的视图数量、表达方法和尺寸标注方法可以构成多种不同的表达方案。同一机件的几种表达方案相比较，可能各有优缺点，但要认真分析，择优选用。

机件的表达重在视图、剖视图、断面图和各种表达方法的融会贯通，以下的总结可帮助读者提高对各种表达方法的记忆和理解。

外形表达重视图，向视局部斜视图。
虚线朦胧影重叠，剖开结构自清楚。
全剖半剖局部剖，斜阶旋转任纵横。
几处局剖争内部，谁家断面说形状。
为解机件多样性，简化规定神飞扬。

6.6 第三角投影简介

根据国家标准（GB/T 17451—1998）规定，我国工程图样按正投影绘制，并优先采用第一角投影，而美国、英国、日本、加拿大等国则采用第三角投影。为了便于国际技术交流，下面对第三角投影原理及画法作简要介绍。

三个互相垂直的投影面 V、H 和 W 将空间分为八个区域，每一区域称为一个分角，若将物体放在 H 面之上，V 面之前，W 面之左进行投射，则称第一角投影；如将机件放置在 H 面之下，V 面之后，W 面之左进行投射，则称第三角投影。在第三角投影中，投影面位于观察者和物体之间，就如同隔着玻璃观察物体并在玻璃上绘图一样，即形成人-面-物的相互关系，习惯上物体在第三角投影中得到的三视图是前视图、顶视图和右视图，如图 6-35 所示。

第三角投影中的三视图仍然符合长对正，高平齐，宽相等的投影规律。

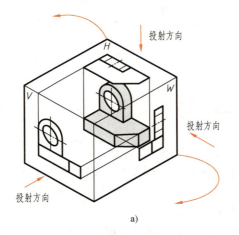
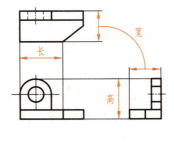

图 6-35　第三角投影的三视图画法
a）第三角投影法　b）第三角投影的三视图

第三角投影也可以从物体的前、后、左、右、上、下六个方向，向六个基本投影面投影得到六个基本视图，它们分别是前视图、顶视图、右视图、仰视图、左视图和后视图。六个基本视图展开后，各基本视图的配置如图 6-36 所示。

第三角画法的标志

国家标准（GB/T 14692—2008）中规定，采用第三角画法时，必须在图样中画出投影识别符号，而在采用第一角画法时，如有必要投影识别符号也可画出。两种投影识别符号如图 6-37 所示。

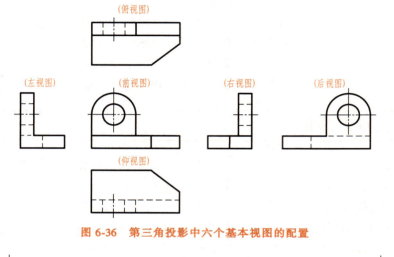

图 6-36　第三角投影中六个基本视图的配置

图 6-37　投影识别符号
a）第三角画法　b）第一角画法

思 考 题

6-1　视图主要表达什么？有哪几种？各用于哪些场合？

6-2　剖视图主要表达什么？剖切方法有哪些？剖视图如何标注？各种剖视图用于什么场合？

6-3　断面图主要表达什么？它与剖视图有何区别？

6-4　剖视图与断面图的标注包含哪几个方面？什么情况下可以省略部分或全部标注？

6-5　机件上的肋、轮辐及薄壁等结构纵向剖切时，应如何处理？

6-6　零件回转体上均匀分布的肋、轮辐及孔等结构被剖切时，应如何处理？

6-7　表达一个机件应考虑哪些问题？有哪些表达方法？

第 7 章

标准件与常用件

> **本章要点**
>
> 在机器或部件中，标准件与常用件使用很多，如螺纹紧固件（螺栓、双头螺柱、螺钉、螺母、垫圈等）、连接件（键、销）等，这些零件的结构、尺寸和成品质量，国家标准都做了统一的规定，称为标准件。另一些零件，如齿轮、蜗轮、蜗杆等，它们的重要结构符合国家标准的规定，称为常用件。本章将介绍标准件、常用件的规定画法和规定标记。

7.1 螺纹

7.1.1 螺纹的形成和要素

1. 螺纹的形成

螺纹可看作是由一个平面图形（三角形、矩形、梯形等）绕一圆柱（或圆锥）做螺旋运动而形成的圆柱或圆锥螺旋体，具有相同剖面形状的连续凸起和凹槽。在圆柱（或圆锥）外表面上所形成的螺纹称外螺纹，如螺栓、螺钉上的螺纹；在圆柱（或圆锥）内表面上所形成的螺纹称内螺纹，如螺母、螺孔上的螺纹。

车削加工是常见的螺纹加工方法，在车床上加工外螺纹和内螺纹的情况如图 7-1 所示。将工件安装在与车床主轴相连的卡盘上，工件绕轴线作等速旋转运动，刀具沿工件轴线作等

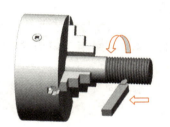 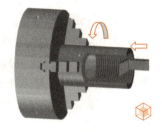 

图 7-1 车削加工外螺纹和内螺纹的情况

速直线运动,其合成的螺旋运动使切入工件的刀尖在工件外表面或内表面加工出螺纹。对于直径较小的螺孔,一般先用钻头钻孔,如图7-2a所示,再用丝锥攻螺纹,加工出内螺纹,如图7-2b所示。对于大批量生产,为提高加工效率可采用滚压搓丝的方法制出螺纹,数控铣削加工在螺纹制造中也有广泛应用。

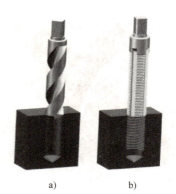

图7-2 在直径较小的不通孔内加工螺纹的情况
a) 钻孔 b) 攻螺纹

2. 螺纹的结构要素

(1) 螺纹牙型 在通过螺纹轴线的剖面上,螺纹的轮廓形状称为螺纹牙型。螺纹的牙型不同,其用途也不同。例如,图7-3a所示为普通螺纹,其牙型为等边三角形,牙型角为60°,一般用于连接零件;图7-3b所示为梯形螺纹,其牙型为等腰梯形,一般用于传递动力。

(2) 直径 螺纹的直径包括基本大径(d, D)、基本小径(d_1, D_1)、基本中径(d_2, D_2),外螺纹的直径用小写字母表示,内螺纹的直径用大写字母表示。

1) 大径与小径。与外螺纹牙顶或内螺纹牙底相重合的假想圆柱面的直径,称为大径。与外螺纹牙底或内螺纹牙顶相重合的假想圆柱面的直径,称为小径。

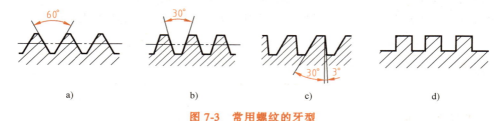

图7-3 常用螺纹的牙型
a) 普通螺纹 b) 梯形螺纹 c) 锯齿形螺纹 d) 矩形螺纹

外螺纹的大径与内螺纹的小径又称为顶径。外螺纹的小径与内螺纹的大径又称为底径。代表螺纹尺寸的直径称为公称直径,一般指螺纹顶。

2) 中径。在大径与小径圆柱之间有一个假想圆柱,在其母线上螺纹牙型的沟槽和凸起宽度相等,该圆柱称为中径圆柱,其直径称为中径。中径圆柱上任意一条素线称为中径线。中径是控制螺纹精度的主要参数之一。螺纹各项直径如图7-4所示。

(3) 线数 沿一条螺旋线生成的螺纹,称为单线螺纹;沿多条在圆柱轴向等距分布的螺旋线生成的螺纹,称为多线螺纹,如图7-5所示。

(4) 导程和螺距 同一条螺旋线上相邻两牙在中径线上对应两点间的轴向距离称为导程P_h。相邻两牙在中径线上对应两点间的轴向距离称为螺距,用P表示。对于单线螺纹,导程=螺距;对于线数为n的多线螺纹,导程=np,如图7-5所示。

(5) 旋向 如图7-6所示,顺时针方向旋转时沿轴向旋入的螺纹,称为右旋螺纹;逆时针方向旋转时沿轴向旋入的螺纹,称为左旋螺纹。可用右手或左手螺旋规则判断螺纹的旋向。工程上右旋螺纹应用较多。

内、外螺纹总是成对使用的,二者旋合在一起形成螺纹副。只有上述五项基本要素完全

第7章 标准件与常用件

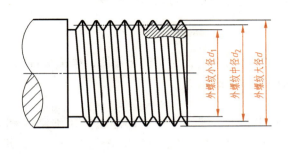
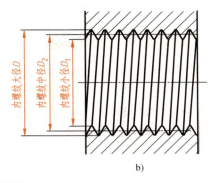

图 7-4 螺纹的各项直径
a) 外螺纹　b) 内螺纹

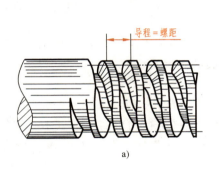
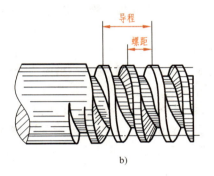

图 7-5 螺纹的线数、导程和螺距
a) 单线螺纹　b) 双线螺纹

相同的内螺纹和外螺纹才能互相旋合，正常使用。

3. 常用螺纹的分类

国家标准对螺纹上述五项要素中的牙型、公称直径（大径）和螺距作了统一规定，按这三个要素是否符合标准分成下列三类螺纹：

1）标准螺纹。三项要素都符合国家标准的螺纹。

2）特殊螺纹。牙型符合标准，而公称直径、螺距不符合标准的螺纹。

3）非标准螺纹。牙型不符合标准的螺纹，如矩形螺纹。

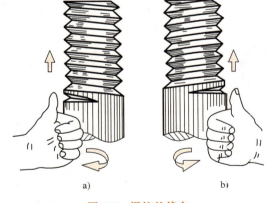

图 7-6 螺纹的旋向
a) 左旋　b) 右旋

螺纹按用途又分为紧固螺纹、传动螺纹、管螺纹和专用螺纹。一般可分为连接螺纹和传动螺纹两大类，连接螺纹起连接作用，用于将两个或多个零件连接起来，常用的连接螺纹有普通螺纹和各类管螺纹，其牙型为等腰三角形（普通螺纹为等边三角形）；传动螺纹用于传递动力和运动，常用的传动螺纹有梯形螺纹、

179

锯齿形螺纹和矩形螺纹。专用螺纹种类颇多，适用面较窄，本章不做介绍。

7.1.2 螺纹的规定画法

画螺纹的真实投影比较麻烦，而螺纹是标准结构要素，为了简化作图，国家标准（GB/T 4459.1—1995）规定了在工程图样中螺纹的特殊画法。

（1）外螺纹的画法 如图 7-7a 所示。

1）外螺纹的螺纹大径（即牙顶）用粗实线表示；螺纹小径（即牙底）用细实线表示，在螺杆的倒角或倒圆部分，表示牙底的细实线也应画出。完整螺纹的终止界线（简称螺纹终止线）用粗实线表示。作图时可近似地取螺纹小径 $d_1 \approx 0.85d$（d 为螺纹大径）。在投影为圆的视图上，螺纹大径用粗实线圆表示，螺纹小径用约 3/4 圈细实线圆弧表示，表示倒角的圆省略不画。

2）当需要将螺杆截断，绘制螺纹断面图时，表示方法如图 7-7b 所示，剖面线画到粗实线为止。

3）当外螺纹加工在管子的外壁，需要剖切时，表示方法如图 7-7c 所示。剖开部分，螺纹终止线只画出表示牙型高度的一小段，剖面线画到粗实线为止。

（2）内螺纹的画法 如图 7-8 所示。

1）在剖视图中，螺纹小径（即牙顶）用粗实线表示；螺纹大径（即牙底）用细实线表示，要画入端部倒角处；在投影为圆的视图上，螺纹小径用粗实线圆表示，螺纹大径用约 3/4 圈细实线圆弧表示，剖面线画至表示螺纹小径的粗实线处为止，表示倒角的圆省略不画。

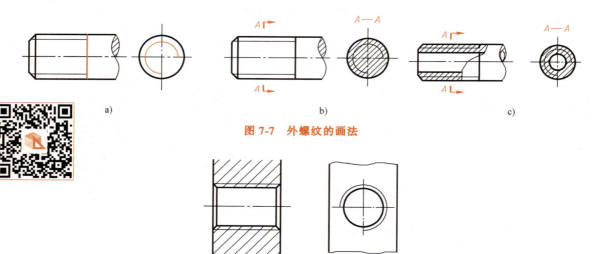

图 7-7 外螺纹的画法

图 7-8 内螺纹的画法

2）绘制不穿通的螺孔时，一般应将钻孔深度与螺纹深度分别画出，螺纹终止线用粗实线表示。注意孔底按钻头锥角画成 120°，不需另行标注，如图 7-9 所示。

3）不可见螺纹的所有图线用细虚线绘制，如图

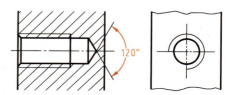

图 7-9 不穿通的螺孔的表示方法

7-10 所示。

(3) 内、外螺纹旋合的画法　如图 7-11 所示。

在剖视图中，旋合部分按外螺纹的画法绘制，其余部分仍按各自的画法表示。

画图时需要注意，按规定，当实心螺杆通过轴线剖切时按不剖绘制，不画剖面线；表示外螺纹大径的粗实线、小径的细实线必须分别与表示内螺纹大径的细实线、小径的粗实线对齐。一般外螺纹的旋入深度应小于内螺纹的深度。

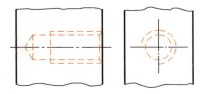

图 7-10　不可见螺纹的表示方法

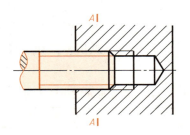 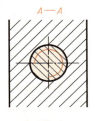

图 7-11　内、外螺纹旋合的表示方法

(4) 螺纹收尾的画法　加工螺纹完成时，由于退刀形成螺纹沟槽渐浅的部分，称为螺尾，画螺纹一般不表示螺尾。当需要表示螺尾时，用与轴线成 30°的细实线表示螺尾处的牙底线，如图 7-12 所示。

(5) 非标准螺纹的画法　绘制非标准传动螺纹时，可用局部剖视或局部放大图表示出几个牙型，如图 7-13 所示。

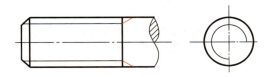 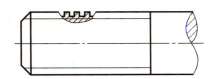

图 7-12　螺尾的表示方法　　　　　图 7-13　非标准螺纹牙型的表示方法

7.1.3　标准螺纹的规定标注

因为各种螺纹的画法都相同，为了区别不同种类的螺纹，国家标准规定标准螺纹用规定标记标注在公称直径上。

(1) 普通螺纹的规定标记（GB/T 197—2018）

| 螺纹特征代号 | 公称直径×细牙螺距 | -中径公差带代号顶径公差带代号 | -旋合长度代号 | -旋向 |

各项内容说明如下：

1) 普通螺纹的特征代号为"M"，分为粗牙和细牙两种，它们的区别在于相同大径下，细牙螺纹的螺距比粗牙的要小。

2) 单线螺纹的尺寸代号为"公称直径×螺距"，粗牙普通螺纹不标螺距，细牙普通螺纹则需标出螺距。如"M8×1"，表示公称直径为 8mm、螺距为 1mm 的单线细牙螺纹。

3) 多线螺纹的尺寸代号为"公称直径×P_h 导程 P 螺距"，如果要进一步说明螺纹的线数,可在后面增加括号说明(使用英语进行说明,例如,双线为 two starts,三线为 three starts,四线为 four starts)。例如,M16×P$_h$3P1.5 或 M16×P$_h$3P1.5(two starts),表示公称直径为 16mm,螺距为 1.5mm,导程为 3mm 的双线螺纹。

4)普通螺纹公差带代号包括中径与顶径公差带代号。外螺纹用小写字母表示,内螺纹用大写字母表示。当中径、顶径公差带代号相同时,只标注一个代号。例如,M10×1-5g6g,M10-6H。梯形螺纹和锯齿形螺纹只标注中径公差带代号。

5)螺纹旋合长度分为长、中、短三种,其代号分别用字母 L、N、S 表示,中等旋合长度"N"一般不标注;特殊需要时,可直接注出旋合长度的数值。

6)右旋螺纹不标旋向,左旋则标代号"LH",并将"-LH"注写在标记最后。

7)普通螺纹、梯形螺纹、锯齿形螺纹都是米制螺纹,即公称直径以毫米(mm)为单位,在图样上的标注与一般线性尺寸的标注形式相同,直接标注在大径的尺寸线上或其延长线上。标注示例见表 7-1。

表 7-1 普通螺纹、梯形螺纹、锯齿形螺纹标注示例

标记示例	标注示例	标记说明
M10×1.25-5g6g-S	M10×1.25-5g6g-S	细牙普通螺纹,公称直径 10mm,螺距 1.25mm,单线,中、顶径公差带代号分别为 5g,6g,短旋合长度,右旋
M10-6H	M10-6H	粗牙普通螺纹,公称直径 10mm,单线,中、顶径公差带代号相同为 6H,中等旋合长度,右旋
M10-7h-LH	M10-7h-LH	粗牙普通螺纹,公称直径 10mm,单线,中、顶径公差带代号相同为 7h,中等旋合长度,左旋
M10-7G6G-40	M10-7G6G-40	粗牙普通螺纹,公称直径 10mm,单线,中、顶径公差带代号分别为 7G,6G,旋合长度为 40mm,右旋

（续）

标记示例	标注示例	标记说明
Tr 40×14（P7）LH	Tr40×14(P7)LH	梯形螺纹，公称直径 40mm，导程 14mm，螺距 7mm，双线，中等旋合长度，左旋
B 40×7	B40×7	锯齿形螺纹，公称直径 40mm，螺距 7mm，单线，中等旋合长度，右旋

（2）梯形螺纹和锯齿形螺纹 梯形螺纹和锯齿形螺纹的规定标记基本与普通螺纹相同，但是它们的标记中的公差带代号只标注中径公差带代号；旋向代号"LH"（左旋）注写在标记中间的螺距之后，且无需在 LH 之前加短横线；旋合长度只有两种（N、L），标注的方法与普通螺纹的标注相同。

（3）管螺纹的规定标注 管螺纹分为非螺纹密封的管螺纹和用螺纹密封的管螺纹。其规定标记为：

| 螺纹特征代号　尺寸代号　公差等级代号 | - | 旋向代号 |

各项内容说明如下：

1）55°非密封内管螺纹，特征代号为"G"。

2）尺寸代号用分数或整数的阿拉伯数字表示，它指的不是螺纹的大径，而是近似的管子通径，以英寸（in）为单位。管螺纹的大径等参数可以根据它的尺寸代号从标准中查得，其单位都已米制化处理（即单位为 mm）。

3）对于外管螺纹，公差等级分 A、B 两级进行标注，对于内螺纹不分级，螺纹副仅需注出外螺纹标记。

4）右旋螺纹不标旋向，左旋则标"LH"。

5）管螺纹的标注采用斜向引线标注法，斜向引线一端指向螺纹大径。标注示例见表 7-2。

表 7-2 管螺纹标注示例

标记示例	标注示例	标记说明
G3/4	G3/4	55°非密封管螺纹（内螺纹），尺寸代号为 3/4，右旋
G3/4A	G3/4A	55°非密封管螺纹（外螺纹），尺寸代号为 3/4，公差等级为 A 级，右旋

(续)

标记示例	标注示例	标记说明
Rp3/4	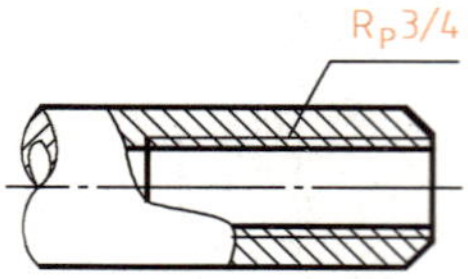 Rp3/4	55°密封管螺纹（圆柱内螺纹），3/4 为尺寸代号
Rc3/4	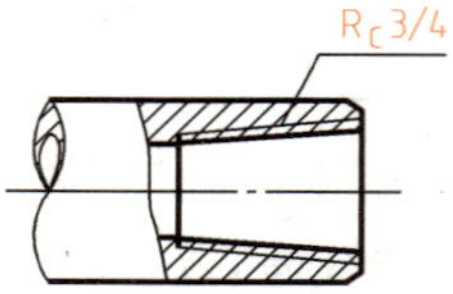 Rc3/4	55°密封管螺纹（圆锥内螺纹），3/4 为尺寸代号
R3/4	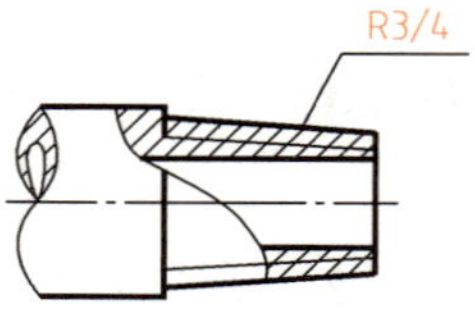 R3/4	55°密封管螺纹（圆锥外螺纹），3/4 为尺寸代号

（4）特殊螺纹　在螺纹特征代号前加注"特"字。
（5）非标准螺纹　画出牙型，并标出所需尺寸。

7.2　常用螺纹紧固件的规定标记及其连接画法

1. 常用螺纹紧固件的规定标记

常用的螺纹紧固件有螺栓、双头螺柱、螺钉、螺母和垫圈等，它们的类型和结构形式很多，需要时，都可根据标记从有关标准中查得相应的尺寸，一般不需画出它们的零件图。一些常用螺纹紧固件及其标记方法见表 7-3。

表 7-3　常用螺纹紧固件及其标记方法

名称及视图	规定标记示例	标记说明
开槽盘头螺钉 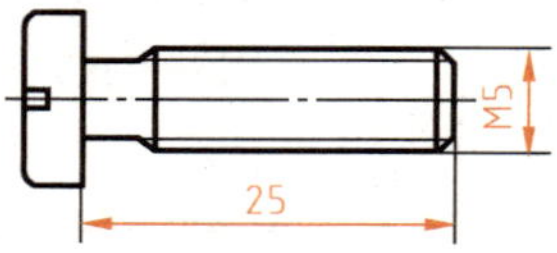	螺钉 GB/T 67　M5×25	开槽盘头螺钉，公称直径 5mm，公称长度 25
开槽沉头螺钉 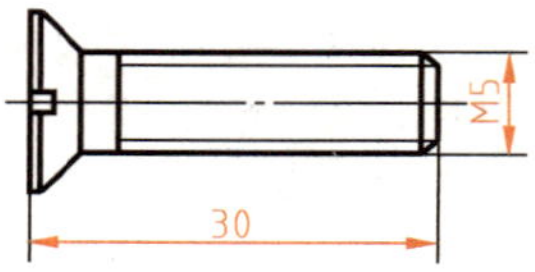	螺钉 GB/T 68　M5×30	开槽沉头螺钉，公称直径 5mm，公称长度 30

（续）

名称及视图	规定标记示例	标记说明
六角头螺栓 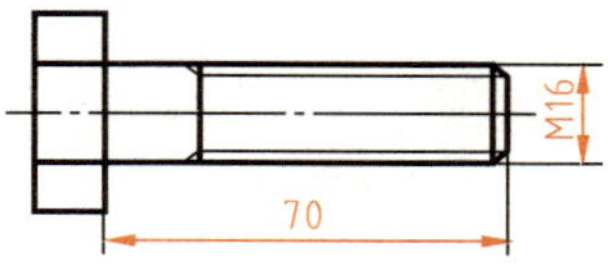	螺栓 GB/T 5782　M16×70	A级六角头螺栓，公称直径16mm，公称长度70
双头螺柱 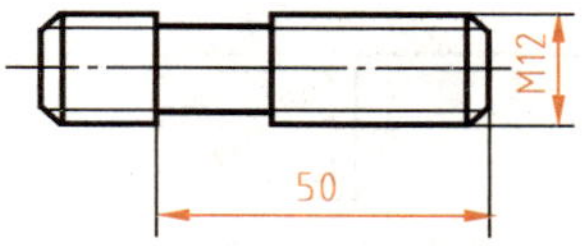	螺柱 GB/T 898　M12×50	双头螺柱，两端均为粗牙普通螺纹，公称直径12mm，公称长度50mm
六角螺母 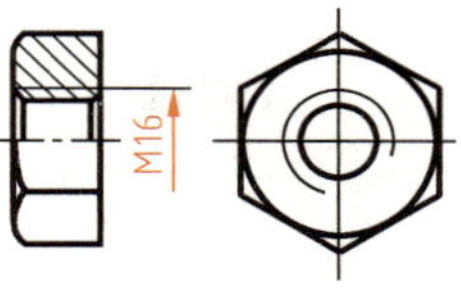	螺母 GB/T 6170　M16	A级1型六角螺母，螺纹规格 D = M16
垫圈 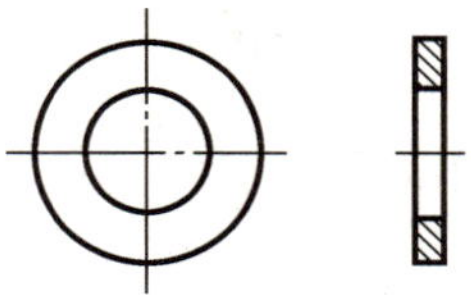	垫圈 GB/T 97.1　16	平垫圈，公称规格为16mm（即配套使用的螺纹紧固件，螺纹大径为16mm），性能等级为A级
垫圈 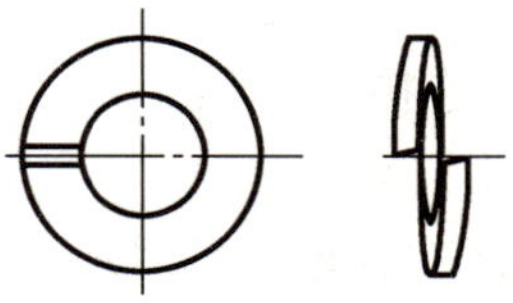	垫圈 GB/T 93　16	弹簧垫圈，公称规格为16mm

2. 常用螺纹紧固件的画法

（1）查表画法　查表画法是根据螺纹紧固件的标记，在相应的标准中查得紧固件的各有关真实尺寸作图。例如，需绘制螺栓 GB/T 5782 M12×80，可从附录表 B-1 六角头螺栓表格中查出各个部分的尺寸：直径 d = 12mm；螺纹长度 b = 30mm；公称长度 l = 80mm；螺距 P = 1.75mm；六角头对边距离 s = 18mm；六角头对角距离 e_{min} = 20.03mm；螺栓头厚度 k_{max} = 7.68mm。根据这些尺寸，即可作图。

（2）比例画法　为了方便作图，在画连接图时经常采用的一种方法为比例画法。它是指紧固件各部分尺寸，都按与螺纹大径 d（D）的近似比例关系画出，该画法也称省略画法。图 7-14 所示为六角螺母、六角头螺栓、双头螺柱和平垫圈的比例画法。螺栓头部因倒角产生的双曲线形状的交线，作图时可省略不画，也可用圆弧近似代替双曲线，如图 7-14a 所示。

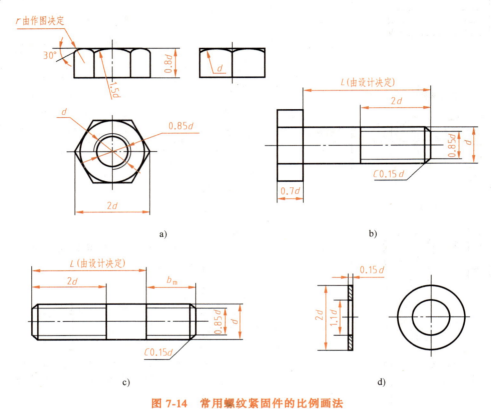

图 7-14　常用螺纹紧固件的比例画法
a）六角螺母　b）六角头螺栓　c）双头螺柱　d）平垫圈

3. 常用螺纹紧固件的连接画法

零件及结构件的连接方法有螺纹连接、焊接、铆接、粘接等。螺纹连接是一种工程上应用最广泛的可拆卸连接，基本形式有螺栓连接、双头螺柱连接和螺钉连接。

（1）绘制连接图的规定画法

1）在剖视图上，通过相邻的两个零件的剖面线方向相反或方向相同但间隔不等来进行零件间的识别与区分；同一个零件在不同视图上的剖面线方向和间隔必须一致。

2）两零件的接触面只画一条线，不接触面画两条线。

3）当剖切平面通过螺杆轴线时，螺栓、螺柱、螺钉、螺母、垫圈等紧固件均按不剖绘制，即不画剖面线。

4）各个紧固件均可以采用省略画法。

（2）螺纹紧固件的连接画法

1）螺栓连接图的画法。螺栓用于连接两个不太厚的零件，两个被连接件上钻有通孔，孔径约为螺栓螺纹大径的 1.1 倍。装配时，先将两个零件的孔心对齐，然后螺栓自下而上穿入，接着在螺栓上端套上垫圈、螺母，最后拧紧螺母。下面举例说明螺栓连接图的画法。

例 7-1 已知用螺栓 GB/T 5783 M16×l、螺母 GB/T 6170 M16 和垫圈 GB/T 97.1 16 连接两个厚度分别为 $t_1=12$mm、$t_2=17$mm 的板，试画出螺栓连接图。

解

1）计算螺栓的公称长度 l。查螺母、垫圈的标准，可以得出螺母的厚度 $m_{max}=14.8$，垫圈的厚度为 $h=3$，而 $l \geq t_1+t_2+m_{max}+h+a=12+17+14.8+3+(0.2\sim0.3)\times16=47.03\sim49.6$；其中 a 为螺栓伸出端长度，一般取 $(0.2\sim0.3)d$。

2）根据计算出的公称长度值，查找螺栓标准，从相应的螺栓公称长度系列中选取与它相近的标准长度 l。经过查螺栓表中的 l 公称系列值，选用标准长度 $l=50$。这样就确定了螺栓的规格为 M16×50。

3）其余部分的作图，可以采用查表画法，即根据各标记符号查表获得相应尺寸，也可采用比例画法，如图 7-15 所示。

螺栓连接在画图时应注意下列两点，如图 7-15b 所示。

① 被连接件上的通孔与螺杆之间的不接触，即使间隙很小也应分别画出各自的轮廓线，为了读图清晰可辨，必要时间隙可夸大画出。

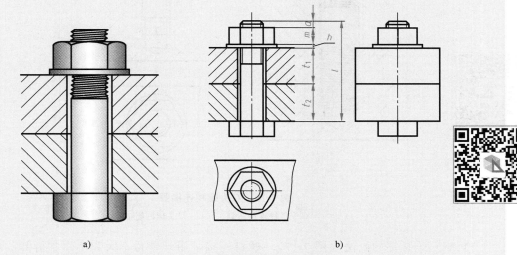

图 7-15 螺栓连接图
a）螺栓连接 b）螺栓连接图画法

② 螺栓上的螺纹终止线应低于被连接件顶面轮廓线，便于螺母拧紧时有足够的长度。

2）双头螺柱连接图的画法　双头螺柱连接适用于一个被连接件较厚，不适于钻成通孔或不能钻成通孔的情况（即加工出不通孔），较厚的零件上加工有螺纹孔，双头螺柱两端都有螺纹，将螺纹较短的一段（旋入端）完全旋入螺纹孔，螺纹较长的一端（紧固端）穿过另一个较薄零件上加工的通孔，孔径约为螺纹大径的 1.1 倍，然后套上垫圈，拧紧螺母，如图 7-16 所示。

绘制双头螺柱连接图时应注意下列几点：

① 双头螺柱的旋入端长度 b_m 与被旋入的材料有关，根据国家标准规定，b_m 有四种长度规格：

被旋入零件为钢和青铜时，$b_m = d$（GB/T 897—1988）。
被旋入零件为铸铁时，$b_m = 1.25d$（GB/T 898—1988）或 $b_m = 1.5d$（GB/T 899—1988）。
被旋入零件为铝合金时，$b_m = 2d$（GB/T 900—1988）或 $b_m = 1.5d$（GB/T 899—1988）。

② 双头螺柱旋入端应画成全部旋入螺孔，即螺纹终止线应与零件的边界轮廓线平齐。
③ 伸出端螺纹终止线应低于较薄零件顶面轮廓，以便拧紧螺母时有足够的螺纹长度。
④ 螺柱伸出端的长度，称为螺柱的有效长度；有效长度 L 应先按下式估算：

$$L = t + h + m + (0.2 \sim 0.3)d$$

式中，t 为较薄被连接件的厚度；h 为垫圈厚度；m 为螺母厚度允许值的最大值；$(0.2 \sim 0.3)d$ 是螺柱末端伸出螺母的长度。根据计算的结果，从相应双头螺柱标准中查找螺柱公称长度系列值，选取一个最接近公称长度的值。

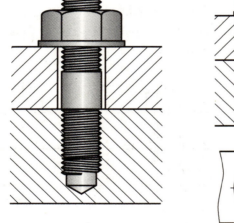
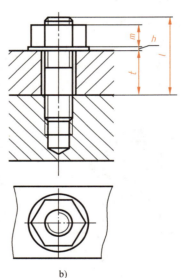

图 7-16 双头螺柱连接图
a) 双头螺柱连接图画法　b) 双头螺柱连接

3) 螺钉连接图的画法（图 7-17）　螺钉连接常用于受力不大和不经常拆卸的场合。螺钉连接不用螺母和垫圈，两个被连接件中较厚的零件加工出螺孔，较薄的零件加工出通孔，将螺钉直接穿过通孔拧入螺纹孔中，靠螺钉头部压紧被连接件。

画螺钉连接图时应注意下列几点：
① 螺钉的公称长度 l 应先按下式计算，然后从标准长度系列中选取相近的标准值：

$$l = t + b_m$$

式中，t 为较薄零件的厚度；b_m 为螺钉旋入较厚零件螺纹孔的长度，需要根据零件的材料确定。

② 螺钉的螺纹终止线应高于零件螺孔的端面轮廓线，表示螺钉有拧紧的余地。
③ 螺钉头部的一字槽或十字槽的投影涂黑表示。在俯视图上，画成与水平线倾斜 45°。

第7章 标准件与常用件

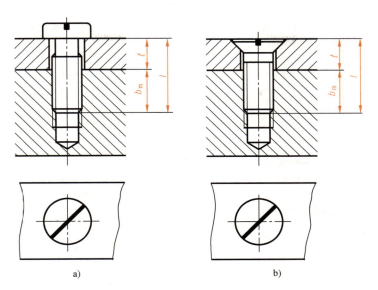

图 7-17 螺钉连接图

a) 开槽盘头螺钉　b) 开槽沉头螺钉

7.3 键和销

1. 键

（1）键的种类和标记　键是标准件，通常用于轴及轴上的转动零件（如齿轮、带轮等）的连接，起传递转矩的作用。常用的键有普通平键、半圆键和钩头楔键，如图 7-18 所示。普通平键又有 A 型（圆头）、B 型（平头）和 C 型（单圆头）三种，常用键的标记方法见表 7-4。

图 7-18 常用键

表 7-4 常用键的标记方法

名称	图例	规定标记
普通平键		GB/T 1096 键 $b \times h \times L$ 表示圆头普通平键（A 型），宽度为 b，高度为 h，长度为 L

189

(续)

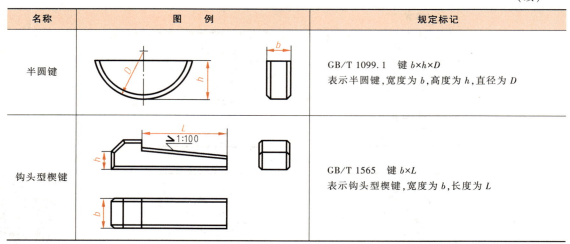

(2)键连接的画法 在普通平键和半圆键连接中,先在被连接的轴和轮毂上加工出键槽,然后将键嵌入轴上的键槽内,再对准轮毂上加工出的键槽,将它们装配在一起,这样就可以保证轴和轮一起转动,达到连接的目的。

在画键的连接图之前,需要知道各部分的尺寸。键的宽度和高度尺寸、键槽的宽度和深度尺寸可根据被连接轴的轴径在键的标准中查得;键的长度和轴上的键槽长,应根据轮毂宽度和受力大小在键的长度标准系列中选取相应的值(键长不超过轮毂宽)。图7-19所示是与普通平键连接的轴上键槽和轮毂上键槽的画法和尺寸注法。

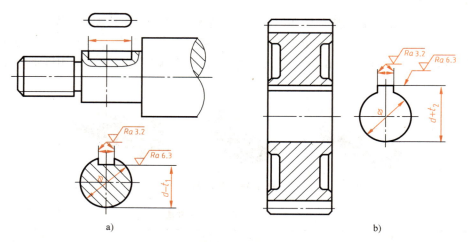

图 7-19 键槽的画法和尺寸注法
a)轴上的键槽 b)轮毂上的键槽

普通平键和半圆键的连接原理相似,两侧面为工作表面,装配时,键的两侧面和下底面与轴上、轮毂上键槽的相应表面接触,无间隙,所以绘制装配图时,只画一条线;键的上底面是非工作表面,与轮毂上键槽的顶面不接触,应有间隙,画两条线。还应注意在剖视图中,当剖切平面通过轴线剖切键时,键按不剖绘制,不画剖面线;当剖切平面垂直于轴线剖切键时,被剖切的键要画出剖面线。如图7-20a、b所示。

钩头型楔键的上底面有 1∶100 的斜度，用于紧连接。装配时将键打入键槽，靠键的上、下底面与轴和轮毂上的键槽顶面之间接触的压紧力使轴上零件固定，因此，上、下底面是钩头楔键的工作表面。绘制装配图时，只画一条线表示无间隙；键的两侧面是配合尺寸，也画一条线。如图 7-20c 所示。

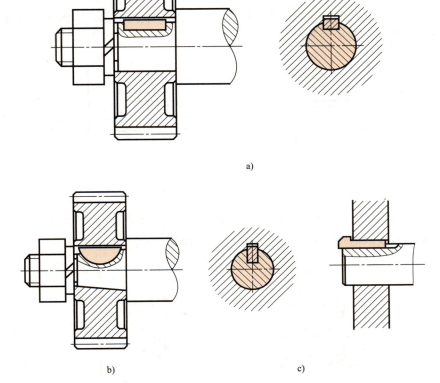

图 7-20 普通平键、半圆键和钩头型楔键连接的画法

a）普通平键连接　b）半圆键连接　c）钩头型楔键连接

2. 销

（1）常用销及其标记　销是标准件，其结构、尺寸等可以从相应的标准中查得。常用的销有圆柱销和圆锥销，通常用于零件间的连接或定位。这两种常用销的型式和标记方法见表 7-5。

表 7-5 销的型式和标记方法

名称	型式	标记示例
圆柱销		销 GB/T 119.1 8 m6×30 公称直径 $d = 8$ mm，公差为 m6，公称长度 $l = 30$ mm，材料为钢，不淬火，不表面处理

(续)

名称	型式	标记示例
圆锥销		销 GB/T 117 10×60 A 型，公称直径 d = 10mm，公称长度 l = 60mm，材料 35 钢，热处理硬度 28~38HRC，表面氧化处理

（2）销连接的画法　用销连接和定位的两个零件上的销孔一般是要在被连接零件正确装配后一起加工的，在绘制各自的零件图时应当予以注明，如图 7-21 所示。圆锥销孔的尺寸应用斜线引出标注，其中的直径尺寸是指圆锥小端直径。

图 7-21　销孔的标注
a）圆柱销孔　b）圆锥销孔

圆柱销和圆锥销的连接画法如图 7-22 所示。在剖视图中，若剖切平面通过销的轴线时，销按不剖绘制，不画剖面线；若剖切平面垂直于销的轴线时，被剖切的销应画出剖面线。

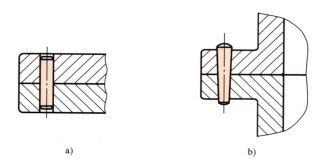

图 7-22　销的连接画法
a）圆柱销连接　b）圆锥销连接

7.4 齿轮

齿轮是机械传动中应用非常广泛的一种传动零件，主要用来传递动力与运动，并可改变运动速度或旋转方向。

根据传动轴之间的相对位置不同，常见的齿轮传动可分为三种形式（图 7-23）。
1）圆柱齿轮传动：用于两轴平行时的传动，如图 7-23a 所示。
2）锥齿轮传动：用于两轴相交时的传动，如图 7-23b 所示。
3）蜗轮蜗杆传动：用于两轴交叉时的传动，如图 7-23c 所示。

图 7-23　常用齿轮的传动形式

齿轮按齿廓形状可分为：渐开线齿轮、摆线齿轮、圆弧齿轮；按齿轮上的轮齿方向又可分为直齿、斜齿、人字齿等，常见的齿轮轮齿是直齿与斜齿。轮齿又分标准齿和非标准齿，具有标准齿的齿轮为标准齿轮。

圆柱齿轮的齿分布在圆柱面上，当圆柱齿轮的轮齿方向与圆柱的素线方向一致时，称为直齿圆柱齿轮。本节主要介绍直齿圆柱齿轮的有关知识与规定画法。

7.4.1　圆柱齿轮

1. 齿轮的参数（图 7-24）

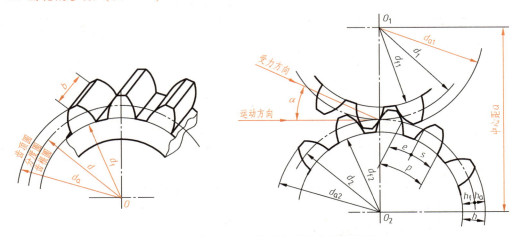

图 7-24　直齿圆柱齿轮各部分的名称及符号

（1）齿顶圆（直径 d_a）　通过轮齿顶部的圆。

（2）齿根圆（直径 d_f）　通过轮齿根部的圆。

（3）分度圆（直径 d）　分度圆是设计、制造齿轮时进行计算和分齿的基准圆，它处在齿顶圆和齿根圆之间。对于标准齿轮，在此圆上的齿厚 s 与槽宽 e 相等。

（4）节圆（直径 d'）　两齿轮啮合时，啮合点的轨迹圆的直径，对于标准齿轮，$d'=d$。

（5）齿高 h　齿顶圆与齿根圆之间的径向距离。齿高 $h=h_a+h_f$。

齿顶高 h_a：齿顶圆与分度圆之间的径向距离。

齿根高 h_f：齿根圆与分度圆之间的径向距离。

（6）齿距 p、齿厚 s、槽宽 e　分度圆上相邻两齿对应点之间的弧长称为齿距；一个轮齿齿廓在分度圆上的弧长称为齿厚；分度圆上相邻两个轮齿齿槽间的弧长称为槽宽。对于标准齿轮，$s=e$，$p=s+e$。

（7）齿数 z　轮齿的个数，它是齿轮计算的主要参数之一。

（8）模数 m　分度圆周长 $\pi d=pz$，所以 $d=zp/\pi$，令 $m=p/\pi$，则 $d=mz$。m 称为模数，以毫米（mm）为单位。为了便于设计和加工，国家标准规定了齿轮的标准模数，见表7-6。凡模数符合标准规定的齿轮称为标准齿轮。

表7-6　标准模数（GB/T 1357—2008）　　　　　　　　　　（单位：mm）

第一系列	1，1.25，1.5，2，2.5，3，4，5，6，8，10，12，16，20，25，32，40，50
第二系列	1.125，1.375，1.75，2.25，2.75，3.5，(3.75)，4.5，5.5，(6.5)，7，9，(11)，14，18，22，28，36，45

注：选用时应优先选用第一系列，括号内的模数尽可能不选用。

模数是设计、加工齿轮的重要参数，由上述公式可见，模数越大，轮齿就越大，在其他条件相同的情况下，齿轮的承载能力也越大。一对互相啮合的齿轮其模数必须相等。

（9）压力角 α　在节点处，轮齿的受力方向（即两齿廓曲线的公法线）与该点的瞬时速度方向（两节圆的公切线）之间的锐角，称为压力角。我国采用的标准压力角为20°。

2. 齿轮的各个参数的计算

设计齿轮时，先确定模数和齿数，其他各部分的尺寸由计算得出，见表7-7。

表7-7　标准直齿圆柱齿轮的计算公式

名　称	符　号	计算公式
分度圆直径	d	$d=mz$
齿顶圆直径	d_a	$d_a=m(z+2)$
齿根圆直径	d_f	$d_f=m(z-2.5)$
齿顶高	h_a	$h_a=m$
齿根高	h_f	$h_f=1.25m$
齿高	h	$h=h_a+h_f=2.25m$
中心距	a	$a=(d_1+d_2)/2=m(z_1+z_2)/2$

3. 圆柱齿轮的规定画法

（1）单个齿轮的画法　齿轮除轮齿部分外，其余部分按真实投影绘制，国家标准对单个齿轮的轮齿部分的规定画法如下：

1）齿顶圆和齿顶线用粗实线绘制。

2）分度圆和分度线用细点画线绘制。

3）齿根圆和齿根线用细实线绘制或省略不画。

4）在非圆投影上取剖视时，轮齿部分按不剖绘制，而此时的齿根线用粗实线绘制。

5）需要表示斜齿和人字齿的特征时，可在非圆外形图上画三条与齿形线方向一致的细实线，表示齿向和倾角。

单个圆柱齿轮的画法如图7-25所示。

（2）圆柱齿轮啮合的规定画法　两齿轮啮合时，除啮合部分外，其他部分按单个齿轮绘制。啮合部分的画法规定如下：

1）在投影为圆的视图中，两齿轮的节圆应相切，用细点画线绘制；齿顶圆用粗实线绘

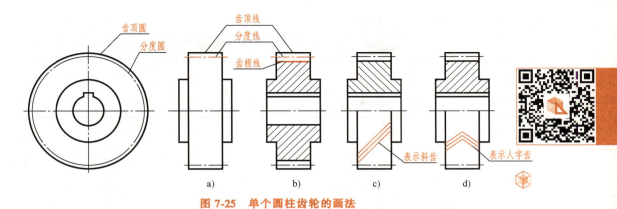

图 7-25 单个圆柱齿轮的画法

a）外形　b）全剖　c）半剖（斜齿）　d）半剖（人字齿）

制或省略不画；齿根圆用细实线绘制或省略不画。如图 7-26a、b 所示。

2）在非圆投影的外形图中，齿顶线和齿根线不画出，将节线画成粗实线。如图 7-26c、d 所示。

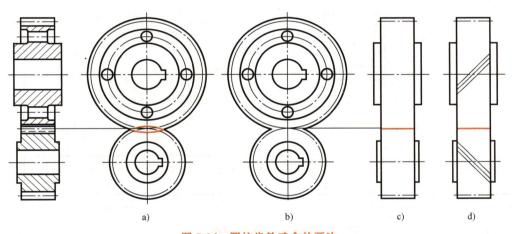

图 7-26　圆柱齿轮啮合的画法

3）在非圆投影的剖视图中，两个齿轮的节线重合，用细点画线绘制；齿根线用粗实线绘制；齿顶线的画法是一个齿轮的轮齿视为可见，画成粗实线，另一个齿轮视为不可见，画成细虚线或省略不画。如图 7-27 所示，一个齿轮的齿顶线与另一个齿轮的齿根线之间应有

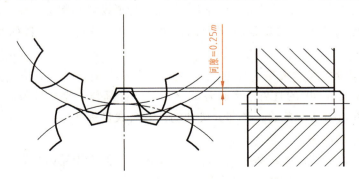

图 7-27　啮合区投影表示法

$0.25m(h_f - h_a)$ 的间隙，称之为顶隙。

图 7-28 所示为一个直齿圆柱齿轮的零件图。画齿轮零件图时，除按规定画法画出图形外，还必须标注齿轮齿顶圆直径（d_a）和分度圆直径（d），另外还需注写出制造齿轮所需的基本参数（如模数、齿数等）。

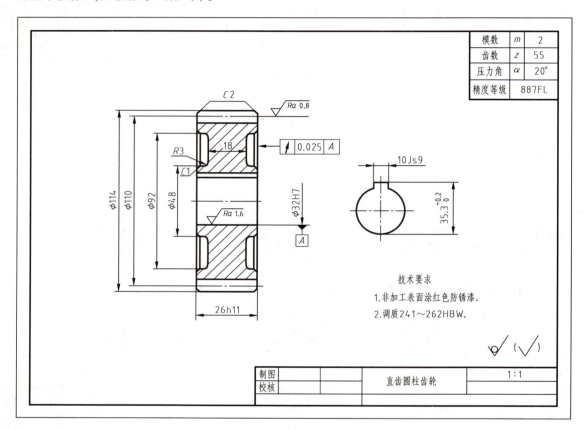

图 7-28 直齿圆柱齿轮零件图

7.4.2 锥齿轮

锥齿轮的轮齿加工在圆台的圆锥面上，由于圆锥面沿轴向是变直径的，因此齿厚沿锥面由大端到小端逐渐变小，模数和分度圆也随之变化。为了设计和制造方便，规定以大端模数为标准模数，以此为计算大端轮齿各部分的尺寸。锥齿轮各部分的名称和符号如图 7-29 所示。

1. 锥齿轮各部分的尺寸关系

啮合时轴线相交成 90° 的直齿锥齿轮各部分的尺寸，都与大端的模数和齿数有关，大端模数和齿数是锥齿轮的基本参数。各部分尺寸的计算公式见表 7-8。

2. 单个锥齿轮的画法

锥齿轮各部分的表示方法，基本上与圆柱齿轮相同，但由于轮齿分布在圆锥表面上，因此锥齿轮在作图上比圆柱齿轮复杂。

第7章 标准件与常用件

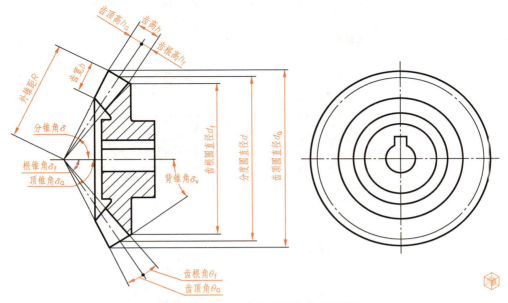

图 7-29 锥齿轮各部分的名称及符号

表 7-8 锥齿轮各部分尺寸计算公式

项　　目	符　　号	计算公式
分度圆直径	d	$d = mz$
分锥角	δ	$\tan\delta_1 = z_1/z_2$　$\delta_2 = 90° - \delta_1$
齿顶高	h_a	$h_a = m$
齿根高	h_f	$h_f = 1.2m$
齿高	h	$h = h_a + h_f$
齿顶圆直径	d_a	$d_a = m(z + 2\cos\delta)$
齿根圆直径	d_f	$d_f = m(z - 2.4\cos\delta)$
齿顶角	θ_a	$\tan\theta_a = 2\sin\delta/z$
齿根角	θ_f	$\tan\theta_f = 2.4\sin\delta/z$
顶锥角	δ_a	$\delta_a = \delta + \theta_a$
根锥角	δ_f	$\delta_f = \delta - \theta_f$
外锥距	R	$R = mz/2\sin\delta$
齿宽	b	$b = (0.2 \sim 0.35)R$

单个锥齿轮常用的表达方法如图 7-29 所示。作图之前，首先根据模数 m、配对啮合的齿轮齿数 z_1 和 z_2 计算分锥角 δ 及其他参数，绘制轮齿部分；再按结构尺寸画出齿轮其他部分的结构。

通常将主视图画成剖视图。在左视图上，用粗实线画出大端和小端的齿顶圆，用点画线画出大端分度圆。

3. 锥齿轮啮合的画法

锥齿轮啮合时，两分度圆锥相切，锥顶交于一点。通常将主视图画成剖视图，啮合区域的表达与圆柱齿轮相同，如图 7-30a 所示。若主视图用外形视图表达，则两分度圆锥相切处的节线用粗实线绘制，如图 7-30b 所示。

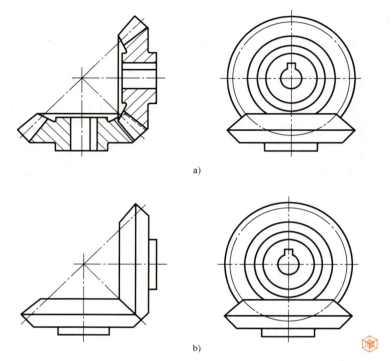

图 7-30 锥齿轮的啮合画法
a）主视图用剖视表达　b）主视图用外形视图表达

7.4.3 蜗轮蜗杆

蜗轮蜗杆用来传递两交叉轴之间的回转运动，工作时，蜗杆带动蜗轮旋转。蜗轮实际上是斜齿圆柱齿轮，为增加接触面积，提高使用寿命，蜗轮的轮齿部分常加工成圆弧形。蜗杆实际上是螺旋角和轴向尺寸都很大的斜齿圆柱齿轮，它的外形类似于梯形螺纹。

蜗杆的头数 z_1 常等于 1 或 2，即蜗杆转一周，蜗轮只转过一个或两个齿，因此用蜗轮蜗杆传动，能得到很大的减速比（$i=z_2/z_1$，z_2 为蜗轮的齿数）。

1. 蜗轮蜗杆各部分名称和尺寸

通过蜗杆轴线并垂直于蜗轮轴线的平面，称为主截面。一对啮合的蜗轮蜗杆，在主截面内的模数和压力角必须相同。

蜗杆还有一个特殊的基本参数，称为蜗杆直径系数（q），$q=d_1/m$。蜗轮的齿形主要取决于蜗杆的齿形，加工蜗轮时，通常选用形状和尺寸与蜗杆相同的蜗轮滚刀。但是，由于模数相同的蜗杆，直径可以不等，造成螺旋线的导程角可能不同，因此加工同一模数的蜗轮可能需要不同的滚刀。为了减少滚刀的数量，便于标准化，不仅规定了标准模数，还必须将蜗杆的分度圆直径 d_1 与模数 m 的比值标准化，这个比值就是蜗杆直径系数。我国国家标准规定了蜗轮、蜗杆的标准模数和蜗杆直径系数。

蜗杆各部分名称、符号及画法如图 7-31 所示。蜗轮各部分名称、符号及画法如图 7-32

所示。蜗杆的基本参数是轴向模数 m_x,蜗杆头数 z_1 和蜗杆直径系数 q,其余参数都与它们有关,各部分尺寸的计算公式见表 7-9。

蜗轮的基本参数是端面模数 m_t 和齿数 z_2,其余参数都与它们有关,各部分尺寸的计算公式见表 7-10。

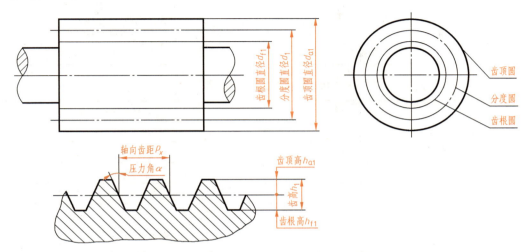

图 7-31 蜗杆各部分的名称、符号及画法

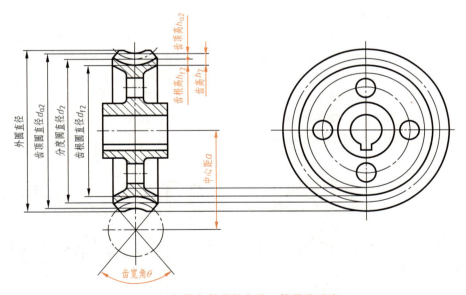

图 7-32 蜗轮各部分的名称、符号及画法

表 7-9 蜗杆各部分尺寸计算公式

名 称	符 号	计算公式
分度圆直径	d_1	$d_1 = m_x q$
齿顶高	h_{a1}	$h_{a1} = m_x$
齿根高	h_{f1}	$h_{f1} = 1.2 m_x$
齿高	h_1	$h_1 = h_{a1} + h_{f1}$

(续)

名　称	符　号	计算公式
齿顶圆直径	d_{a1}	$d_{a1}=m_x(q+2)$
齿根圆直径	d_{f1}	$d_{f1}=m_x(q-2.4)$
轴向齿距	p_x	$p_x=\pi m_x$
导程角	γ	$\tan\gamma=m_xz_1/d_1=z_1/q$
导程	p_z	$p_z=\pi m_xz_1$

表 7-10　蜗轮各部分尺寸计算公式

名　称	符　号	计算公式
分度圆直径	d_2	$d_2=m_tz_2$
齿顶高	h_{a2}	$h_{a2}=m_t$
齿根高	h_{f2}	$h_{f2}=1.2m_t$
齿高	h_2	$h_2=h_{a2}+h_{f2}$
喉圆直径	d_{a2}	$d_{a2}=m_t(2+z_2)$
齿根圆直径	d_{f2}	$d_{f2}=m_t(z_2-2.4)$
齿宽角	θ	$\theta=2\arcsin(b_2/d_1)$（b_2 为蜗轮齿宽，d_1 为蜗杆的分度圆）

2. 蜗轮蜗杆的画法

蜗轮的表达方法与圆柱齿轮基本相同，在平行轴线的主视图中，常采用剖视画法；在垂直轴线的左视图中，只画出分度圆和外圆，齿顶圆和齿根圆不必画出，如图 7-32 所示。

蜗杆的表达以平行轴线的投影面的投影为主视图，其画法与圆柱齿轮相同；为了表达蜗杆的牙型，一般采用局部剖视图或局部放大图画出几个牙型，如图 7-31 所示。

蜗轮蜗杆的啮合画法如图 7-33 所示。画蜗轮蜗杆的啮合图时，可以采用剖视表达，如图 7-33a 所示，也可绘制外形图，如图 7-33b 所示。

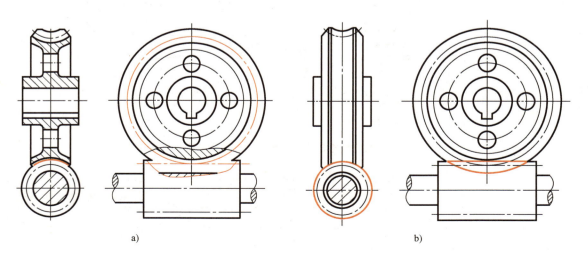

图 7-33　蜗轮蜗杆啮合的画法
a）剖视图　b）外形图

如图 7-33a 所示的剖视图中，在主视图的啮合区内将蜗杆的轮齿用粗实线画出，蜗轮轮齿被遮挡住的部位省略不画；在左视图中，啮合区可做局部剖，蜗轮的分度圆与蜗杆的分度线相切，蜗轮的外圆、齿顶圆和蜗杆的齿顶线可省略不画。

如图 7-33b 所示的外形图中，主视图的啮合区只画蜗杆不画蜗轮；在左视图中，蜗轮分度圆与蜗杆的分度线相切，蜗轮的齿顶圆（或外圆）和蜗杆的齿顶线用粗实线画出。

> **《天工开物》**
>
> 《天工开物》详载了明代农业、冶铸、机械诸方面的技术，文字简洁，记述扼要，工艺数据极为详尽，表现了宋应星作为一位科学家具有的实事求是的科学作风。尤为可贵的是书中共有各种与专业技术相关的图样 123 幅，每图绘制精细，幅面安排适当，大致具成比例，颇富立体感，易于解读。
>
> 中国古代榨蔗机，是木制的两辊式压榨机，以畜力为其主要动力，并采用齿轮机构传递动力。其齿轮机构为斜齿轮传动，因而改善了传动的平衡性。现代甘蔗制糖基本上仍用这种压榨原理提取蔗汁，不过辊数增多。《天工开物》中图与文字结合在一起，其"造糖"和"轧蔗取浆图"就是古代制糖机械工艺流程图，它在工程技术方面已经能起到作为制造依据的作用。特别是图中轧辊部分的内容，清楚地反映了斜齿轮传动的特征，是古代关于斜齿轮传动的最早记录。
>
> "轧蔗取浆图"是宋应星亲历现场，深入考察，并绘制图样的结果。据载，宋应星任分宜教谕时，其兄宋应升于崇祯八年（1635 年）从浙江转任广东肇庆府思平县令，他逢节假便邀宋应星前往共聚。这为他实地考察工农业生产技术提供了机会。岭南盛产甘蔗，制糖技术发达。"轧蔗取浆图"及其工艺流程等，正是宋应星根据实地见闻的描绘。

7.5 滚动轴承

滚动轴承是支承转动轴的部件，它具有摩擦力小、结构紧凑等优点，已被广泛采用。滚动轴承是标准部件，由专门工厂生产，需要时根据要求确定型号，选购即可。

7.5.1 滚动轴承的种类

滚动轴承的种类很多，但它们的结构大致相似，一般由外圈、内圈、滚动体和保持架组成，如图 7-34 所示。

滚动轴承按受力情况可分为三类：

1）径向轴承：主要承受径向载荷，如图 7-34a 所示的深沟球轴承。

2）推力轴承：只能承受轴向载荷，如图 7-34c 所示的推力球轴承。

3）角接触推力轴承：同时承受轴向载荷和径向载荷，如图 7-34b 所示的圆锥滚子轴承。

7.5.2 滚动轴承的代号

国家标准（GB/T 272—2017）规定滚动轴承的类型、规格、性能用代号表示。滚动轴承的代号由前置代号、基本代号和后置代号构成，其排列按如下形式：

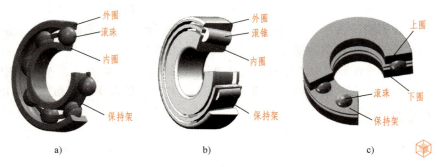

图 7-34 滚动轴承

a）深沟球轴承　b）圆锥滚子轴承　c）推力球轴承

$$\boxed{\text{前置代号}}\ \boxed{\text{基本代号}}\ \boxed{\text{后置代号}}$$

1. 基本代号

基本代号表示轴承的基本类型、结构和尺寸，是轴承代号的基础。滚动轴承（滚针轴承除外）的基本代号由轴承类型代号、尺寸系列代号和内径代号构成，一般最多为五位数。轴承内径用基本代号右起第一、二位数字表示。对常用轴承内径 $d=20\sim480$mm，轴承内径值一般为两位代号数字 5 的倍数，如 04 表示 $d=20$mm。对于内径为 10mm、12mm、15mm、17mm 的轴承，内径代号依次为 00、01、02、03。对于内径 <10mm 和 >500mm 的轴承，内径表示法另有规定，可查阅参看相关国家标准。

轴承的直径系列，即结构、内径相同的轴承在外径和宽度尺寸方面的变化系列，用基本代号右起第三位数字表示。例如，对于向心轴承和向心推力轴承，0、1 表示特轻系列，2 表示轻系列，3 表示中系列，4 表示重系列。

轴承的宽度系列，即结构、内径和直径系列都相同的轴承在宽度方面的变化系列，用基本代号右起第四位数字表示。当宽度系列、直径系列的对比列为 0 系列（正常系列）时，对多数轴承在代号中可不标出宽度系列代号 0，但对于圆锥滚子轴承和调心滚子轴承，宽度系列代号 0 应标出。直径系列代号和宽度系列代号统称为尺寸系列代号。

轴承的类型代号用基本代号左起第一位数字表示，由阿拉伯数字或大写拉丁字母表示，数字或字母的含义见表 7-11。

表 7-11　滚动轴承的类型代号（GB/T 272—2017）

代号	轴承类型	代号	轴承类型
0	双列角接触球轴承	7	角接触球轴承
1	调心球轴承	8	推力圆柱滚子轴承
2	调心滚子轴承和推力调心滚子轴承	N	圆柱滚子轴承
3	圆锥滚子轴承		双列或多列用 NN 表示
4	双列深沟球轴承	U	外球面球轴承
5	推力球轴承	QJ	四点接触球轴承
6	深沟球轴承	C	长弧面滚子轴承(圆环轴承)

滚动轴承的尺寸系列代号用数字表示，它由轴承的宽（高）度系列代号和直径系列代号组合而成。向心轴承、推力轴承尺寸系列代号见表 7-12。部分轴承的内径代号见表 7-13。

第7章 标准件与常用件

表 7-12 向心轴承、推力轴承尺寸系列代号（摘自 GB/T 272—2017 等）

直径系列代号	向心轴承 宽度系列代号								推力轴承 高度系列代号			
	8	0	1	2	3	4	5	6	7	9	1	2
	尺寸系列代号											
7	—	—	17	—	37	—	—	—	—	—	—	—
8	—	08	18	28	38	48	58	68	—	—	—	—
9	—	09	19	29	39	49	59	69	—	—	—	—
0	—	00	10	20	30	40	50	60	70	90	10	—
1	—	01	11	21	31	41	51	61	71	91	11	—
2	82	02	12	22	32	42	52	62	72	92	12	22
3	83	03	13	23	33	—	—	—	73	93	13	23
4	—	04	—	24	—	—	—	—	74	94	14	24
5	—	—	—	—	—	—	—	—	—	95	—	—

表 7-13 滚动轴承内径代号（GB/T 272—2017）

轴承公称内径 /mm		内径代号	示 例
0.6~10（非整数）		用公称内径毫米数直接表示,在其与尺寸系列代号之间用"/"分开	深沟球轴承 618/2.5　$d=2.5$mm 深沟球轴承 62/22　$d=22$mm 调心滚子轴承 230/500　$d=500$mm
≥500 及 22,28,32			
1~9（整数）		用公称内径毫米数直接表示,对深沟及角接触球轴承 7,8,9 直径系列,内径与尺寸系列代号之间用"/"分开	深沟球轴承 625　618/5 $d=5$mm
10~17	10	00	深沟球轴承 6200　$d=10$mm
	12	01	
	15	02	
	17	03	
20~480 （22,28,32 除外）		公称内径除以 5 的商数,商数为个位数,需在商数左边加"0",如 08	调心滚子轴承 23208　$d=40$mm

基本代号编制规则。基本代号中当轴承类型代号用字母表示时,编排时与表示轴承尺寸的系列代号、内径代号或安装配合特征尺寸的数字之间空半个汉字距离。例如,NJ 2309（圆柱滚子轴承),AXK 0821（推力滚针轴承）。

2. 前置、后置代号

前置、后置代号是轴承在结构形状、尺寸、公差、技术要求等有改变时,在其基本代号左右添加的补充代号,其构成见表 7-14。

表 7-14 轴承代号的构成（GB/T 272—2017）

	轴承代号				
前置代号	基本代号				后置代号
	轴承系列			内径代号	
	类型代号	尺寸系列代号			
		宽度（或高度）系列代号	直径系列代号		

203

（1）前置代号　前置代号用字母表示，其代号及含义见表7-15。

表7-15　前置代号及含义（GB/T 272—2017）

代号	含义	示例
L	可分离轴承的可分离内圈或外圈	LNU 207 LN 207
R	不带可分离内圈或外圈的轴承 （滚针轴承仅适用于 NA 型）	RNU 207 RNA 6904
K	滚子和保持架组件	K 81107
WS	推力圆柱滚子轴承轴圈	WS 81107
GS	推力圆柱滚子轴承座圈	GS 81107

（2）后置代号　后置代号用字母（或加数字）表示，其代号及含义可查阅国家标准的相关内容。

3. 轴承标记举例

如图7-35所示。

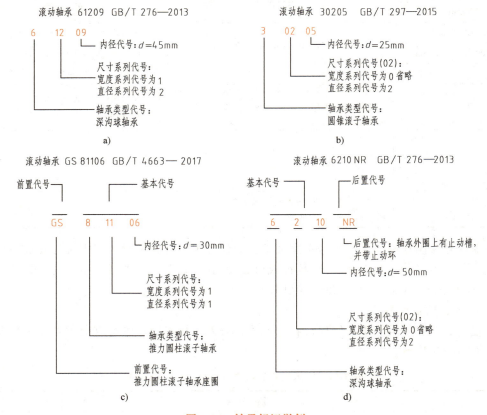

图7-35　轴承标记举例

7.5.3　滚动轴承的画法（GB/T 4459.7—2017）

GB/T 4459.7—2017 对滚动轴承的画法作了统一规定，有通用画法、特征画法和规定画法。

1. 通用画法 在剖视图中，当不需要确切地表示滚动轴承的外形轮廓、载荷和结构特征时，可用通用画法绘制，其画法是用矩形线框及位于中央正立的十字形符号表示。矩形线框和十字形符号均用粗实线绘制，十字形符号不应与矩形线框接触，通用画法应绘制在轴的两侧。通用画法及尺寸比例如图 7-36 所示。

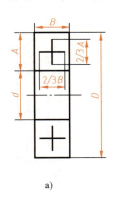
a)

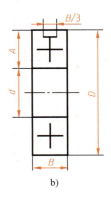
b)

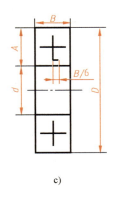
c)

图 7-36 通用方法

a) 一般通用画法　b) 外圈无挡边画法　c) 内圈有单挡边的通用画法

2. 特征画法 在剖视图中，如需较形象地表示滚动轴承的结构特征时，可采用特征画法绘制，其画法是在矩形线框内画出其结构要素符号。结构要素符号由长粗实线（或长粗圆弧线）和短粗实线组成。长粗实线表示滚动体的滚动轴线；长粗圆弧线表示可调心轴承的调心表面或滚动体滚动轴线的包络线；短粗实线表示滚动体的列数和位置。短粗实线和长粗实线（或长粗圆弧线）相交成 90°（或相交于法线方向），并通过滚动体的中心。特征画法的矩形框用粗实线绘制，其画法及尺寸比例见表 7-16。

表 7-16 滚动轴承的特征画法和规定画法的尺寸比例

轴承类型	主要数据	特征画法	规定画法 / 通用画法
深沟球轴承 60000 GB/T 276—2013	D d B		

(续)

轴承类型	主要数据	特征画法	规定画法 / 通用画法
推力球轴承 50000 GB/T 301—2015	D d T	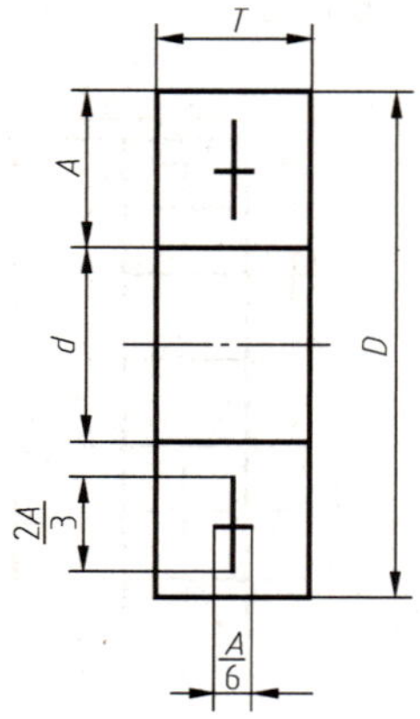	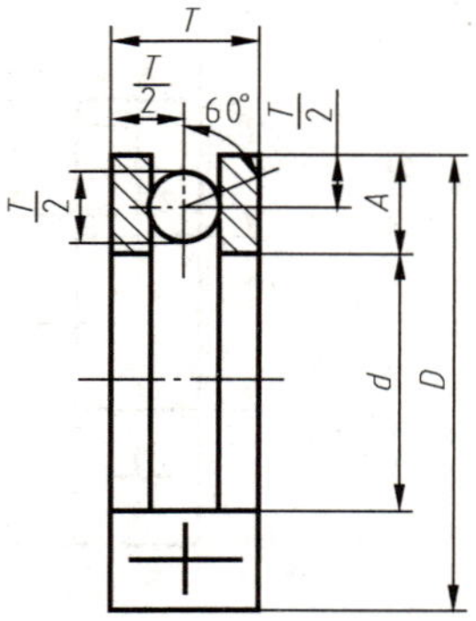
圆锥滚子轴承 30000 GB/T 297—2015	D d T C B	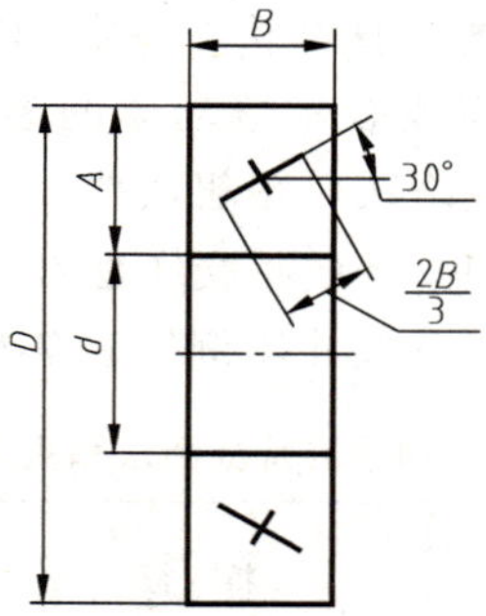	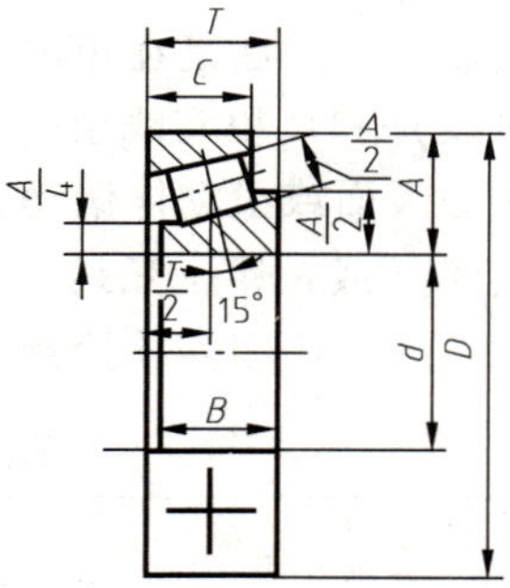

在垂直于滚动轴承轴线的投影面上，无论滚动体的形状（球、柱、针等）及尺寸如何，均按图 7-37 所示的方法绘制。

3. 规定画法

在装配图中需要较详细地表达滚动轴承的主要结构时，可采用规定画法。采用规定画法绘制滚动轴承的剖视图时，轴承的滚动体不画剖面线，其各套圈画成方向与间隔相同的剖面线。滚动轴承的保持架及倒角可省略不画。规定画法一般绘制在轴的一侧，另一侧按通用画法画出。

常用滚动轴承的画法见表 7-16，几种画法中的各种符号、矩形线框和轮廓线均用粗实线绘制。其中外径 D、内径 d 及宽度 B、T 等几个主要尺寸，按所选轴承的实际尺寸绘制。

4. 装配图中滚动轴承的画法

在装配图中滚动轴承的画法如图 7-38 所示。

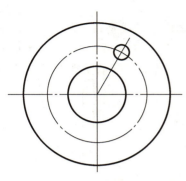

图 7-37 滚动轴承轴线垂直于投影面的特征画法

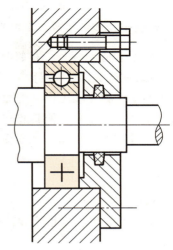

图 7-38 滚动轴承在装配图中的画法

7.6 弹簧

弹簧在工程上广泛使用，它的作用是减振、夹紧、测力、储存能量等。弹簧的特点是外力去掉后能立即恢复原状。弹簧的种类很多，常用的有螺旋弹簧、涡卷弹簧等。根据受力方向的不同，螺旋弹簧又分为压缩弹簧、拉伸弹簧和扭转弹簧三种，如图 7-39 所示。

本节介绍圆柱螺旋压缩弹簧的尺寸计算和画法，弹簧的尺寸如图 7-40 所示。

图 7-39 弹簧

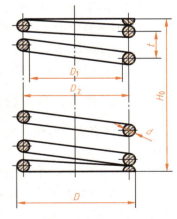

图 7-40 弹簧的尺寸

7.6.1 圆柱螺旋压缩弹簧的名词介绍

1) 弹簧线径 d：制造弹簧的钢丝直径。
2) 弹簧外径 D_2：弹簧的最大直径。
3) 弹簧内径 D_1：弹簧的最小直径。显然，$D_1 = D_2 - 2d$。

4）弹簧中径 D：弹簧的平均直径。$D = \dfrac{D_1 + D_2}{2} = D_1 + d = D_2 - d$。

5）节距 t：除两端外，相邻两圈的轴向距离。

6）有效圈数 n、支承圈数 n_z、总圈数 n_1。

为了使压缩弹簧在工作时受力均匀、支承平稳，要求两端面与轴线垂直。制造时，常把两端的弹簧圈并紧压平，使其起支承作用，称为支承圈，支承圈有 1.5 圈、2 圈、2.5 圈三种。大多数弹簧的支承圈是 2.5 圈。其余各圈都参与工作，并保持相等的节距，称为有效圈数。

$$总圈数 = 有效圈数 + 支承圈数$$

即 $n_1 = n + n_z$

7）自由高度 H_0：未承受载荷的弹簧高度。

$$H_0 = nt + (n_z - 0.5)d$$

8）弹簧的展开长度 L：制造时弹簧丝的长度。

$$L = n_1\sqrt{(\pi D_2)^2 + t^2}$$

9）旋向：分左旋和右旋两种。

7.6.2 圆柱螺旋压缩弹簧的标记

根据 GB/T 2089—2009 规定，圆柱螺旋压缩弹簧的标记由类型代号、尺寸、精度及旋向、标准编号组成，其标记格式如下：

| 类型代号 | $d \times D_2 \times H_0$ | - | 精度代号 | 旋向代号 | 标准号 |

标记示例：圆柱螺旋弹簧，A 型，型材直径为 3mm，弹簧中径为 20mm，自由高度为 80mm，制造精度为 2 级，左旋。其标记为：

YA 3×20×80-2 左 GB/T 2089

注：按 3 级精度制造时，3 级不标注。

7.6.3 圆柱螺旋弹簧的规定画法

弹簧的真实投影比较复杂，因此，国家标准 GB/T 4459.4—2003 对弹簧的画法作了具体的规定：

1）在螺旋弹簧的非圆视图中，各圈的轮廓画成直线，如图 7-41 所示。

2）螺旋弹簧均可画成右旋，左旋弹簧不论画成左旋还是画成右旋，一律要注旋向"左"字。

3）有效圈数四圈以上的螺旋弹簧，中间部分可以省略，允许适当缩短图形的长度，如图 7-41a、b 所示。

4）在装配图中，被弹簧挡住的结构一般不画，可见部分应从弹簧的外轮廓线或从弹簧钢丝剖面的中心线画起，如图 7-42c 所示。

5）在装配图中，螺旋弹簧被剖切时，弹簧线径小于 2mm 的剖面可以涂黑表示，也可采用示意画法，如图 7-42a、b 所示。

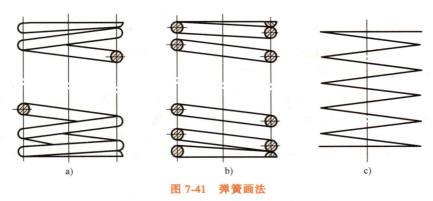

图 7-41 弹簧画法
a) 外形视图画法　b) 剖视图画法　c) 示意画法

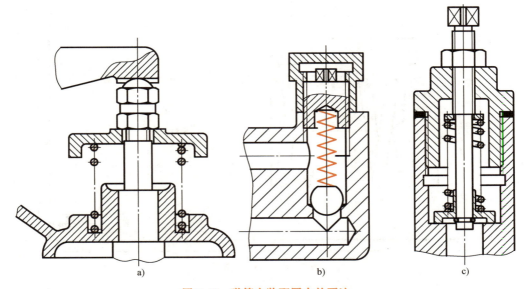

图 7-42 弹簧在装配图中的画法

7.6.4 圆柱螺旋压缩弹簧的画图步骤

圆柱螺旋压缩弹簧的画图步骤如图 7-43 所示。机械制图国家标准中规定，无论支承圈

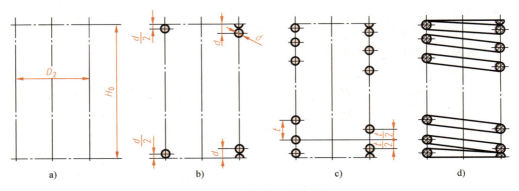

图 7-43 圆柱螺旋压缩弹簧画法

的圈数多少，均可按 2.5 圈绘制，但必须注上实际的尺寸和参数，必要时允许按支承圈的实际结构绘制。

7.6.5 圆柱螺旋压缩弹簧工作图的内容

图 7-44 所示为圆柱螺旋压缩弹簧的工作图形式。弹簧的参数应直接标注在图形上，若直接标注有困难，可在技术要求中说明。当需要表明弹簧的力学性能时，必须用图解表示。

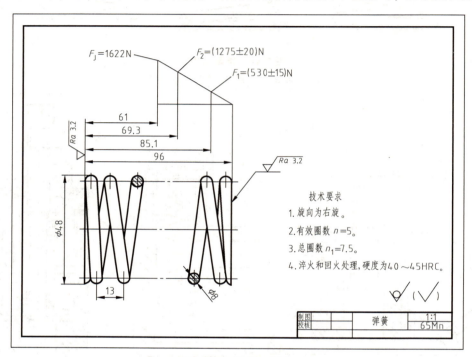

图 7-44　弹簧工作图

思 考 题

7-1　简述螺纹的五个要素。

7-2　简述内、外螺纹的规定画法。

7-3　解释下列螺纹代号的含义：
M10×1-6H　　　Tr40×7-7H　　　G1A

7-4　什么是模数？其单位是什么？

7-5　在齿轮的啮合图中，啮合区的轮齿应如何表达？

第 8 章

零 件 图

> **本章要点**
>
> 本章主要介绍零件表达方案的视图选择及典型零件的表达方法，零件图的尺寸注法，零件上常见结构的画法及零件图的技术要求，阅读零件图等内容。

任何机器或部件都是由许多零件按一定的装配关系和技术要求装配而成的。零件是组成机器设备的基本单元，是机器设备中具有某种功能，不能再拆分的独立部分。图 8-1 所示是一个球阀的轴测装配图，该球阀共由 13 个零件组成。

图 8-1　球阀

1—扳手　2—压紧套　3—密封填料　4—填料垫　5—阀杆　6—螺栓　7—球阀阀体　8—密封圈
9—阀芯　10—调整垫　11—螺母　12—平垫圈　13—阀盖

8.1 零件图的内容

表达单个零件的结构形状、大小及技术要求的图样称为零件图。它是零件加工和检验的主要依据，是产品生产工艺过程中的重要技术文件。除标准件外，其余零件一般均应绘制零件图。

一张完整的零件图（图 8-2），应包括以下四项内容：

1. 一组视图

采用必要的视图、剖视图、断面图、局部放大图及其他规定画法，正确、完整、清晰地表达零件的内外结构形状。

2. 完整的尺寸

应正确、完整、清晰、合理地标注出满足零件在制造、检验、装配时所必需的全部尺寸。

3. 技术要求

用规定的符号、代号、标记和简要的文字表达出零件在制造、检验时所应达到的各项技术指标和要求，如尺寸公差、形状和位置公差、表面粗糙度、热处理和表面处理等要求。

4. 标题栏

详细、认真填写标题栏规定项目内容，如零件名称、材料、绘图比例、图样编号以及设计、审核等人的签名和日期等。

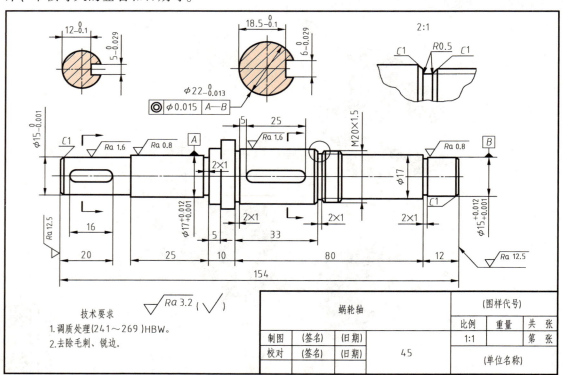

图 8-2　零件图

8.2 零件图的视图选择

零件图要求正确、完整、清晰地表达零件的全部结构形状，零件的表达方案应根据零件的具体结构特点，利用各种表达方法，经过认真分析、对比，选择的表达方法既要便于阅读和绘制，又要符合生产要求，在充分表达零件结构形状的前提下，尽量减少视图的数量，力求绘图简便。

8.2.1 主视图的选择

主视图是零件图中最重要的一个视图，主视图选择得是否正确与合理，直接影响到其他视图的数量与配置，也影响到读图的方便与图纸的合理利用。因此，选择主视图时，一般应遵循以下原则：

1. 确定零件的安放位置——应符合加工位置原则或工作位置原则

（1）加工位置原则　主视图的摆放位置应与零件在主要加工工序的装夹位置相一致，这样便于加工制造者看图操作。

（2）工作位置原则　将主视图按照零件在机器或部件中工作时的位置放置，这样容易想象零件在机器或部件中的作用，也便于指导安装。

2. 确定零件的主视图投射方向——应符合形状特征原则

当零件的安放位置确定后，应选择能将组成零件的各形体之间的相对位置和主要形体的形状、结构表达得最清楚的方向作为零件的主视图投射方向，即形状特征原则。

8.2.2 其他视图的选择

配合主视图，把主视图没有表达清楚的结构形状用其他视图进一步说明。力求在完整、清晰地表达出零件结构形状的前提下，尽可能减少视图的数量。每个视图都有表达的重点，几个视图互相补充而不重复。在选择视图时，优先选择基本视图以及在基本视图上作适当的剖视。

8.2.3 典型零件的视图选择

1. 轴套类零件

轴套类零件组成部分大部分为同轴线的回转体，其上常见的结构有倒角、倒圆、轴肩、键槽、销孔、退刀槽、越程槽、螺纹等，如传动轴、衬套等。这类零件主要是在车床和磨床上加工，所以通常是以加工位置原则将轴线水平横放作为主视图，以此表达零件的主体结构，必要时再用局部剖视图、移出断面图、局部视图、局部放大图等来表达零件上其他局部结构。如图 8-3 所示的轴，采用加工位置的主视图表达了长度方向的结构形状，两个移出断面图表达两个键槽的结构形状，一个局部放大图表达螺纹退刀槽的结构形状，以便标注尺寸和技术要求。

2. 轮盘类零件

组成轮盘类零件大部分也为同轴线的回转体，其径向尺寸较大，轴向尺寸较短，呈扁平的盘状，如齿轮、带轮、法兰盘及端盖等。这类零件上常见的结构有轴孔、轮辐、凸缘、各

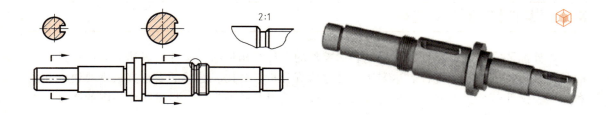

图 8-3　轴类零件的视图选择

类孔等。毛坯多为铸件，主要的加工方法有车削、刨削或铣削。在视图选择时，一般采用两个基本视图，以车削加工为主的零件其主视图按加工位置原则将轴线水平放置，并多采用剖视图以表达内部结构；另一视图用左视图或右视图表达外形轮廓和其他结构，如孔的结构和分布情况。如图 8-4 所示的阀盖，主视图选择加工位置的全剖视图，表达零件的内外总体结构形状和大小，左视图用外形视图表达了带圆角的方形凸缘及其四个角上的通孔和其他可见的轮廓形状。

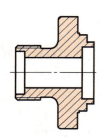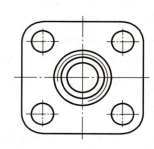

图 8-4　轮盘类零件的视图选择

3. 叉架类零件

叉架类零件的结构形状都比较复杂且不规则，大致可分为工作、安装固定和连接三个部分。多有肋板，几乎都是由铸、锻或焊接毛坯加工而成，加工位置多变，如支架、连杆、拨叉等。主视图一般取工作位置或自然位置安放，以两个或三个基本视图表达主要结构形状，用局部视图或斜视图、断面图表达内部结构和肋板断面的形状。如图 8-5 所示的托架，主视图选择工作位置，采用局部剖视图表达底脚孔和上部调整螺孔的结构形状，采用局部视图表达调整螺孔端面结构形状；采用移出断面表达连接部分的断面结构形状。左视图采用视图表达部分尚未表达清楚的结构，并采用局部剖视图表达工作部分的光孔的结构形状，采用细虚线使固定部分的底板形状更加清晰，便于读图时理解。

4. 箱体类零件

箱体类零件的结构形状最复杂且体积较大，在机器或部件中用于容纳、支承、保护其内部的其他零件，加工位置变化也最多，如箱体、泵体、阀体、机座等。主视图一般采用工作位置原则，表达方法以三个基本视图为主，辅以一些局部视图、断面图等表达局部结构。如图 8-6 所示的阀体是球阀中的一个主要零件，主视图采用全剖视图主要表达内部结构特点，

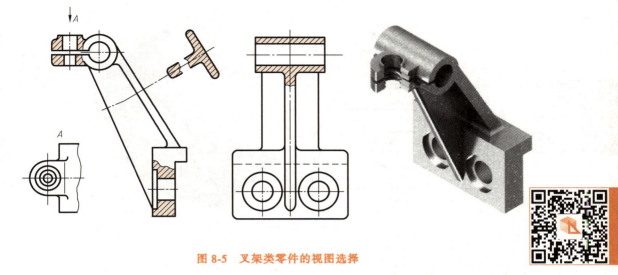

图 8-5 叉架类零件的视图选择

左视图采用半剖视图、俯视图采用外形视图,进一步表达内外形状特征,如左侧带圆角的方形凸缘及四个螺孔的位置、大小,顶端的扇形限位块,中间部分的圆柱体。

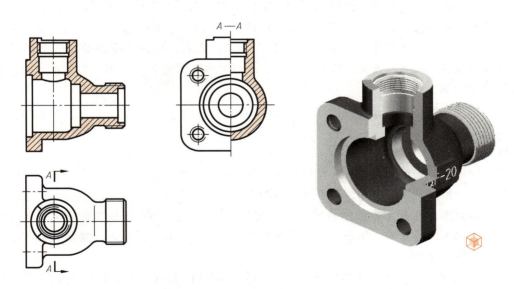

图 8-6 箱体类零件的视图选择

5. 钣金类零件

钣金件是金属薄板用冲模冲压而成,一般在常温下进行,包括剪、冲/切/复合、折、焊接、铆接、拼接、成型(如汽车车身)等。钣金件除基本视图外还附有展开图,展开图可以单独画出,也可与基本视图结合。平板零件图中一般只画零件的俯视方向视图(作为主视图),表达不清楚的部分进行局部剖视。如图 8-7 所示,选取能看到弯折的方向为主视图,并附有展开图,弯曲部分的中间位置在展开图中用细线画出,表示弯折线。

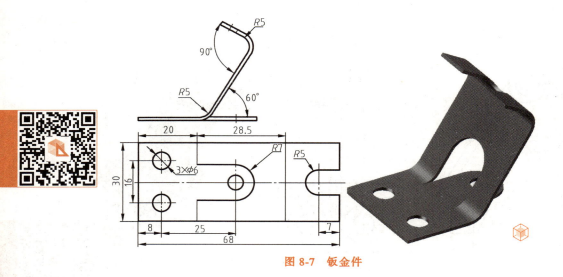

图 8-7 钣金件

8.3 零件图的尺寸标注

零件图上的尺寸是制造零件时加工和检验的依据，因此在零件图中所标注的尺寸，除应做到正确、完整、清晰外，还要做到合理。所谓的"合理"，是指所标注的尺寸既要满足设计要求，以保证零件在机器中的功能；又要符合工艺要求，以便于零件的加工、测量和检验。要合理地标注尺寸，需要有较多的生产实际经验和有关的专业知识，本节仅介绍一些合理标注尺寸的基本知识。

8.3.1 尺寸基准及其选择

1. 尺寸基准

零件在设计、制造和检验时，计量尺寸的起点称为尺寸基准。它通常选用零件上的某些面、线、点。根据基准的作用，基准可分为两类：

（1）设计基准　根据零件在机器中的作用和结构特点，为保证零件的设计要求而选定的一些基准称为设计基准。从设计基准出发标注尺寸，可以直接反映设计要求，能满足零件在部件中的功能要求。

（2）工艺基准　在加工和测量零件时，用来确定零件上被加工表面位置的基准称为工艺基准。从工艺基准出发标注尺寸，可直接反映工艺要求，便于保证加工和测量的要求。

2. 基准的选择

在标注尺寸时，最好把设计基准和工艺基准统一起来，这样既能满足设计要求，又能满足工艺要求。两者不能统一时，零件的功能尺寸从设计基准开始标注，设计基准为主要基准；不重要尺寸从工艺基准开始标注，工艺基准为辅助基准。每个零件都有长、宽、高三个方向的尺寸，也都有三个方向的主要尺寸基准，辅助基准可以没有，也可以有多个，这取决于零件的结构形状和加工方法。主要基准与辅助基准或两个辅助基准之间都应有尺寸联系。

常用的尺寸基准有零件上的安装底面、装配定位面、重要端面、对称面、主要孔的轴线等。

如图 8-8 所示，轴类零件的尺寸分为径向尺寸和轴向尺寸，因此尺寸基准也分为径向基准和轴向基准。

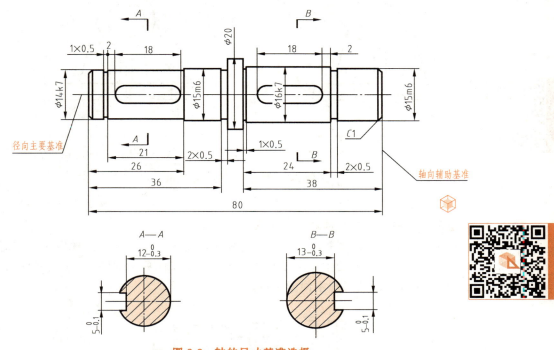

图 8-8 轴的尺寸基准选择

如图 8-8 所示的凸轮轴径向尺寸基准是轴线，它既是设计基准，又是工艺基准。因为中间 $\phi15m6$ 和右端 $\phi15m6$ 分别安装滚动轴承，$\phi16k7$ 处装配凸轮，这些尺寸是轴的主要径向尺寸。为了使轴转动平稳，齿轮啮合正确，各段回转轴应在同一轴线上，因此设计基准是轴线。又由于加工时两端用顶尖支承，因此轴线也是工艺基准。可见设计基准和工艺基准重合，这个基准即满足了设计要求，又满足了工艺要求。

凸轮的安装是所有安装关系中最重要的一环，凸轮的轴向位置靠尺寸为 $\phi20$ 的右端轴肩来保证，所以设计基准在轴肩的右端面，这是轴向主要基准。从这一基准出发，标出与凸轮配合的轴向长度 24；为方便轴向尺寸测量，选择轴的右端面为工艺基准，这也是辅助基准。从这一辅助基准出发，确定全轴长度 80。主要基准和辅助基准之间用尺寸 38 来联系。

8.3.2 合理标注尺寸应注意的问题

1. 主要尺寸要直接注出

主要尺寸是指零件上的配合尺寸、安装尺寸、特性尺寸等，它们是影响零件在机器中的工作性能和装配精度等要求的尺寸，都是设计上必须保证的重要尺寸。主要尺寸必须直接注出，以保证设计要求。

如图 8-9a 所示的轴承座中心高 35 是一个主要尺寸，应以底面为基准直接注出；若注成如图 8-9b 所示的 7 和 28 这种形式，由于加工误差累积的影响，轴承座中心高 35 尺寸很难保证，则不能满足设计要求或给加工造成困难。同理，轴承座上的两个安装孔的中心距42应按图8-9a所示直接注出，而不能按图8-9b所示由两个7来确定。

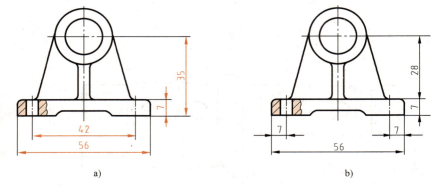

图8-9 主要尺寸要直接注出
a）正确 b）错误

2. 标注尺寸要符合加工顺序和便于测量

零件加工时都有一定的顺序，尺寸标注应尽量与加工顺序一致，这样便于加工时看图、测量。图8-10所示为阶梯轴的主要尺寸及在车床上的加工顺序。如图8-11a所示的尺寸便于测量，而如图8-11b所示的尺寸不便于测量。

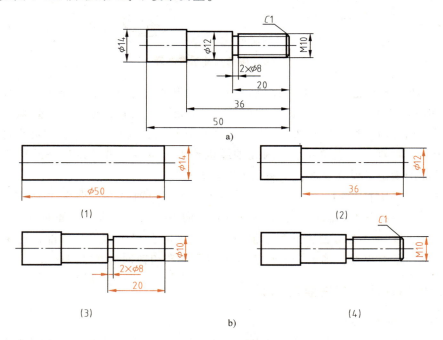

图8-10 阶梯轴的加工顺序
a）主要尺寸 b）加工顺序

3. 应避免注成封闭的尺寸链

零件在同一方向按一定顺序依次连接起来排成的尺寸标注形式称为尺寸链。组成尺寸链

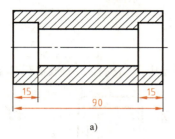
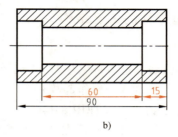

图 8-11　标注尺寸要便于测量
a) 正确　b) 错误

的每个尺寸称为环。在一个尺寸链中，若将每个环全部注出，首尾相接，就形成了封闭的尺寸链，如图 8-12b 所示。在尺寸标注时要避免出现封闭的尺寸链。因为 80 是 14、38、28 之和，而每个尺寸在加工之后绝对误差是不可避免的，则 80 的误差为另外三个尺寸误差之和，可能达不到设计要求。所以应将尺寸精度要求最低的一个环空出不注，如图 8-12a 所示，以便所有的尺寸误差都积累到这一段，保证主要尺寸的精度。

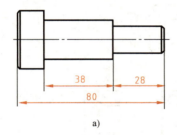
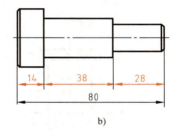

图 8-12　避免注成封闭尺寸链
a) 正确　b) 错误

4. 毛坯面的尺寸标注

标注零件上各毛坯面的尺寸时，在同一方向上最好只有一个毛坯面以加工面定位，其他的毛坯面只与毛坯面之间有尺寸联系，如图 8-13 所示。

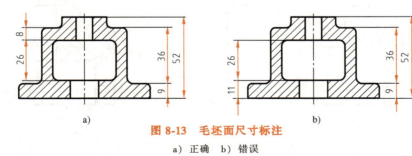

图 8-13　毛坯面尺寸标注
a) 正确　b) 错误

8.4　零件结构的工艺性

零件的结构形状主要由它在机器中的作用而定，同时还要考虑制造工艺对零件结构形状的要求。本节介绍一些常见的零件工艺结构。

8.4.1 铸造零件的工艺结构

1. 起模斜度

用铸造的方法制造零件毛坯时，为了便于在砂型中取出模样，一般沿模样起模方向作成 1∶20 的斜度（约 3°），称作起模斜度。浇注后这一斜度留在了铸件上，如图 8-14a 所示。但在图中一般不画不注，必要时可在技术要求中用文字说明，如图 8-14b 所示。

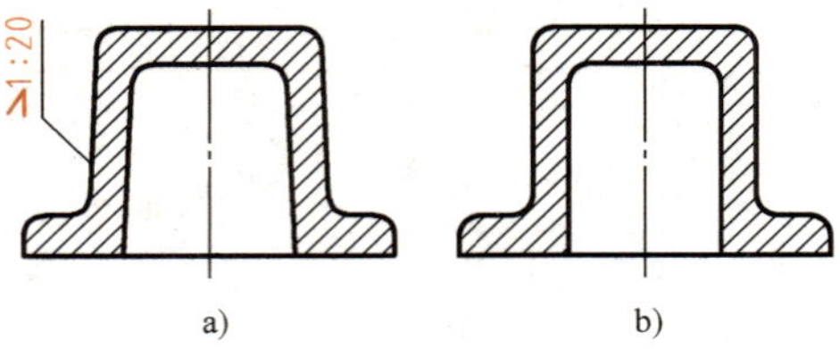

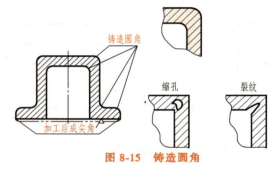

图 8-14 起模斜度

2. 铸造圆角

为了便于起模，防止浇注金属液体时冲坏砂型以及金属液体冷却收缩时在铸件的转角处产生裂纹或缩孔，一般在铸件的转角处制成圆角，这种圆角称为铸造圆角，如图 8-15 所示。铸造圆角半径一般取壁厚的 0.2~0.4 倍。一般不在图样上标注铸造圆角，而是统一在技术要求中说明。两相交铸造表面之一若经切削加工，则应画成直角。

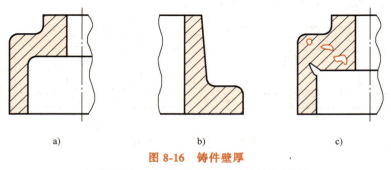

图 8-15 铸造圆角

3. 铸件壁厚

用铸造方法制造零件毛坯时，为了避免浇注后零件各部分因冷却速度不同而产生缩孔或裂纹，铸件的壁厚应保持均匀或逐渐过渡，如图 8-16 所示。

图 8-16 铸件壁厚
a）壁厚均匀　b）逐渐过渡　c）产生缩孔和裂纹

8.4.2 零件机械加工的工艺结构

1. 倒角和倒圆

为了去除零件加工表面的毛刺、锐边和便于装配，在轴或孔的端部，一般加工成与水平方向成45°或30°、60°倒角。为了避免因应力集中而产生裂纹,在轴肩处通常加工成圆角过渡,称为倒圆。倒角和倒圆的尺寸注法如图8-17所示。倒角和倒圆的尺寸可查阅有关标准(GB/T 6403.4—2008),见附录D中表D-3。

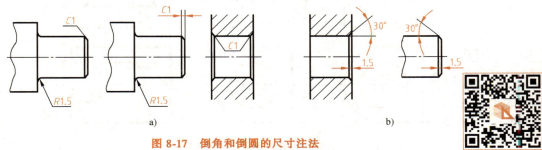

图 8-17 倒角和倒圆的尺寸注法

a) 45°倒角和倒圆的尺寸注法 b) 非45°倒角和倒圆的尺寸注法

2. 退刀槽和砂轮越程槽

在车削螺纹时,为了便于退出刀具,常在待加工表面的末端预先车出螺纹退刀槽,如图8-18a所示。退刀槽的尺寸标注,一般按"槽宽(b)×直径(ϕ)"的形式标注。退刀槽的尺寸可根据螺纹的螺距查阅有关标准。

在磨削加工时为了使砂轮稍稍超越加工面,也常在零件表面上预先加工出砂轮越程槽,如图8-18b所示。越程槽的尺寸标注,一般按"槽宽(b)×槽深(h)"的形式标注。越程槽的尺寸可根据轴径查阅有关标准。

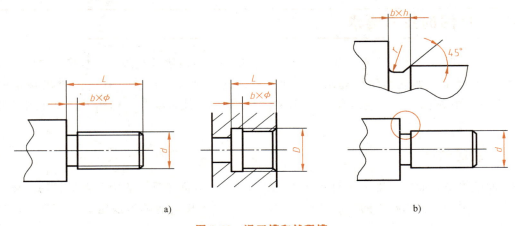

图 8-18 退刀槽和越程槽

a) 退刀槽 b) 越程槽

3. 凸台和凹坑

零件上与其他零件的接触面,均应经过加工。为了减少加工面,同时保证两表面接触良好,常在接触表面处设计出凸台或凹坑,如图8-19所示。

4. 钻孔结构

钻孔加工时,钻头应与孔的端面垂直,以保证钻孔精度,避免钻头歪斜、折断。在曲面、斜面上钻孔时,一般应在孔端做出凸台、凹坑或平面,如图8-20a所示。用钻头钻不通孔时,在底部有一个120°的锥角,钻孔深度指的是圆柱部分的深度,不包括锥角。在阶梯形钻孔的过渡处，也存在锥角120°的圆台，如图8-20b所示。

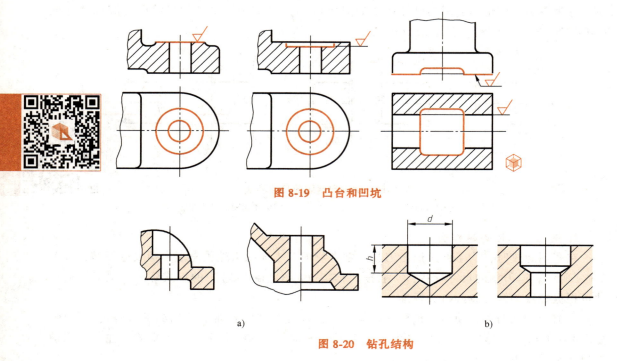

图8-19 凸台和凹坑

图8-20 钻孔结构

8.5 零件图的技术要求

零件图上除了要表达出零件的形状尺寸外，还必须注写零件在制造、装配、检验时所应达到的技术要求，如表面结构要求、尺寸公差、几何公差等内容。有些内容用规定的代（符）号标注在视图中，有些内容用简明的文字注写在"技术要求"标题下，放在图样的适当位置。

8.5.1 表面结构

表面结构是表面粗糙度、表面波纹度、表面缺陷、表面纹理和表面几何形状的总称。表面结构的各项要求在图样上的表示法在GB/T 131—2006中均有具体规定。本小节主要介绍常用的表面粗糙度表示法。

1. 基本概念及术语

（1）表面粗糙度 零件经过机械加工后会在表面上留下许多高低不平的凸峰和凹谷，这种零件表面上具有较小间距的峰谷所组成的微观几何形状特性称为表面粗糙度。表面粗糙度是表示微观几何形状特性的特征量，是评定零件表面质量的重要指标之一。它对于零件的配合、耐磨性、抗腐蚀性及密封性都有显著的影响，是零件图中必不可少的一项技术要求。

零件表面粗糙度的选用，应该既满足零件表面的功能要求，又要考虑经济合理。一般情况下，凡是零件上有配合要求或有相对运动的表面，粗糙度参数值要小，参数值越小，表面质量越高，但加工成本也越高。因此在满足要求的前提下，应尽量选用较大的参数值，以降低成本。

（2）表面波纹度　在机械加工过程中，由于机床、工件和刀具系统的振动，在工件表面所形成的间距比表面粗糙度大得多的表面不平度称为表面波纹度，如图 8-21 所示。零件的表面波纹度是影响零件使用寿命和引起振动的重要因素。

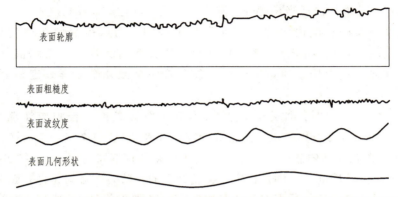

图 8-21　表面粗糙度、表面波纹度和表面形状误差的综合影响的表面轮廓

注：表面粗糙度、表面波纹度和表面几何形状总是同时生成并存在于同一表面。

（3）评定表面结构常用的轮廓参数　对于零件表面的结构状况，可由三类轮廓参数加以评定：轮廓参数（由 GB/T 3505—2009 定义）、图形参数（由 GB/T 18618—2009 定义）、支承率曲线参数（由 GB/T 18778.2—2003 和 GB/T 18778.3—2006 定义）。其中轮廓参数是我国机械图样中目前最常用的评定参数。本小节仅介绍评定粗糙度轮廓（R 轮廓）中的两个高度参数 Ra 和 Rz。

1）算术平均偏差 Ra。是指在一个取样长度内纵坐标值 $Z(x)$ 绝对值的算术平均值，如图 8-22 所示。

2）轮廓的最大高度 Rz。是指在同一取样长度内，最大轮廓峰高和最大轮廓谷深之和的高度，如图 8-22 所示。

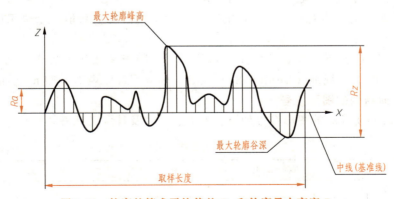

图 8-22　轮廓的算术平均偏差 Ra 和轮廓最大高度 Rz

（4）有关检验规范的基本术语　检验评定表面结构的参数值必须在特定条件下进行，国家标准规定，图样中注写参数代号及其数值要求的同时，还应明确其检验规范。

有关检验规范方面的基本术语有取样长度、评定长度、滤波器和传输带以及极限值判断规则。

1) 取样长度和评定长度。以粗糙度高度参数的测量为例。由于表面轮廓的不规则性，测量结果与测量段的长度密切相关，当测量段过短，各处的测量结果会产生很大差异，但当测量段过长，则测得的高度值中将不可避免地包含了波纹度的幅值。因此，在 X 轴（即基准线，图 8-22）上选取一段适当长度进行测量，这段长度称为取样长度。

但是，在每一取样长度内的测量值通常是不等的，为取得表面粗糙度最可靠的值，一般取几个连续的测量长度进行测量，并以各取样长度内测量值的平均值作为测得的参数值。这段在 X 轴方向上用于评定轮廓的、包含着一个或几个取样长度的测量段称为评定长度。

当参数代号后未注明时，评定长度默认为五个取样长度，否则应注明个数。例如：$Rz0.4$、$Ra3\ 0.8$、$Rz1\ 3.2$ 分别表示评定长度为五个（默认）、三个、一个取样长度。

2) 轮廓滤波器和轮廓传输带。粗糙度的三类轮廓各有不同的波长范围，它们又同时叠加在同一表面轮廓上，因此，在测量评定三类轮廓上的参数时，必须先将表面轮廓在特定仪器上进行滤波，以便分离获得所需波长范围的轮廓。这种可将轮廓分成长波和短波成分的仪器称为轮廓滤波器。由两个不同截止波长的滤波器分离获得的轮廓波长范围则称为轮廓传输带。

按滤波器的不同截止波长值，由小到大顺次分为 λs、λc 和 λf 三种，前面提到的三类轮廓就是分别应用这些滤波器修正表面轮廓后获得的。应用 λs 滤波器修正后的轮廓称为原始轮廓（P 轮廓）；在 P 轮廓上再应用 λc 滤波器修正后的轮廓即为粗糙度轮廓（R 轮廓）；对 P 轮廓连续应用 λf 和 λc 滤波器后形成的轮廓则称为波纹度轮廓（W 轮廓）。

3) 极限值判断规则。完工零件的表面按检验规范测得轮廓参数值后，需与图样上给定的极限比较，以判定其是否合格。极限值判断规则有两种：

① 16%规则：运用本规则时，当被检表面测得的全部参数值中，超过极限值的个数不多于总数的 16%时，该表面是合格的。（注：超过极限值有两种含义：当给定上极限值时，超过是指大于给定值；当给定下极限值时，超过是指小于给定值）。

② 最大规则：运用本规则时，被检的整个表面上测得的参数值一个也不应超过给定的极限值。

16%规则是所有表面结构要求标注的默认规则。即当参数代号后未注写"max"字样时，均默认为应用 16%规则（如 $Ra\ 0.8$）。反之，则应用最大规则（如 $Ra_{max}\ 0.8$）。

2. 标注表面结构的图形符号

标注表面结构要求时的图形符号种类、名称、尺寸及其含义见表 8-1。

表 8-1 表面结构符号

符号名称	符号	含义
基本图形符号	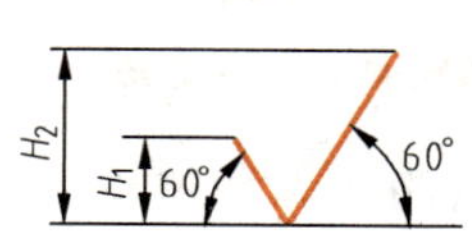 $d'=0.25mm$（d'-符号线宽）$H_1=3.5mm$ $H_2=7mm$	未指定加工工艺方法的表面，当通过一个注释解释时可单独使用

符号名称	符 号	含 义
扩展图形符号		用去除材料方法获得的表面，仅当其含义是"被加工表面"时可单独使用
		不去除材料的表面，也可用于表面保持上道工序形成的表面，不管这种状况是通过去除或不去除材料形成的
完整图形符号		在以上各种符号的长边上加一横线，以便注写对表面结构的各种要求

注：表中 d'、H_1 和 H_2 的大小是当图样中尺寸数字高度选取 $h=3.5mm$ 时按 GB/T 131—2006 的相应规定给定的。表中 H_2 是最小值，必要时允许加大。

当在图样某个视图上构成封闭轮廓的各表面有相同的表面结构要求时，可在完整图形符号上加一圆圈，标注在图样中工件的封闭轮廓线上，如图 8-23 所示。

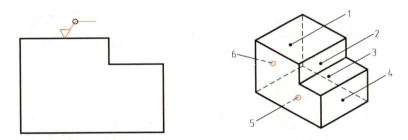

图 8-23 对周边各面有相同的表面结构要求的注法

注：图示的表面结构符号是指对图形中封闭轮廓的六个面的共同要求（不包括前后面）。

3. 表面结构要求在图形符号中的书写位置

为了明确表面结构要求，除了标注表面结构参数和数值外，必要时应标注补充要求，包括传输带、取样长度、加工工艺、表面纹理（是指完工零件表面上呈现的，与切削运动轨迹相应的图案，各种纹理方向的符号及其含义可查阅 GB/T 131—2006）及方向、加工余量等。这些要求在图形符号中的注写位置如图 8-24 所示。

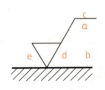

位置 a	注写表面结构的单一要求
位置 a 和 b	a 注写第一表面结构要求 b 注写第二表面结构要求
位置 c	注写加工方法，如"车""磨""镀"等
位置 d	注写表面纹理方向如"=""×""M"
位置 e	注写加工余量

图 8-24 补充要求的注写位置（a~e）

4. 表面结构代号

表面结构符号中注写了具体参数代号及数值等要求后即称为表面结构代号。表面结构代号的示例及含义见表 8-2。

表 8-2 表面结构代号示例

No.	代号示例	含义/解释	补充说明
1	Ra 0.8	表示不允许去除材料,单向上限值,默认传输带,R 轮廓,算术平均偏差 0.8μm,评定长度为 5 个取样长度(默认),16% 规则(默认)	参数代号与极限值之间应留取空格(下同),本例未标注传输带,应理解为默认传输带,此时取样长度可由 GB/T 10610—2009 和 GB/T 6062—2009 中查取
2	Rz max 0.2	表示去除材料,单向上限值,默认传输带,R 轮廓,粗糙度最大高度的最大值 0.2μm,评定长度为 5 个取样长度(默认),最大规则	示例 No.1~No.4 均为单项极限要求,且均为单向上限值,则均可不加注"U"。若为单向下限值,则应加注"L"
3	0.008-0.8/Ra 3.2	表示去除材料,单向上限值,传输带 0.008~0.8mm,R 轮廓,算术平均偏差 3.2μm,评定长度为 5 个取样长度(默认),16% 规则(默认)	传输带"0.008~0.8"中的前后数值分别为短波和长波滤波器的截止波长(λs~λc),以表示波长范围。此时取样长度等于 λc,即 $l_r = 0.8$mm
4	-0.8/Ra3 3.2	表示去除材料,单向上限值,传输带:根据 GB/T 6062,取样长度 0.8mm(λs 默认 0.0025mm),R 轮廓,算术平均偏差 3.2μm,评定长度包含 3 个取样长度,16% 规则(默认)	传输带仅注出一个截止波长值(本例 0.8 表示 λc 值)时,另一截止波长值 λs 应理解为默认值,由 GB/T 6062—2009 中查知 $\lambda s = 0.0025$mm
5	U Ra max 3.2 L Ra 0.8	表示不允许去除材料,双向极限值,两极限值均使用默认传输带,R 轮廓,上限值:算术平均偏差 3.2μm,评定长度为 5 个取样长度(默认),最大规则,下限值:算术平均偏差 0.8μm,评定长度为 5 个取样长度(默认),16% 规则(默认)	本例为双向极限要求,用"U"和"L"分别表示上极限值和下极限值。在不引起歧义时,可不加注"U"、"L"

5. 表面结构要求在图样中的注法

1)表面结构要求对每一表面一般只标注一次,并尽可能标注在相应的尺寸及其公差的同一视图上。除非另有说明,所标注的表面结构要求是对完工零件的表面要求。

2)表面结构要求的注写和读取方向与尺寸的注写和读取方向一致。表面结构要求可标注在轮廓线上,其符号应从材料外指向并接触表面(图 8-25)。必要时,表面结构符号也可用带箭头或黑点的指引线引出标注(图 8-26)。

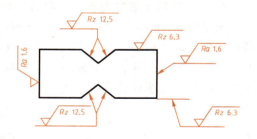

图 8-25 表面结构要求在轮廓线上的标注

3)在不致引起误解时,表面结构要求可以标注在给定的尺寸线上(图 8-27)。

4)表面结构要求可以标注在几何公差框格的上方(图 8-28)。

第8章　零件图

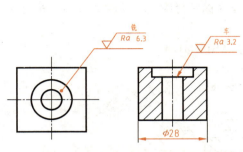

图 8-26　用指引线引出标注表面结构要求

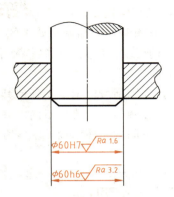

图 8-27　表面结构要求标注在尺寸线上

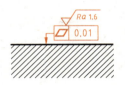

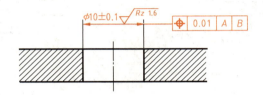

图 8-28　表面结构要求标注在几何公差框格的上方

5）圆柱和棱柱表面的表面结构要求只标注一次（图 8-29）。如果每个棱柱表面有不同的表面要求，则应分别单独标注（图 8-30）。

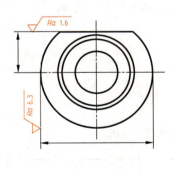

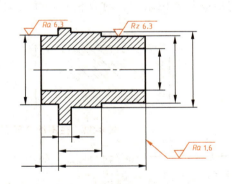

图 8-29　表面结构要求标注在圆柱特征的延长线上

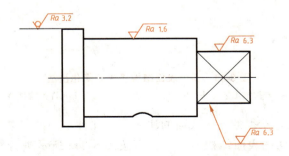

图 8-30　圆柱和棱柱的表面结构要求的注法

227

6. 表面结构要求在图样中的简化注法

（1）有相同表面结构要求的简化注法　如果在工件的多数（包括全部）表面有相同的表面结构要求，则其表面结构要求可统一标注在图样的标题栏附近。此时，表面结构要求的符号后面应有：

1）在圆括号内给出无任何其他标注的基本符号（图 8-31a）。

2）在圆括号内给出不同的表面结构要求（图 8-31b）。

3）不同的表面结构要求应直接标注在图形中（图 8-31a、b）。

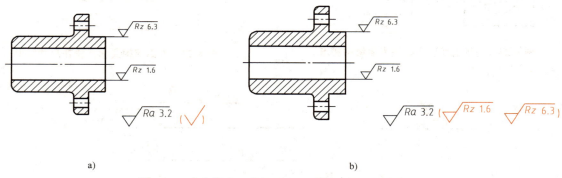

图 8-31　大多数表面有相同表面结构要求的简化注法

（2）多个表面有共同要求的注法

1）用带字母的完整符号的简化注法，如图 8-32 所示。用带字母的完整符号，以等式的形式，在图形或标题栏附近，对有相同表面结构要求的表面进行简化标注。

图 8-32　在图纸空间有限时的简化注法

2）只用表面结构符号的简化注法，如图 8-33 所示。用表面结构符号，以等式的形式给出对多个表面共同的表面结构要求。

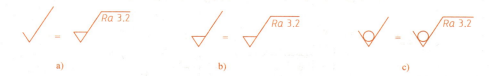

图 8-33　多个表面结构要求的简化注法

a）未指定工艺方法　b）要求去除材料　c）不允许去除材料

（3）两种或多种工艺获得的同一表面的注法　由几种不同的工艺方法获得的同一表面，当需要明确每种工艺方法的表面结构要求时，可按图 8-34a 所示进行标注（图中 Fe 表示基本材料为钢，Ep 表示基本加工工艺为电镀）。

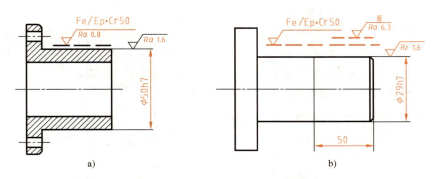

图 8-34 多种加工工艺获得同一表面的注法

图 8-34b 所示为三个连续的加工工序的表面结构、尺寸和表面处理的标注。

第一道工序：单向上限值，$Rz=1.6\mu m$，16% 规则（默认），默认评定长度，默认传输带，表面纹理没有要求，去除材料的加工工艺。

第二道工序：镀铬，无其他表面结构要求。

第三道工序：一个单向上限值，仅对长为 50mm 的圆柱表面有效，$Ra=6.3\mu m$，16% 规则（默认），默认评定长度，默认传输带，表面纹理没有要求，磨削加工工艺。

8.5.2 极限与配合

极限与配合是零件图和装配图中的一项重要技术要求，也是检验产品质量重要的技术指标。本小节根据国家标准介绍极限与配合的基本概念及标注方法。

1. 互换性概念

从一批规格相同的零件中任取一件，不经任何修配就能立即装到机器或部件上，并能保证使用要求。这批零件所具有的这种性质称为互换性。

现代化的机械工业，要求机器零件具有互换性，这样，既能满足各生产部门广泛的协作要求，又能进行高效率的专业化生产。国家标准极限与配合为零件的互换性提供了保证。

2. 尺寸公差

零件在制造过程中，由于加工或测量等因素的影响，零件的实际尺寸不可能做得绝对准确。为了保证零件的互换性，必须将零件的实际尺寸控制在允许变动的范围内，这个允许的尺寸变动量就是尺寸公差，简称公差。下面以图 8-35 所示圆柱孔为例简要说明尺寸公差的一些基本概念和术语。

（1）公称尺寸　设计时给定的尺寸，如 $\phi30$。

（2）实际尺寸　零件加工完毕后测量所得的尺寸。

（3）极限尺寸　允许尺寸变动的两个界限值。

1）上极限尺寸：零件允许的最大尺寸，如 $\phi30.006$。

2）下极限尺寸：零件允许的最小尺寸，如 $\phi29.985$。

（4）尺寸偏差（简称偏差）　某一尺寸（实际尺寸、极限尺寸等）减其公称尺寸所得的代数差。

极限偏差是指上极限偏差和下极限偏差。

上极限偏差＝上极限尺寸－公称尺寸

下极限偏差=下极限尺寸-公称尺寸

国家标准规定：孔的上极限偏差用 ES、下极限偏差用 EI 表示；轴的上极限偏差用 es、下极限偏差用 ei 表示。偏差的数值可以为正、负或零。

$$ES = 30.006-30 = +0.006$$
$$EI = 29.985-30 = -0.015$$

（5）尺寸公差（简称公差） 允许零件实际尺寸的变动量。它是一个没有符号的绝对值，即总是大于零的正数。

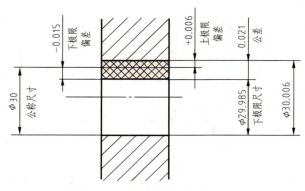

图 8-35　尺寸公差的基本概念

公差=上极限尺寸-下极限尺寸=上极限偏差-下极限偏差

如图 8-35 所示孔的公差为

$$公差 = 30.006-29.985 = +0.006-(-0.015) = 0.021$$

（6）公差带图　用零线（一条直线）表示公称尺寸，位于零线之上的偏差值为正，位于零线之下的偏差值为负。公差带是由代表上、下极限偏差值的两条直线所限定的矩形区域。矩形的上边代表上极限偏差，下边代表下极限偏差，矩形的长度无实际意义，高度代表公差，如图 8-36 所示。

（7）标准公差　国家标准规定的用以确定公差带大小的任一公差称为标准公差。标准公差由公称尺寸和公差等级所确定。

标准公差表示尺寸的精确程度。国家标准规定公称尺寸在 500mm 内公差划分为 20 个等级，分别为 IT01、IT0、IT1、IT2…IT18。其中 IT01 精度最高，IT18 精度最低。公称尺寸相同时，公差等级越高，标准公差值越小；公差等级

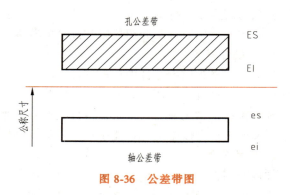

图 8-36　公差带图

相同时，公称尺寸越大，标准公差值越大。对所有公称尺寸的同一公差等级，虽公差值不同，但具有同等尺寸精确程度。

（8）基本偏差　基本偏差是用以确定公差带相对于零线位置的那个极限偏差，一般为靠近零线的那个上极限偏差或下极限偏差。

国家标准对孔、轴各设有 28 个不同的基本偏差，其偏差代号用拉丁字母顺序表示，孔的基本偏差代号用大写字母表示，如图 8-37a 所示，轴的基本偏差代号用小写字母表示，如图 8-37b 所示。

公差带在零线上方，基本偏差为下极限偏差；公差带在零线下方，基本偏差为上极限偏差。需要特别说明的是，基本偏差代号 JS（js）的公差带相对于零线对称分布，基本偏差可取上极限偏差 ES（es）= +IT/2，也可取下极限偏差 EI（ei）= -IT/2。

孔、轴公差带代号由基本偏差代号和标准公差等级数字组成。例如：φ30H7，表示公称

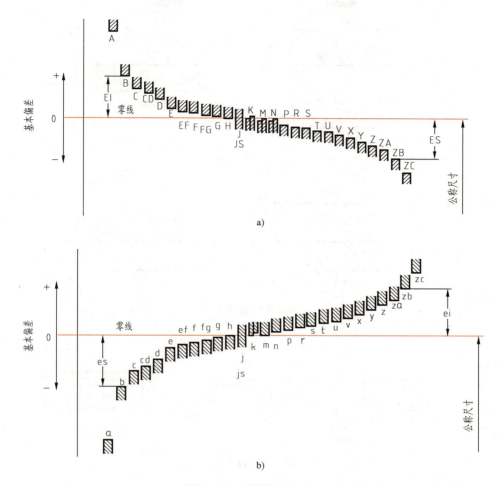

图 8-37 基本偏差系列
a) 孔的基本偏差系列　b) 轴的基本偏差系列

尺寸为 φ30，基本偏差代号为 H，标准公差等级为 7 级的孔的公差带代号。φ30g6，表示公称尺寸为 φ30，基本偏差代号为 g，标准公差等级为 6 级的轴的公差带代号。

3. 配合

公称尺寸相同的相互结合的孔与轴公差带之间的关系称为配合。由于孔和轴的实际尺寸不同，配合后会产生不同的松紧程度，即产生间隙或过盈。孔的尺寸减去相配合的轴的尺寸之差为正时是间隙，为负时是过盈。

根据实际需要，国家标准将配合分为三类：

（1）间隙配合　孔与轴装配在一起时具有间隙（包括最小间隙为零）的配合称为间隙配合。此时孔的公差带在轴的公差带之上，如图 8-38 所示。

（2）过盈配合　孔与轴装配在一起时具有过盈（包括最小过盈为零）的配合称为过盈配合。此时孔的公差带在轴的公差带之下，如图 8-39 所示。

（3）过渡配合　孔与轴装配在一起时可能具有间隙，也可能出现过盈的配合称为过渡配合。此时孔的公差带与轴的公差带有重叠部分，如图 8-40 所示。

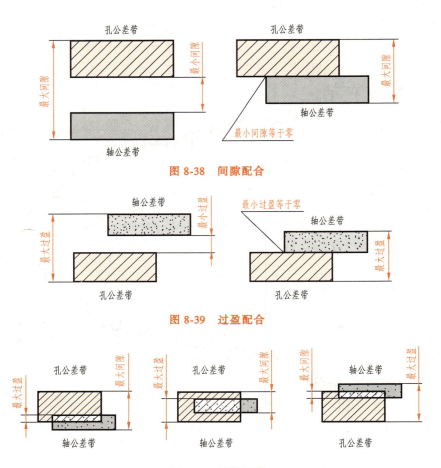

图 8-38 间隙配合

图 8-39 过盈配合

图 8-40 过渡配合

4. 配合制

国家标准规定了 28 种基本偏差和 20 个等级的标准公差,任取一对孔、轴的公差带都能形成一定性质的配合,如果任意选配,可以形成相当多的不同方案,这样不便于零件的设计与制造。为此,根据生产实际的需要,国家标准规定了基孔制和基轴制两种配合制。

(1) 基孔制配合 基本偏差为一定的孔的公差带,与不同基本偏差的轴的公差带形成各种配合的一种制度,如图 8-41 所示。基孔制配合中的孔称为基准孔,用基本偏差代号 H

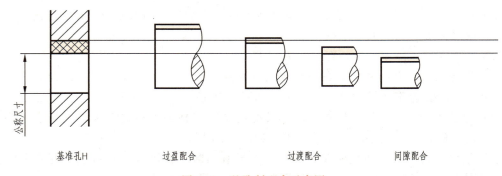

图 8-41 基孔制配合示意图

表示，其下极限偏差为零。

（2）基轴制配合　基本偏差为一定的轴的公差带，与不同基本偏差的孔的公差带形成各种配合的一种制度，如图 8-42 所示。基轴制配合中的轴称为基准轴，用基本偏差代号 h 表示，其上极限偏差为零。

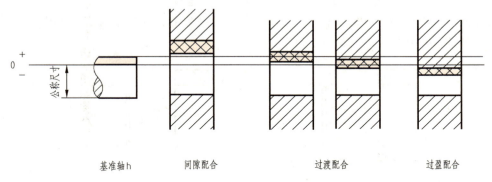

图 8-42　基轴制配合示意图

与基准孔相配合的轴，其基本偏差自 a~h 用于间隙配合，j、k、m、n 一般用于过渡配合，p~zc 一般用于过盈配合。与基准轴相配合的孔，其基本偏差自 A~H 用于间隙配合，J、K、M、N 一般用于过渡配合，P~ZC 一般用于过盈配合。

一般情况下，应优先选用基孔制配合，这样可以减少刀具和量具的规格和数量，从而获得较好的技术经济效果。但当同一轴径的不同部位需要与多个孔形成不同配合时，就需要选择基轴制配合。

5. 配合代号

配合代号用孔和轴公差带代号组成的分数式表示，分子表示孔的公差带代号，分母表示轴的公差带代号。在配合代号中有 H 者为基孔制配合；有 h 者为基轴制配合。例如，H7/g6 是基孔制配合，其中，H7 表示孔的公差带代号，H 表示孔的基本偏差，7 为公差等级；g6 表示轴的公差带代号，g 表示轴的基本偏差，6 为公差等级。K7/h6 是基轴制配合，其中，K7 表示孔的公差带代号，K 表示孔的基本偏差，7 为公差等级；h6 表示轴的公差带代号，h 表示轴的基本偏差，6 为公差等级。

6. 常用和优先配合

根据生产需要和有利于设计制造，国家标准对尺寸 ≤500mm 的配合，规定了基孔制的常用配合 59 种，其中优先配合 13 种。基轴制的常用配合 47 种，其中优先配合 13 种。在设计零件时，应尽量选用优先和常用配合。国家标准中的优先配合如下。

基孔制有　　H7/g6，H7/h6，H7/k6，H7/n6，H7/p6，H7/s6，H7/u6，H8/f7，H8/h7，H9/d9，H9/h9，H11/c11，H11/h11。

基轴制有　　G7/h6，H7/h6，K7/h6，N7/h6，P7/h6，S7/h6，U7/h6，F8/h7，H8/h7，D9/h9，H9/h9，C11/h11，H11/h11。

7. 极限与配合在图样中的标注

（1）在零件图上的标注方法　常见有下列三种形式：

1）在公称尺寸后面注公差带代号，如 φ30K6。这种注法适用于大批量生产，如图

8-43a 所示。

2）在公称尺寸后面注极限偏差，这种注法适用于小批量生产，如图 8-43b 所示。上极限偏差注写在公称尺寸的右上方，下极限偏差注写在公称尺寸的右下方，且与公称尺寸保持在同一底线上，极限偏差数值应比公称尺寸数字小一号。上、下极限偏差必须注出正、负号，且上、下极限偏差的小数点要对齐，小数点后的数也要对齐，如 $^{+0.010}_{-0.023}$。当上、下极限偏差数值相同时，在公称尺寸之后标注"±"符号和偏差数值，其数字大小与公称尺寸数字高度相同，如 30±0.012。

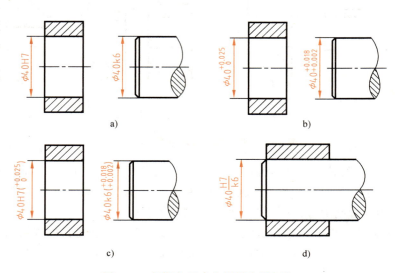

图 8-43 极限与配合在图样中的标注

3）在公称尺寸后面同时标出公差带代号和上、下极限偏差，这时上、下极限偏差必须加括号，如图 8-43c 所示。

（2）在装配图上的标注方法　如图 8-43d 所示，在公称尺寸之后标注配合代号，用一分式表示：分子为孔的公差带代号，分母为轴的公差带代号。

> **例 8-1**　查表写出 $\phi30H7/g6$ 的偏差数值，并说明其配合的含义。
>
> **解**　由附录 E 的表 E-2、表 E-3 中查得：
>
> $\phi30H7$ 的上极限偏差 ES = +0.021；下极限偏差 EI = 0，即：$\phi30H7$ 可写成 $\phi30^{+0.021}_{0}$。
>
> $\phi30g6$ 的上极限偏差 es = +0.007；下极限偏差 ei = -0.020，即：$\phi30g6$ 可写成 $\phi30^{+0.007}_{-0.020}$。
>
> $\phi30H7/g6$ 的含义：该配合的公称尺寸为 $\phi30$，基孔制的间隙配合，基准孔的公差带代号为 H7，其中 H 为孔的基本偏差，7 为公差等级；轴的公差带代号为 g6，其中 g 为轴的基本偏差，6 为公差等级。

8.5.3　几何公差

零件经过加工后，不仅会产生尺寸误差和表面粗糙度，而且会产生表面形状和位置误差。形状误差和位置误差都会影响零件的使用性能，因此必须对一些零件的重要表面或轴线的形状和位置误差进行限制。本小节只对几何公差的术语、定义、代号及其标注做简要介绍。

1. 几何公差的概念

几何公差是指零件的实际形状或实际位置对理想形状或理想位置的允许变动量。

国家标准 GB/T 1182—2018 将几何公差的每个项目都规定了专用符号，见表 8-3。

表 8-3 几何公差各项目的名称和符号（GB/T 1182—2018）

公差类型	几何特征	符号	有或无基准要求
形状公差	直线度	—	无
	平面度	▱	无
	圆度	○	无
	圆柱度	⌭	无
形状或方向、位置公差	线轮廓度	⌒	无或有
	面轮廓度	⌓	无或有
方向公差	平行度	∥	有
	垂直度	⊥	有
	倾斜度	∠	有
位置公差	位置度	⊕	有或无
	同轴（同心）度	◎	有
	对称度	═	有
跳动公差	圆跳动	↗	有
	全跳动	⌮	有

2. 几何公差的标注

在图样上标注几何公差时，应有公差框格、被测要素和基准要素（对位置公差）三组内容。

（1）公差框格　公差框格由两格或多格组成，框格中的内容用来填写公差项目符号、公差带形状、公差值、基准符号等，表达对几何公差的具体要求。

几何公差框格用细实线绘制，可水平或垂直放置。框格的高度是图中尺寸数字高度的2倍，它的长度可根据需要画成两格或多格，第一格为正方形，其他格可为正方形或矩形。框格中的数字、字母和符号与图样中的数字同等高度。如图8-44所示。

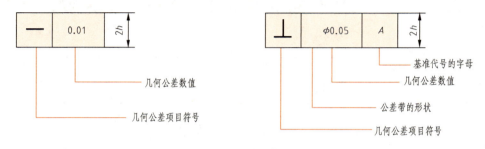

图8-44　公差框格

（2）被测要素　用带箭头的指引线将框格与被测要素相连。当被测要素为轮廓要素或表面时，箭头应指向轮廓线或其延长线，但应与尺寸线明显错开，如图8-45a所示；当被测要素为中心要素（如轴线、中心线、中心平面）时，带箭头的指引线应与尺寸线对齐，如图8-45b所示。

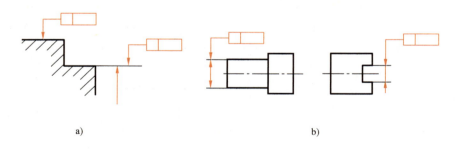

图8-45　被测要素的标注

（3）基准要素　与被测要素相关的基准用一个大写字母表示。基准符号是由方框、等边三角形和基准字母组成，如图8-46所示。与被测要素相关的大写字母写在方框内，方框用细实线绘制，与涂黑三角用细实线相连。无论基准符号在图样中的方向如何，方框内基准字母都应水平书写。表示基准的字母也应注在公差框格内。当基准在轮廓线或表面时，基准三角形放置在要素的外轮廓上或其延长线上，应与尺寸明显错开，如图8-47a所示。基准三角形也可放置在该轮廓引出线的水平线上，如图8-47b所示。当基准是尺寸要素确定的轴线、中心平面或中心点时，基准三角形应放置在该尺寸线的延长线上，如果没有足够的位置标注基准要素尺寸的两个尺寸箭头，则其中一个箭头可用基准三角形代替，如图8-47c所示。

h为字体高度

图8-46　基准符号

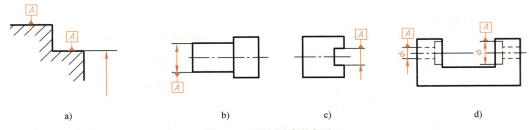

图 8-47 基准要素的标注

3. 几何公差标注示例

例 8-2 分析如图 8-48 所示的气门阀杆的几何公差标注。

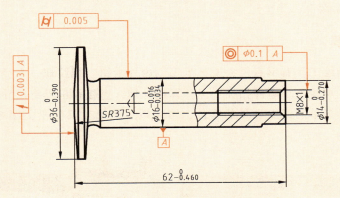

图 8-48 几何公差标注示例

分析

对该气门阀杆的几何公差要求共有三处：
1) SR375 的球面对于 φ16 轴线的圆跳动公差是 0.003。
2) 杆身 φ16 的圆柱度公差为 0.005。
3) M8×1 的螺纹孔轴线对于 φ16 轴线的同轴度公差是 0.1。

《武经总要》

《武经总要》一书，是曾公亮（999—1078 年）、丁度（990—1053 年）等人于宋仁宗康定元年（1040 年）奉敕编撰的一部兵书，时间长达 5 年。卷十二中的"旋风炮"的文字说明，包括各零部件的技术要求。如其中冲天柱"长一丈十尺，径九寸，下埋五尺，别置夹柱木二"，轴一根"长四尺五寸，径寸，两头用铁叶裹包"，铁蝎尾一根"长一尺二寸，重一斤半"。实际操作注意事项："凡一炮用五十人拽，一人定放，放五十步外，石重三斤。其柱须埋定，即可发石，守则施于城上，战棚左右，手炮，敌近则用之"。这些技术要求条文简明扼要，包括对材料的要求，视图中难以表达的零部件的尺寸、形状和安装的位置，零部件的性能和质量要求，以及各种器械的使用功能，可以说集中国古代兵器制造图样资料之大全。

8.6 零件测绘

一部机器的设计，一般先设计总装图，然后设计部件装配图，由部件装配图拆画出零件图。但在实际生产中，常常要仿制一个部件或零件；在维修的时候，也会遇到绘制单个零件的情况。按照现有的零件实物绘制出相应的零件图称为零件测绘。零件测绘不单是绘出零件的视图和标注出尺寸，还需按照零件的用途和功能，注出有关的技术要求，填写材料。有关标准结构要查阅机械设计手册，使之符合国家标准和机械制造的工艺要求。零件测绘一般在车间或现场进行，也可在设计测绘室进行。零件测绘可先在坐标纸上徒手绘制草图，经认真校核、修正、查阅有关标准，然后用绘图仪器或用计算机绘制出最后的零件工作图。

8.6.1 测绘工具

常用的零件测绘工具有钢直尺、游标卡尺、内外卡钳、螺纹规、半径样板等。目前有更先进的测绘仪器，可将整个零件扫描，经计算机处理，直接得出具有尺寸的零件的三维实体图形和视图。对于简单的或少批量的零件，可用以下测绘工具测绘，图8-49所示为常用测绘工具。

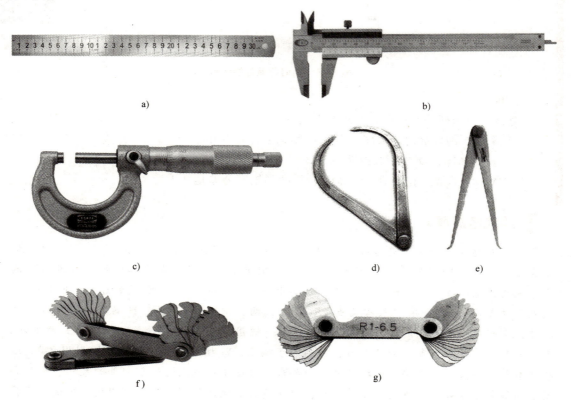

图8-49 常用测绘工具

a) 钢直尺 b) 游标卡尺 c) 千分尺 d) 外卡钳 e) 内卡钳 f) 螺纹规 g) 半径样板

1. 钢直尺

钢直尺用于测量线性尺寸。例如，测量如图 8-50 所示的轴，可直接量出总长和各段的长度。

2. 游标卡尺

用游标卡尺可测量长度、直径、孔深等。游标卡尺可以测量到 0.01mm。图 8-51 所示为用游标卡尺测量直径和孔深。

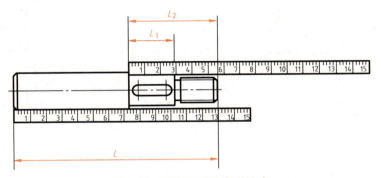

图 8-50 钢直尺测量线形尺寸

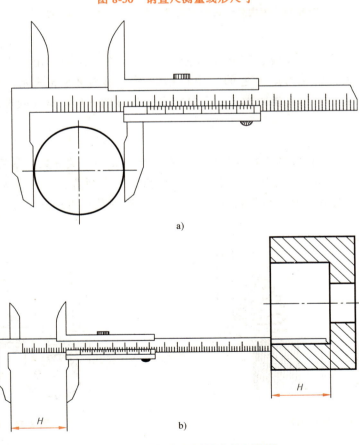

图 8-51 用游标卡尺测量直径和孔深

a) 测量直径 b) 测量孔深

3. 千分尺

千分尺可以测量到 0.001mm 的尺寸，对于比较精密的直径尺寸的测量才采用千分尺。

4. 内外卡钳

用内外卡钳配合钢直尺，可测量孔径、中心孔距、壁厚等，如图 8-52 所示。

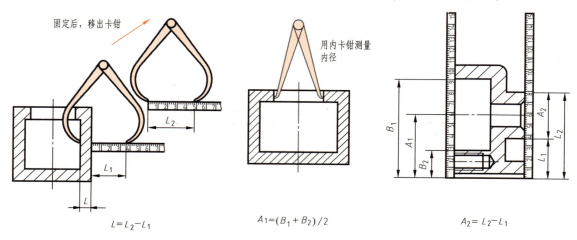

图 8-52 用内外卡钳和钢直尺测量壁厚、孔径和中心距

5. 测量螺距

可在纸上拓印出一段螺纹，再数出这段螺纹的个数，相除得出螺距。得出的螺距数值需经查对螺距表，归化为最接近的一个标准螺距，如图 8-53a 所示。也可用螺纹规测量。螺纹规的测量片上标有螺距数值，与螺纹贴合最好的一片测量片的螺距，为所测螺距，如图 8-53b 所示。

6. 齿轮测量

首先测量齿轮的齿顶圆的直径与齿数，然后计算齿轮的有关参数，最后归化到标准的参数数值上。如图 8-54 所示，先用游标卡尺测量齿轮的齿顶圆直径，再数齿数，然后计算齿轮模数；应与标准模数对照，归化到最靠近的一个标准模数；再用这个标准模数反算齿轮的各参数。步骤如下：

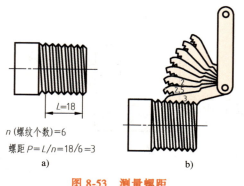

图 8-53 测量螺距

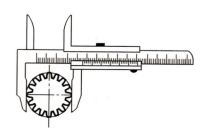

图 8-54 齿轮测量

1) 用游标卡尺测量齿轮外径，例如，齿顶圆直径 $d_a = 54$mm。
2) 数齿轮齿数：图 8-54 中，齿数 $z = 16$。

3) 计算模数：$d_a = m(z+2)$，$m = 54/(16+2) = 3$。

4) 查标准模数表：这里 3 是标准模数。

5) 计算齿根圆直径：$d_f = m(z-2.5) = 40.5$。

7. 拓印曲面轮廓及推算圆弧半径和圆心位置

对于板状曲面体，可用拓印法勾出其端面轮廓，如图 8-55a 所示。然后用作圆弧上的两条弦的垂直平分线的方法，作图求出圆心和半径，如图 8-55b 所示。

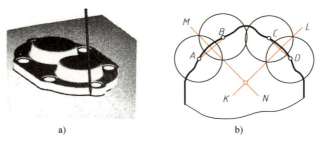

图 8-55 拓印曲面轮廓及图解求圆心和半径

8. 小圆角测量

可用半径样板测量较小的圆角。半径样板的测量片上标有圆弧半径数值，与被测圆弧贴合最好的一片测量片的半径数值为所测圆角半径数值，如图 8-56 所示。

零件测量时，零件上的缺陷、破损等不应画在零件图上。此外，零件上的结构应符合国家标准和工艺要求。

8.6.2 零件测绘举例

测绘如图 8-57 所示的支架零件，并绘制零件草图和零件图。

图 8-56 小圆角测量　　　　　　图 8-57 支架零件

1) 了解零件在机器（或部件）中的位置和作用，以及零件的形状结构。

2) 尺规绘图，步骤如下：

① 在图纸上定出各视图的位置，画出各视图的基准线、中心线，如图 8-58a 所示。

② 依据零件的加工位置或工作位置选择适当的表达方案（一组视图），画出零件的草图，如图 8-58b 所示。

③ 选择合理的尺寸基准，标注尺寸的尺寸界线、尺寸线和箭头，如图 8-58c 所示。

④ 集中测量尺寸，标注在对应的尺寸线上（集中测量时相关的尺寸能够联系起来，不

但可以提高工作效率，还可以避免错误和遗漏尺寸）。标注零件表面粗糙度代号、零件尺寸公差和文字性的技术要求等。

⑤ 仔细检查、加深图线，填写标题栏，如图 8-58d 所示。

3）零件图完成后，经校核、修改和整理，按零件图的要求用尺规绘制零件图，或用计算机辅助绘制零件图（CAD 图）。

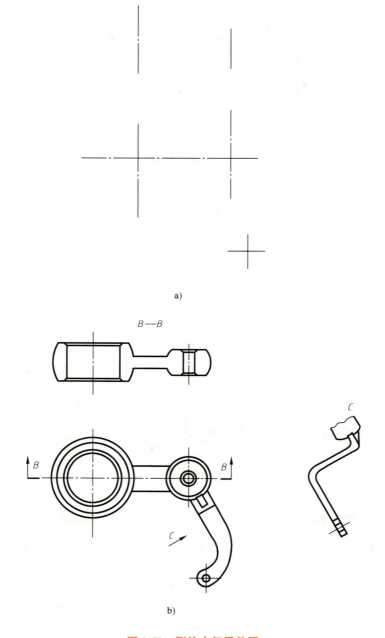

图 8-58　测绘支架零件图

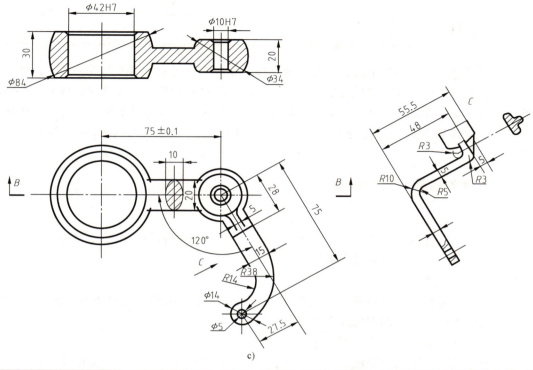

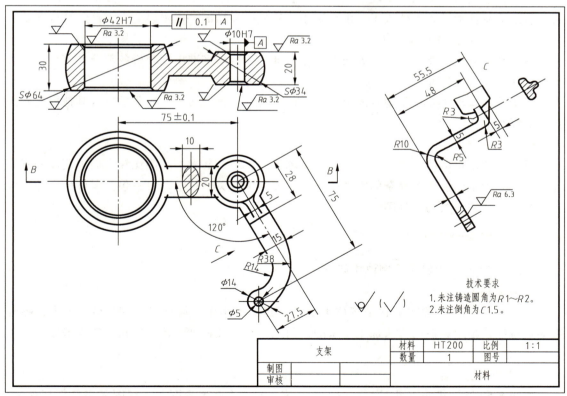

图 8-58 测绘支架零件图(续)

8.7 读零件图

从事各种专业的工程技术人员，都必须具备读零件图的能力，因为读零件图在设计、生产及学习等活动中是一项非常重要的工作。读零件图的目的就是根据零件图分析和想象出该零件的结构形状，弄清该零件的全部尺寸和各项技术要求，根据零件的作用及特点采用适当的加工方法和检验手段生产出合格的零件。本节将通过一个实例介绍读零件图的方法和步骤。

8.7.1 读零件图的方法和步骤

1. 看标题栏

读一张图，首先从看标题栏入手，从标题栏中了解零件的名称、用途、材料、比例等信息，由此可对该零件有一个概括了解。

2. 分析表达方案

了解该零件选用了几个视图，弄清各视图之间的关系，采用的表达方法和所表达的内容。对于剖视图则应明确剖切位置及投射方向。

3. 分析视图，想象零件的结构形状

该步骤是读零件图的重要环节。在分析表达方案的基础上，运用形体分析法和线面分析法，从组成零件的基本形体入手，由大到小，从整体到局部，逐步想象出零件的结构形状。

4. 分析尺寸和技术要求

分析零件的长、宽、高三个方向的尺寸基准，然后从基准出发分析各部分的定形尺寸和定位尺寸以及总体尺寸。

分析技术要求主要是了解各配合表面的尺寸公差、各表面的结构要求以及其他要达到的技术指标等。

5. 归纳总结

把读懂的结构形状、尺寸标注和技术要求等内容综合起来，就能比较全面地读懂一张零件图。有时为了读懂比较复杂的零件图，还需要参考有关的技术资料，包括零件所在的部件装配图以及与它有关的零件图。

8.7.2 读零件图举例

以图 8-59 所示的机座为例说明如下。

1. 看标题栏

从名称"机座"就知道它是箱体类零件，起支承作用。从材料"HT200"知道，零件毛坯是铸件，是用铸造的方法加工出来的，因此具有起模斜度、铸造圆角、铸件壁厚均匀等结构要求。

2. 分析表达方案

如图 8-59 所示机座零件图，采用了主、俯、左三个基本视图。主视图采用局部剖视图，左视图也采用局部剖视图，俯视图采用全剖视图。

3. 分析视图，想象零件的结构形状

从图 8-59 所示机座零件图的三个视图可以看出，零件的基本结构形状如图 8-60 所示。它的基本形体由三部分构成，上部是圆柱体，下部是长方体底板，圆柱体和长方体底板之间用 H 形肋板连接。

看出基本形体之后，再研究局部细带结构。圆柱体的内部由三段圆柱孔组成，两端的 $\phi 80H7$ 是轴承孔，中间的 $\phi 96$ 是毛坯面。柱面端面上各有三个 M8 的螺孔。长方体底板上有四个圆角，还有四个 $\phi 7$ 的地脚孔，H 形肋板和圆柱为相交关系。

4. 分析尺寸和技术要求

机座长、宽、高三个方向的尺寸基准如图 8-59 所示。主要尺寸有 $\phi 80H7$、115 等。长度方向最大尺寸是 $215_{-0.3}^{0}$；宽度方向的最大尺寸是 190；高度方向的最大尺寸未直接注出，需要计算，115+120/2 = 175 即为高度方向的最大尺寸。

图 8-59 中还注出了各表面粗糙度要求，如底面 Ra 值是 $6.3\mu m$。精度最高的是 $\phi 80H7$ 轴承孔，表面粗糙度 Ra 值是 $1.6\mu m$，且有与底面保持平行度的要求。

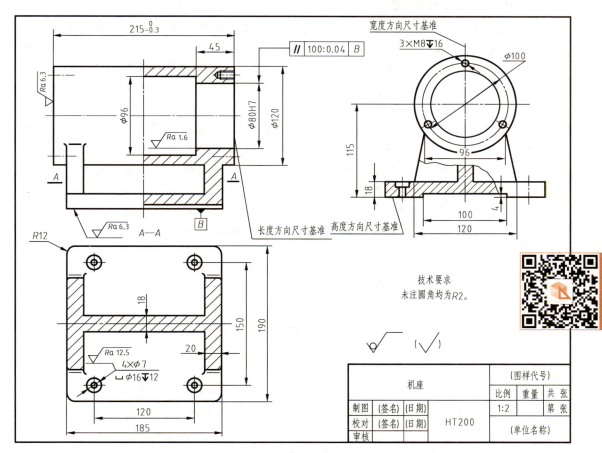

图 8-59 机座零件图

5. 归纳总结

把上述各项内容综合起来，就得到该机座的总体结构形状，如图 8-60 所示。

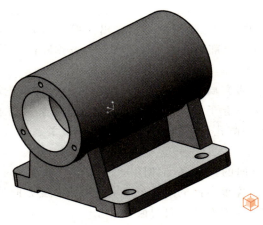

图 8-60 机座结构形状

中国古代工程制图

由《进仪象状》知，宋代创制水运仪象台，是在考察前代及宋人的"法式大纲"的基础上，"据算术，案器象"，"造到木样机轮"。木样即用木材作为制作材料的模型，经过初步的设计阶段以后，才正式进行设计制造。"先创木样"，"如实验候天不差，即别造铜器"，而后"造成小样"，即样机，"后造大木样"。此外，《新仪象法要》最先提出"俯视图"的概念，说明古代机械制造中图样的重要作用。《新仪象法要》附图 60 幅，其中工程技术"上卷自浑仪至水肤共十七图""中卷浑象至冬至晓中星图共十八图""下卷自仪象台至浑仪圭表共二十五图，图后各有说"。这些图样几乎涉及机械制图的各个方面，既有总装图、部件图，又有装配图零件图。这些图样的绘制是经过了反复实践的结果，反映了北宋时期中国工程图学的科学成就，其中"水样""法式"是为表现设计以及完成施工的机械模型和成品，是设计与制造过程中不可或缺的。《四库全书提要》称此"时讲求制作之意，既有足备参考者，且流传秘册阅数百年而摹绘如新，是固宜为宝贵矣"。

思 考 题

8-1 轴套类、盘盖类零件的主视图选择原则是什么？

8-2 在零件图上尺寸标注的基本要求是什么？合理标注尺寸应注意什么？

8-3 表面粗糙度符号线宽是多少？顶角为多少度？表面粗糙度在图样上标注有哪些主要规定？

8-4 零件图上标注线性尺寸公差有哪三种形式？

8-5 简述读零件图的步骤和方法？

第 9 章

装 配 图

> **本章要点**
> 本章主要介绍装配图的作用、内容、表达方法、视图选择、尺寸标注、零件序号、明细栏、装配结构、画装配图的步骤、阅读装配图和拆画零件图等内容。

任何机器或部件，都是由若干相互关联的零件按一定的装配关系和技术要求装配而成的，表达机器或部件的图样，称为装配图。其中表示部件的图样，称为部件装配图；表达一台完整机器的图样，称为总装配图或总图。第 8 章图 8-1 所示的球阀，其装配图如图 9-1 所示。

9.1 装配图的作用和内容

9.1.1 装配图的作用

装配图是生产中重要的技术文件。它表示机器或部件的结构形状、零件间的相对位置、装配关系、工作原理和技术要求等。

在机械产品的设计过程中，根据部件的使用环境和要求选择合适的材料进行计算，一般先设计部件的形状和结构并画出装配图，然后根据装配图画出零件图。在生产过程中，根据装配图把零件装配成机器或部件，装配图为安装和检验提供技术资料。在使用过程中，装配图可以帮助使用者了解机器或部件的结构和工作原理，为使用和维修提供技术资料。所以装配图是工程设计人员的设计思想和意图的载体，是设计、制造、装配、检验、使用和维修过程中以及进行技术交流不可缺少的重要技术文件。

9.1.2 装配图的内容

根据装配图的作用，由图 9-1 所示的球阀装配图可以看出，一个完整的装配图应包括以下内容。

（1）一组图形 用各种常用的表达方法、规定画法和特殊画法，选用一组恰当的图形

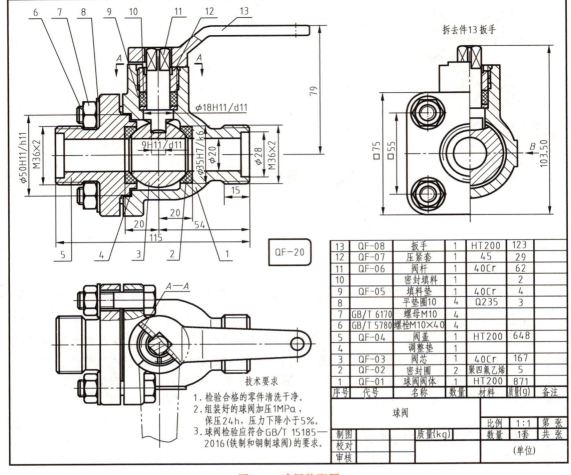

图 9-1 球阀装配图

表达出机器或部件的工作原理，各零件的主要形状、结构及位置，零件之间的装配、连接关系等。

（2）必要的尺寸　装配图中的尺寸包括机器或部件的规格（性能）尺寸、装配尺寸、安装尺寸、总体尺寸和其他重要尺寸等。

（3）技术要求　用文字或符号（代号）说明机器或部件的性能、装配、检验、调试和使用等方面的要求。

（4）零件序号、明细栏和标题栏　在装配图中，将不同的零件按一定的格式编号，在明细栏中依次填写零件的序号、代号、名称、数量、材料和质量等信息；标准件和外购件填写规格和标准编号及生产厂家；备注栏填写一些零件的主要参数的信息，如齿轮的模数、齿数等。标题栏填写机器或部件的名称、代号、比例、主要责任人等。

9.1.3　零件图与装配图的区别

1. 用途上的区别

零件图是加工制造零件使用的图样。

装配图是将加工检验合格后的零件，按照装配图的要求，将零件组合成部件（或机器）的图样，也是用户使用、维护部件（或机器）的技术文件。

2. 视图表达的区别

零件图不但要表达零件的功用、结构和形状，还要表达加工工艺结构。包括倒角、圆角、退刀槽、砂轮越程槽等信息。

装配图除了零件图的表达方法外，还有规定画法和特殊画法，主要表达零件与零件之间的安放位置、装配关系、连接方法及工作原理。对于用于加工的工艺结构（倒角、圆角、退刀槽等）可以不表达。

3. 标注尺寸的区别

零件图需标注全部尺寸。不遗漏，不重复，包括功能尺寸和加工工艺尺寸。

装配图只标注与装配有关的五种尺寸，即规格（性能）尺寸、装配尺寸、安装尺寸、总体尺寸和其他重要尺寸。其余尺寸可以不标注。

4. 技术要求的区别

零件图标注的技术要求是零件内外在质量上的体现。包括使用的材料、热处理、加工方法、表面结构要求、尺寸公差和几何公差等。

装配图标注的技术要求是针对部件（或机器）在性能、装配、检验和使用过程中提出的要求。例如，阀门开闭自如，不允许滴漏等。减速器：转动灵活自如，外表面不能渗漏，加注润滑脂（或油）等。

5. 标题栏和零件序号、明细栏的区别

零件图只有标题栏，没有明细栏。标题栏中填写零件名称，设计者，材料、比例，质量、单位等内容。

装配图除了标题栏外，还有零件序号和明细栏。每种零件都会给出一个序号，在明细栏的对应栏填写序号、代号、零件名称、数量、材料、质量、备注等内容。外购标准件需要给出国家标准代号，需要加工的零件给出图样代号和零件图样。

9.2 装配图的表达方法

在第6章介绍的机件的各种表达法，均适用于装配图。由于装配图表达的侧重点与零件图有所不同，根据装配图的要求，机械制图国家标准对绘制装配图又制定了一些规定画法和特殊画法来表达零件之间的装配关系。

9.2.1 规定画法

1. 零件间接触面和配合面的画法

装配图中，零件间的接触面和两零件的配合表面都只画一条线。不接触或不配合的表面，即使间隙再小，也应画成两条线或者涂黑，如图9-2所示。

2. 剖面符号的画法

在装配图中，为了区别不同零件，相邻两零件的剖面线倾斜方向应相反；当三个以上的零件相邻时，其中有两个零件的剖面线倾斜方向一致，但间隔不应相等，或使剖面线相互错开。同一装配图中，同一零件在不同视图中的剖面线倾斜方向和间隔应一致。如图9-1中的阀体1在主视图和左视图中的剖面线画成同方向、同间隔；而阀盖5与阀体1的剖面线方向相反。对于视图上两轮廓线间的距离≤2mm的剖面区域，其剖面符号用涂黑表示，如图9-2所示的垫片。

3. 剖视图中紧固件和实心零件的画法

在装配图中，对于螺纹紧固件和实心的轴、杆、球、钩子和键等零件，若按纵向剖切，且剖切平面通过其对称中心线或轴线时，这些零件均按不剖画出，如图9-2中的实心轴、螺钉；若需要特别表明这些零件的局部结构，如凹槽、键槽和销孔等则用局部剖视图表示；如果剖切平面垂直上述零件的轴线，则应画剖面线，如图9-1所示俯视图中阀杆11的画法。

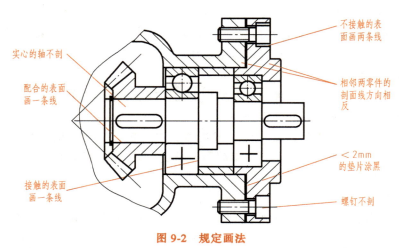

图9-2 规定画法

9.2.2 特殊画法表达方法

1. 沿零件的结合面剖切与拆卸画法

为了清楚地表达部件的内部结构，可假想沿某些零件的结合面剖切，这时，零件的结合面不画剖面线，但被剖到的其他零件一般都应画剖面线，如图9-3所示的转子泵 $C—C$ 剖视图就是沿着泵体1和泵盖6的结合面剖切的，泵体1不画剖面线，剖到的螺栓、销和泵轴4画剖面线。如图9-21所示齿轮油泵装配图中的左视图就是沿左泵盖1与泵体3的结合面剖切后画出的半剖视图，这些零件的结合面都不画剖面线，但被剖切到的主动齿轮轴4、从动齿轮轴15、螺钉16和销钉7则按规定画出剖面线。

当一个或几个零件在装配图的某一视图中遮住了要表达的大部分装配关系或其他零件时，或者为了减少不必要的画图工作时，可以假想拆去一个或几个零件后再绘制该视图，这种画法称为拆卸画法。如图9-1所示的左视图就是拆去扳手13后画出的，为了便于看图而需要说明时，可加标注"拆去××等"。

2. 假想画法

为了表示机器（或部件）中某些运动零件的运动范围和极限位置，可以在一个极限位置上画出该零件，而在另一个极限位置上用双点画线画出其轮廓。如图9-4中所示双点画线表示摇柄的另一个极限位置。

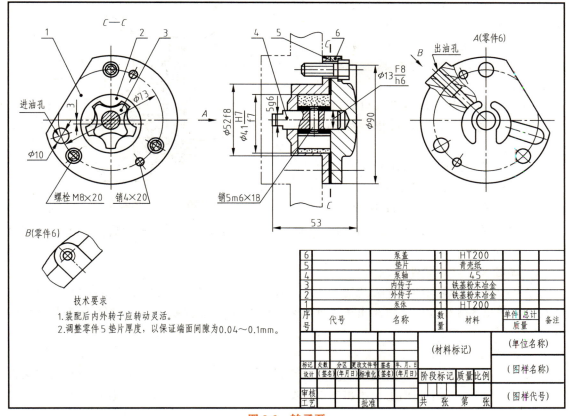

图 9-3 转子泵

不属于本部件，但能表明部件或机器的作用或安装方法的有关零件的投影，可以用双点画线画出其轮廓，如图 9-4 所示。

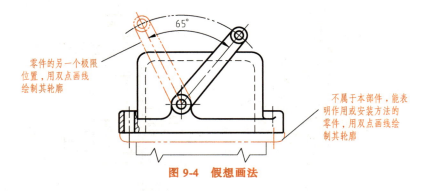

图 9-4 假想画法

3. 夸大画法

在装配图中，绘制装配体中的细小结构、小间隙、薄片零件以及较小的斜度和锥度时，如果按照它们的实际尺寸在装配图中很难画出或难以明显表达时，允许该部分不按原比例而夸大画出。如图 9-3、图 9-5 中所示垫片的厚度，就是夸大画出的。

4. 简化画法

1) 装配图中若干相同的零件组如螺纹紧固件等，可仅详细地画出一组或几组，其余只需用细点画线表示其装配位置。螺栓、螺母、垫圈等可按简化画法画出。

2）在装配图中，零件的工艺结构，如倒角、倒圆、退刀槽和砂轮越程槽等可以省略不画。

3）装配图中的滚动轴承，可只画出一半，另一半按通用画法画出，如图9-5所示。

4）在装配图中，当剖切平面通过的某些组件为标准产品，或该组件已由其他图形表达清楚时，则该组件可按不剖绘制。

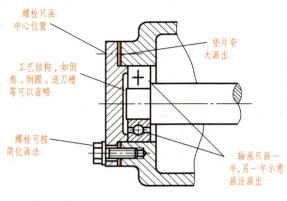

图9-5 简化画法

5）在装配图中，在不致引起误解，不影响看图的情况下，剖切平面后不需表达的部分可省略不画。

5. 单独表达某个零件

当某个零件在装配图中未表达清楚，而又需要表达时，可单独画出该零件的某向视图，并在单独画出的零件视图上方注出该零件的名称或编号，其标注方法与局部视图类似，如图9-3中所示的 A 向视图。

6. 展开画法

为了表达传动机构的传动路线和装配关系，可假想按传动顺序沿轴线剖切，然后依次将各剖切平面展开在一个平面上，画出其剖视图。此时，应在展开图的上方注明"×—×展开"字样，如图9-6所示。

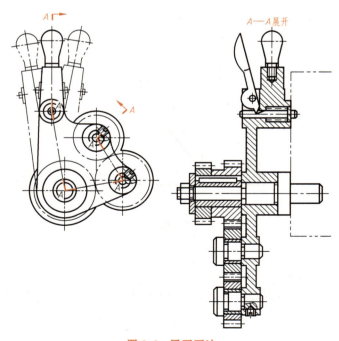

图9-6 展开画法

9.3 装配图中的尺寸

装配图的作用与零件图不同，对尺寸标注的要求也不同。在装配图中不必标出零件的全部尺寸，只需标注下列几种必要尺寸。

1. 规格（性能）尺寸

说明机器（或部件）的规格或性能的尺寸，它是设计的主要参数，也是用户选用产品的主要依据。如图 9-1 中所示球阀的公称直径 $\phi 20$。

2. 装配尺寸

表明机器或部件上有关零件间装配关系的尺寸，它是保证部件正确地装配，并说明配合性质及装配要求的尺寸，主要包括：

（1）配合尺寸　表示零件间有配合要求的尺寸，如图 9-1 中所示的 $\phi 35 H7/k6$、$\phi 18 H11/d11$ 等。

（2）相对位置尺寸　相对位置尺寸一般表示主要轴线到安装基准面之间的距离、主要平行轴之间的距离和装配后两零件之间必须保证的间隙。如图 9-1 中所示的阀体 1 管道孔轴线与扳手之间的距离 79。

3. 总体尺寸

表示机器（或部件）的总长、总宽和总高尺寸。总体尺寸表明了机器（或部件）所占的空间大小，为包装、运输和安装提供了参考，如图 9-1 中所示的 115、75 和 103.5。

4. 安装尺寸

将机器安装在基础上或部件与其他零件、部件相连接时所需要的尺寸。如图 9-1 中所示阀体（阀盖）M36×2，15，54 等。

5. 其他重要尺寸

包括设计时经过计算确定的尺寸及运动件活动范围的极限尺寸，这些尺寸未包括在上述四类尺寸中，如图 9-1 中所示 20，20。

需要说明的是，装配图上的某些尺寸有时兼有多种意义，而且每一张装配图上也不一定都具有上述五类尺寸。在标注尺寸时，应根据实际情况具体分析，合理标注。

9.4 装配图的零件序号和明细栏

为了便于读图、进行图样管理和做好生产准备工作，在装配图中对所有零件（或部件）都必须编写序号，并在标题栏上方画出明细栏，填写零件的序号、代号、名称、数量、材料质量、备注等内容。

9.4.1 序号

序号是对装配图中所有零件（或部件）按顺序编排的号码，是为了看图方便而编制的。编写序号必须按以下规定和方法进行。

1. 一般规定

1）装配图中所有的零、部件都必须编写序号。在同一装配图中相同的零件只编写一个序号，标准化组件如滚动轴承、电动机等，可看作一个整体编写一个序号。

2) 装配图中零件序号应与明细栏中的序号一致。

2. 序号的编排方法

1) 编写序号的常见形式：在所指的零、部件的可见轮廓内画一圆点，然后从圆点开始画指引线（细实线），在指引线的另一端画一水平线或圆（细实线），在水平线上方或圆内注写序号，序号的字高应比尺寸数字大一号或两号，如图9-7a所示。也可以不画水平线或圆，在指引线另一端附近注写序号，如图9-7b所示。对很薄的零件或涂黑的剖面，不宜画圆点时，可在指引线末端画出箭头，并指向该部分的轮廓，如图9-7c所示。注意：指引线不能水平或垂直画出。

2) 零件序号的指引线不能相交，当指引线通过剖面区域时，也不应与剖面线平行。必要时指引线可画成折线，但只可曲折一次，如图9-7d所示。

3) 一组紧固件或装配关系清楚的零件组，可采用公共指引线进行编号，如图9-8所示。

4) 装配图中的序号应注在视图的外面，按水平或垂直方向、并按顺时针或逆时针方向顺次整齐排列，并尽可能均匀分布，如图9-1所示。当在整个图上无法连续时，可只在每个水平或垂直方向顺序排列。

5) 部件中的标准件，可以与非标准零件一起按顺序编写序号，如图9-1所示；也可以不编写序号，而将标准件的数量与规格直接用指引线标明在图中，如图9-3中所示的螺栓M8×20、销4×20。

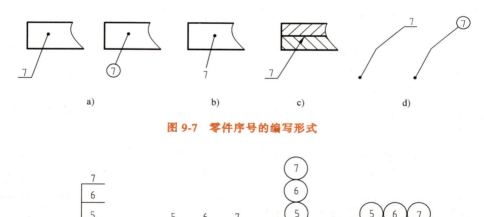

图9-7　零件序号的编写形式

图9-8　零件组的编写形式

9.4.2　明细栏

明细栏是机器或部件中全部零、部件的详细目录。明细栏位于标题栏的上方并与它相连。图9-9所示是推荐学习用的格式，其宽度与标题栏一致，每行宽度8，横线用细实线绘制，竖线用粗实线绘制。

明细栏中的序号从1开始，自下而上排列，这样便于填写增加的零件，如图9-1所示。

代号栏中填写零件所属部件图的图样代号。零件名称栏填写零件名称，有些零件的重要参数可填入备注栏内，如齿轮的齿数、模数等；标准件的名称及规格一并填写在零件名称栏内。数量栏中填写的数量是该装配图中此件使用的数量。材料栏中填写的是该零件使用材料的牌号（代号），质量栏中填写单个零件的质量，备注栏填写不属于以上项目该零件的重要参数。

当标题栏上方位置不足以填写全部零件时，可将明细栏分段依次画在标题栏的左方。在特殊的情况下，明细栏也可作为装配图的续页，按 A4 幅面单独编写在另一张纸上，其填写顺序应自上而下。

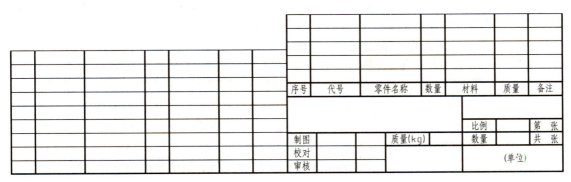

图 9-9　明细栏

9.5　装配图中的配合尺寸及技术要求

1. 配合的概念

部件或机器装配中，将公称尺寸相同、相互结合的轴和孔公差带之间的关系，称为配合。此处的孔指工件上的圆柱形内尺寸要素，也包括非圆柱形内尺寸要素（由两平行平面或切面形成的包容面）；轴指工件上的圆柱形外尺寸要素，也包括非圆柱形外尺寸要素（由两平行平面或切面形成的被包容面）。

2. 装配图中的配合尺寸

如图 9-1 所示的阀体与密封圈 $\phi 35H7/k6$、阀体与阀杆 $\phi 18H11/d11$ 之间的配合。密封圈装在阀体孔中，要求配合紧密，使密封圈定位良好，没有转动，采用的是过渡配合；而阀杆和阀体装配后，要求有一定的间隙，使轴在工作时能够自由转动，采用的是间隙配合。为了保证零件装配后能达到预期的松紧要求，其尺寸必须在一个规定的公差范围内。

根据相互结合的一批孔和轴之间出现的间隙和过盈不同，国家标准将配合分为以下三种。

（1）间隙配合　具有间隙（包括最小间隙为零）的配合，此时孔的公差带完全在轴的公差带上，任取其中一对孔和轴相配都成为具有间隙的配合，如图 9-1 中所示 $\phi 18H11/d11$。

（2）过盈配合　具有过盈（包括最小过盈为零）的配合，此时孔的公差带完全在轴的公差带下，任取其中一对孔和轴相配都成为具有过盈的配合，如 $\phi 35H7/n6$。

（3）过渡配合　可能具有间隙或过盈的配合，此时孔和轴的公差带相互交叠，任取其中一对孔和轴相配合，可能具有间隙，也可能具有过盈的配合，如图 9-1 中所示 $\phi 35H7/k6$。

3. 装配图上的技术要求

装配图中的技术要求，一般有以下几个方面：

1）性能要求。部件装配后应达到的性能。

2）装配要求。部件在装配过程中应注意的事项及特殊加工要求。例如，有的表面需装配后加工，有的孔需要将有关零件装好后配作等。

3）检验、试验方面的要求。指对机器或部件基本性能的检验、试验、验收方法的说明。

4）使用要求。对部件的维护、保养方面的要求及操作使用时应注意的事项和涂饰要求等。

与装配图中所注尺寸一样，不是每一张图上都标注有上述内容，而是根据部件的需要标注不同的内容。

技术要求一般注写在明细栏的上方或图样下部空白处，如图9-1所示。如果内容很多，也可另外编写成技术文件作为图样的附件。

9.6　常见的合理装配结构

在机器或部件的设计中，应该考虑装配结构的合理性，以保证机器或部件的工作性能可靠，并给零件的加工和拆装带来方便。本节介绍几种常见的装配工艺结构。

1）为了保证零件之间接触良好，又便于加工和装配，两个零件在同一方向上（横向或竖向），一般只能有一个接触面。若要求在同一方向上有两个接触面，将使加工困难，成本提高，且不便于装配，如图9-10所示。

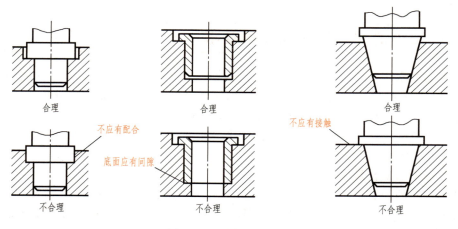

图9-10　零件的接触面

2）当轴与孔配合，且轴肩与孔的端面相互接触时，应在孔的接触端面制成倒角或在轴肩根部切槽，以保证两零件接触良好，如图9-11所示。

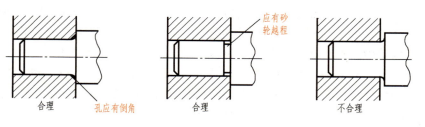

图9-11　接触面转角处的结构

3）零件的结构设计要考虑维修时拆卸方便，轴承内圈的外径应大于轴端面的外径，便于拆卸，如图 9-12 所示。

4）用螺栓连接的地方要留足装拆的活动空间，如图 9-13 所示。

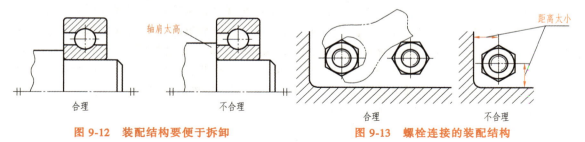

图 9-12　装配结构要便于拆卸　　　　　图 9-13　螺栓连接的装配结构

9.7　画装配图的步骤

机器或部件是由一些零件所组成，那么根据部件所属的零件图及有关资料，就可以拼画成部件的装配图。

9.7.1　了解机器或部件功用

对机器或部件的实物或装配示意图进行仔细的分析，如图 9-14 所示，了解其用途、工作原理、零件间的相对位置和各零件间的装配关系及连接方法等，为绘制装配图做好准备。

现以图 9-14 所示的球阀为例介绍绘制装配图的方法和步骤。

（1）球阀的用途　球阀是管路中用来启闭及调节流体流量的部件，它由阀体、阀盖、阀芯、阀杆、扳手等零件和一些标准件所组成。

（2）球阀的工作原理　球阀阀体内装有阀芯，阀芯上部的凹槽与阀杆的扁头相接，阀芯的两端装有密封圈，当用扳手旋转阀杆并带动阀芯转动一定角度时，即可改变阀体通孔与阀芯通孔的相对位置，从而起到启闭及调节管路内流体流量的作用，如图 9-14 所示。

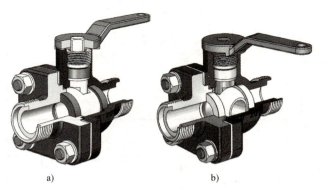

图 9-14　球阀工作原理
a）开启　b）关闭

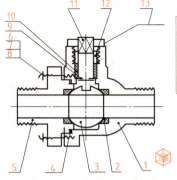

图 9-15　球阀装配示意图
1—球阀阀体　2—密封圈　3—阀芯　4—调整垫
5—阀盖　6—螺栓　7—螺母　8—平垫圈
9—填料垫　10—密封填料　11—阀杆
12—压紧套　13—扳手

（3）球阀的装配关系、密封和连接　如图9-15和图9-1所示，阀体1和阀盖5都带有方形凸缘，阀盖的右端面有一个φ50h11的圆柱，阀体上有一个φ50H11的圆孔，它们之间是间隙配合，安装时，便于定位和对中；在阀盖和阀体中各有一个φ35H7的圆柱孔，用来安装密封圈，密封圈2的外径φ35k6，它们之间是过渡配合，安装时，两端的密封圈把阀芯夹在中间；阀盖和阀体之间有一个调整垫4，调节阀芯3与密封圈2之间的松紧程度，防止流体沿阀盖和阀体之间泄露；阀体与阀盖用四个双头螺柱6及配套的螺母7和垫圈8连接。在阀体上部有阀杆11，阀杆下部有凸块，榫接阀芯3上的凹槽；为了密封，在阀体与阀杆之间加进密封填料10，并旋入压紧套12，防止流体沿阀杆轴向泄露。

（4）球阀主要零件图样　如图9-16所示。

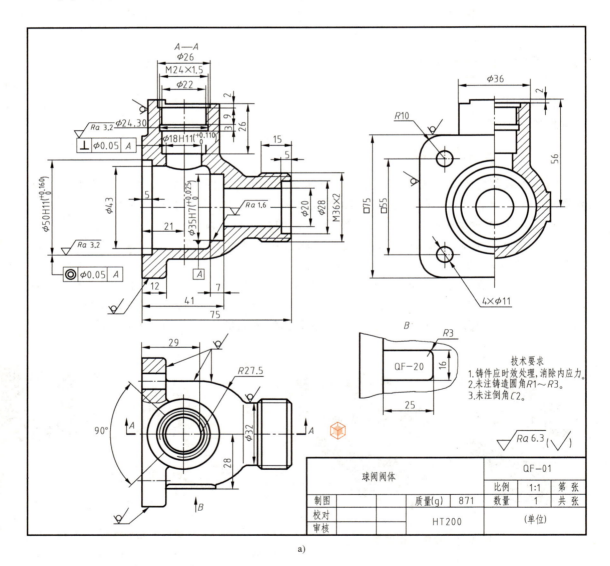

图9-16　球阀主要零件图样
a）球阀阀体

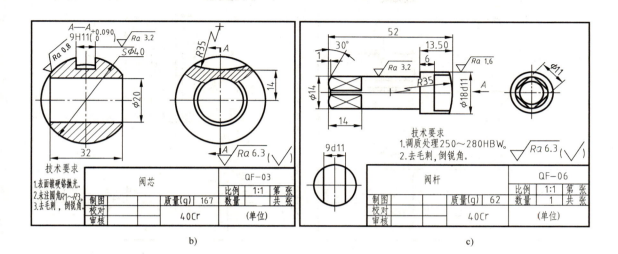
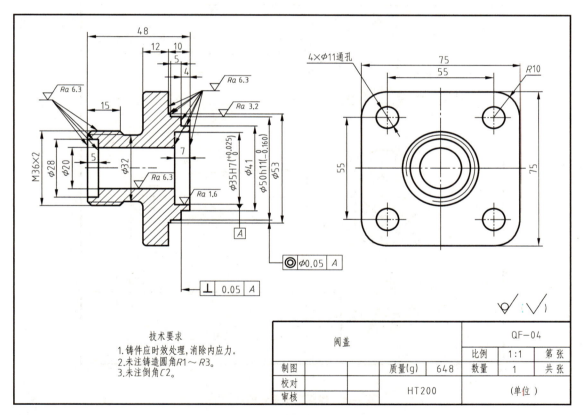

图 9-16 球阀主要零件图样（续）
b) 阀芯 c) 阀杆 d) 阀盖

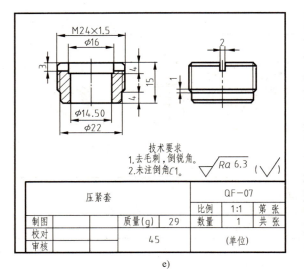
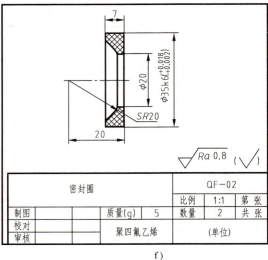
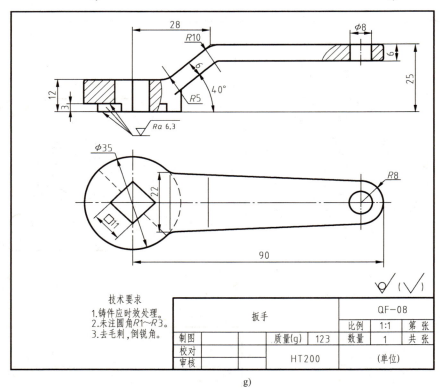

图 9-16 球阀主要零件图样（续）

e）压紧套 f）密封圈 g）扳手

9.7.2 确定视图表达方案

1. 选择主视图

主视图的选择应符合机器或部件的工作位置，并尽可能反应机器或部件的结构特点、零件间的位置、工作原理和装配关系，这样对于设计和指导装配都会带来方便。图 9-17a 所示是球阀的一个工作位置，图 9-17b 所示是另一个工作位置，选择哪个作主视图还要考虑其他视图。

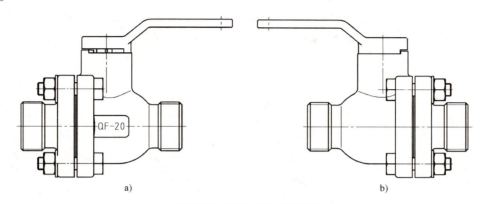

图 9-17 球阀主视图的选择
a）主视图选择工作位置 b）主视图选择另一工作位置

2. 选择其他视图

分析主视图尚未表达清楚的装配关系和零件的结构形状以及工作原理，再选择其他视图来补充主视图未表达清楚的结构。

球阀按图 9-17 所示的工作位置有两个，球阀的外形结构以及其他一些装配关系还没有表达清楚。于是选取俯视图主要表达外形；左视图主要表达四个螺柱的连接关系，如图 9-18 所示。

对比图 9-18a、b 所示两个方案，图 9-18a 所示方案在表达双头螺柱连接上看得更清楚。两种表达方案中如图 9-17a 所示的工作位置作为主视图更为合适。

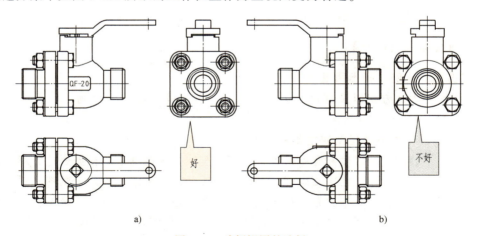

图 9-18 球阀视图的选择
a）主视图选择工作位置后的三视图 b）主视图选择另一工作位置后的三视图

主视图选定后，还要表达内部结构。一般在机器或部件中，将装配关系密切的一组零件，称为装配干线。为了清楚表达部件内部的装配关系，主视图通常采用通过主要装配干线的轴线剖切。

球阀有一条水平的装配干线，一条垂直的装配干线，两线相交的交点是阀芯的球心。表达时，剖切位置就是两条垂直相交轴线组成的平面。剖切后，主视图清楚地反映了球阀内部各零件间的位置、主要装配关系和球阀工作原理。俯视图主要表达外形，球阀开启的扳手位置在图中直接画出，关闭的位置用细双点画线表示，局部剖视图表达双头螺柱的连接方法；左视图采用半剖视图，视图部分主要表达球阀的端面形状和双头螺柱的位置，剖视图部分表达阀杆和阀芯之间的位置。B 向视图，表达球阀的规格，如图 9-19a 所示。

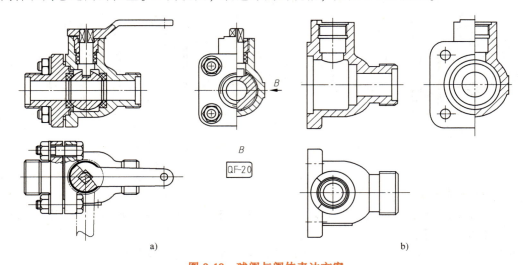

图 9-19　球阀与阀体表达方案
a）球阀的表达方案　b）阀体表达方案

当球阀的主视图确定后，其他主要零件的主视图的方向应尽量与球阀的主视图保持一致，便于画图和看图。如图 9-19b 所示，阀体主视图的方向与球阀装配图的主视图方向一致、阀盖（图 9-16d）主视图的方向也与球阀的主视图的方向一致。

9.7.3　画装配图的步骤

1. 定图幅、比例，画出图框

根据拟定的表达方案以及部件的大小与复杂程度，确定适当的比例，尽量选择标准图幅，画好图框，如图 9-20a 所示。

2. 合理布图，画出各视图的主要基准线

球阀的水平装配线是高度和宽度基准，垂直装配线是长度基准。根据表达方案，合理地布置各个视图，画出各视图的主要轴线、对称中心线及作图基线。为便于画图和看图，各视图之间的位置应尽量符合投影关系。视图之间及视图与边框之间应留出一定位置，以便注写尺寸和零件序号；标题栏上方应留有明细栏的位置，整个图样的布局应匀称、美观，如图 9-20a 所示。

3. 画装配图底稿

画图时，可以从机器或部件的机体出发，逐次由外向内画出各个零件；一般由主视图画起，几个视图配合起来画。也可以从主要装配干线出发，由内逐次向外扩展。在画图时，可根据机器或部件的结构及表达方案灵活选用或综合运用上述两种方法。

如图 9-20b 所示球阀装配图，先画主要零件阀体的轮廓线，三个视图要联系起来画。然后如图 9-20c 所示，根据阀盖和阀体的相对位置画上另一主要零件阀盖的三视图。最后如图 9-20d 所示画出其他零件的三视图，补全完成完整的三视图。

检查底稿，没有错误可以加深。首先加深所有的圆，从大到小，如图 9-20e 所示；加深所有的水平线，从上向下，如图 9-20f 所示；加深所有的垂直线，从左向右，如图 9-20g 所示；加深所有的斜线，如图 9-20h 所示；画出各个零件的剖面线，如图 9-20i 所示。

4. 标注尺寸

标注出球阀的规格（性能）尺寸，如球阀的公称直径 $\phi20$；装配尺寸，如阀体和阀盖的配合尺寸 $\phi50H11/h11$，$\phi35H7/k6$，$\phi18H11/d11$ 等；安装尺寸，如 M36×2 等；外形尺寸，如 115，75、103.5 等，如图 9-20j 所示。

5. 编序号、填写明细栏、标题栏和技术要求

再检查全图，签署姓名，完成全图，如图 9-20k 所示。

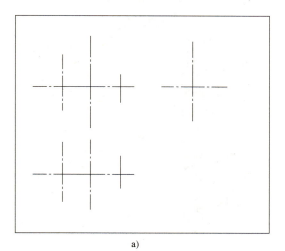

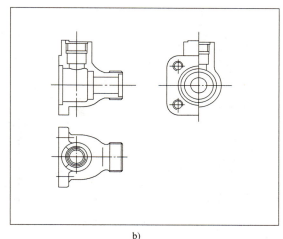

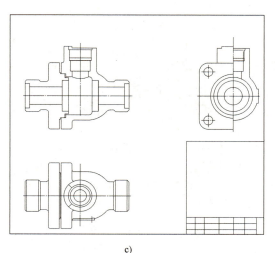

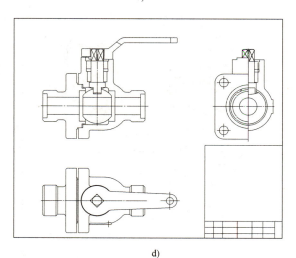

图 9-20 画球阀装配图的步骤

a) 画出各视图的主要轴线、对称中心线及作图基线　b) 先画主要零件阀体的轮廓线
c) 按装配位置画上另一主要零件阀盖的三视图　d) 画出其他零件，补全完成完整的三视图

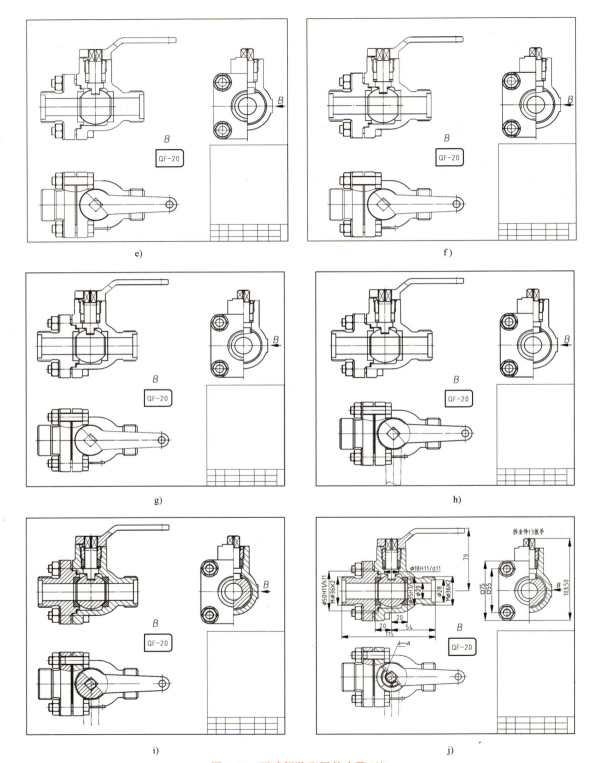

图 9-20 画球阀装配图的步骤(续)

e) 从大到小加深所有的圆　f) 从上向下加深所有的水平线　g) 从左向右加深所有的垂直线
h) 加深其他斜线　i) 画出各个零件的剖面线　j) 标注装配图需要的五种尺寸

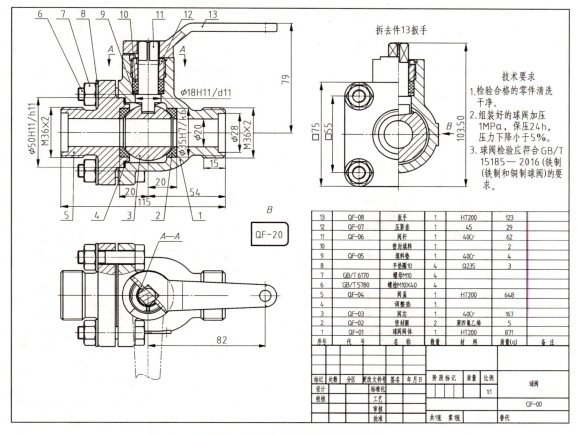

图 9-20 画球阀装配图的步骤（续）

k）编写零件序号，填写明细栏和标题栏

9.8 读装配图及由装配图拆画零件图

在机器的设计、制造、装配、检验、使用、维修以及技术交流等生产活动中，都要用到装配图。因此工程技术人员必须掌握阅读装配图及由装配图拆画零件图的方法。

读装配图的目的，是从装配图中了解部件中各个零件的装配关系和部件的工作原理，分析和读懂其中主要零件及其他有关零件的结构形状。在设计时，还要根据装配图画出该部件的零件图。

本节以图 9-21 所示齿轮油泵为例，说明看装配图的方法和步骤。

9.8.1 看装配图的方法和步骤

首先从标题栏入手，通过阅读标题栏和产品说明书等有关资料了解机器或部件的名称、比例、性能和用途等。

其次由明细栏，对照装配图中的零件序号，了解机器或部件中所含的非标准零部件的名称、数量、材料和它们所在的位置，以及标准件的规格、标记等。

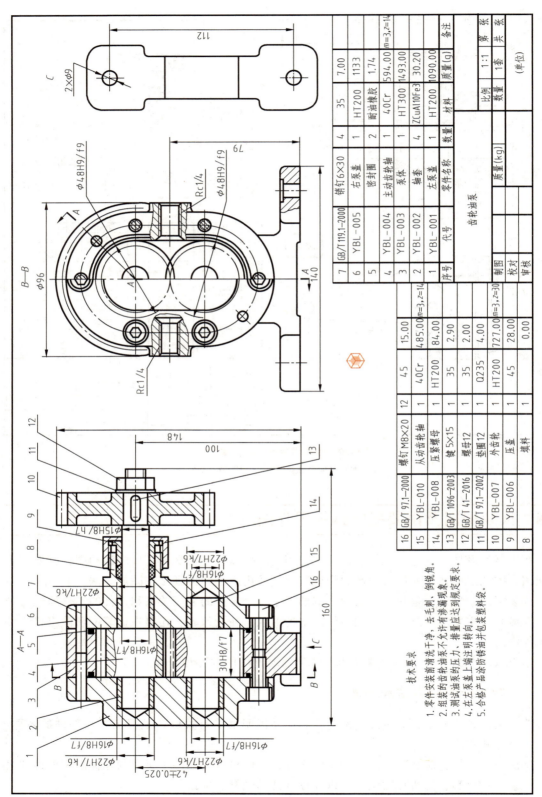

图 9-21 齿轮油泵装配图

然后分析视图，根据装配图上视图的表达情况，明确视图间的投影关系，剖视图、断面图的剖切位置及投射方向，从而弄清各视图的表达重点。

最后综合上面获得的各种信息，搞清部件的用途、工作原理、零件间的相对位置，装配关系，密封方式和连接方法，以及零件的拆装顺序等。

1. 概括了解

齿轮油泵是机器中用来输送润滑油的一个部件。如图 9-21 所示，对照零件序号和明细栏可以看出，这个齿轮油泵是由泵体，左、右泵盖，主动齿轮轴、从动齿轮轴、外齿轮、密封零件以及标准件等 16 种零件组成。

齿轮油泵采用主、左两个视图和一个向视图表达。主视图采用了全剖视图，沿着主要装配干线剖切，该图反映了各零件之间的相对位置和装配关系。左视图采用了 B—B 半剖视图，剖切位置沿左泵盖与泵体结合面剖切，B—B 半剖视图既反映了齿轮油泵的外形，又表达了齿轮啮合的内部情况及油泵的工作原理，半剖视图中的局部剖视表达了进油口及出油口的情况。

2. 了解机器或部件的工作原理和传动关系

对机器或部件有了概括了解之后，还应了解机器或部件的工作原理，一般应从传动关系入手。

如图 9-21 所示的齿轮油泵：动力经外齿轮 10、键 13 将转矩传递给主动齿轮轴 4，即产生旋转运动。主动齿轮轴按逆时针方向旋转时，经过齿轮啮合带动从动齿轮轴 15 按顺时针方向转动，如图 9-22、图 9-23 所示。

图 9-22 齿轮油泵的轴测图

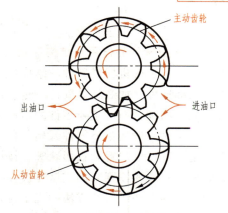

图 9-23 齿轮油泵的工作原理

齿轮油泵的工作原理如图 9-23 所示。当泵体中的一对齿轮啮合传动时，吸油腔一侧的齿轮逐步分离，齿间容积逐渐扩大形成局部真空，油压降低，因而油池中的油在外界大气压力的作用下，沿进油口进入吸油腔，吸入到齿槽中的油随着齿轮的继续旋转被带到左侧压油腔，由于左侧的齿轮又重新啮合而使齿间容积逐渐缩小，使齿槽中不断挤出的油成为高压油，并由出油口压出，然后经管道被输送到机器中需要润滑的部位。图 9-22 所示为齿轮油泵的轴测图。

3. 了解机器或部件中零件间的装配关系

齿轮油泵（图9-21）有两条相互平行的装配线，其装配顺序如下：

主动齿轮轴装配线：左泵盖1→轴套2→密封圈5→泵体3→主动齿轮轴4→密封圈5→轴套2→右泵盖6→填料8→压盖9→压紧螺母14→外齿轮10→键13→垫圈11→螺母12。

从动齿轮轴装配线：左泵盖1→轴套2→密封圈5→泵体3→从动齿轮轴15→密封圈5→轴套2→右泵盖6。左、右泵盖与泵体之间各用两个销钉定位，用六个内六角螺钉连接。

泵体3是齿轮油泵中的主要零件之一，它的内腔容纳一对主、从动齿轮轴。将主动齿轮轴4、从动齿轮轴15装入泵体后，两侧有左端盖1、右端盖6支承这一对齿轮轴，使主、从动齿轮轴做旋转运动。由销钉7将左、右端盖与泵体定位后，再用各六个螺钉16将左、右端盖与泵体连接成一个整体。为了防止泵体与左、右泵盖结合面处以及主动齿轮轴4伸出端漏油，分别用密封圈5及填料8密封，用压紧螺母14压紧压盖9进行轴向密封，如图9-24所示。

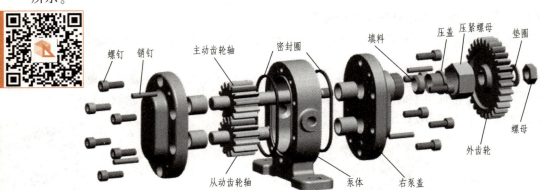

图 9-24 齿轮油泵轴测分解图

4. 分析零件的作用及结构形状

为深入了解机器或部件的结构特点，需要分析组成零件的结构、形状和作用。对于装配图中的标准件，如螺纹紧固件、键、销等和一些常用的简单零件，其作用和结构形状比较明确，无需细读，而对主要零件的结构形状必须仔细分析。

分析时一般从主要零件开始，再看次要零件。首先对照明细栏，在编写零件序号的视图上确定该零件的位置和投影轮廓，按视图的投影关系及根据同一零件在各视图中剖面线方向和间隔应一致的原则来确定该零件在各个视图中的投影，然后分离其投影轮廓，先推想出因其他零件的遮挡或表达方法的规定而未表达清楚的结构，再按形体分析和结构分析的方法，弄清零件的结构形状。

如右泵盖（图9-21），其上部有主动齿轮轴4穿过，下部有从动齿轮轴15轴颈的支承孔，在轴颈和右泵盖之间镶有轴套2，在右上部的凸缘的外圆柱面上有外螺纹，用压紧螺母14通过压盖9将填料8压紧在轴的四周；右泵盖上下的孔中安装主、从动齿轮轴，因此右泵盖的外形为长圆形，沿圆周分布有六个具有沉孔的螺钉孔和两个圆柱销孔。右泵盖轴测图如图9-25所示。

5. 了解尺寸及技术要求

装配图上的尺寸表示了机器或部件的特性、外形大小、安装尺寸，以及各个零件间的配合关系、连接关系、相对位置。从如图 9-21 所示装配图中的配合尺寸可知：这个齿轮油泵进出口是 Rc1/4，55°密封管螺纹，也是这个油泵的规格尺寸；两齿轮轴的齿顶圆与泵体内腔的配合尺寸 φ48 H9/f9、两齿轮轴与左、右端盖轴套的配合尺寸 φ16 H8/f7 以及外齿轮与主动齿轮轴 φ15 H7/h6 都是间隙配合；而轴套与左右泵盖配合尺寸是 φ22 H7/k6，属于基孔制的优先过渡配合。两啮合齿轮的中心距尺寸是 42±0.025，这个尺寸的准确与否，将会直接影响齿轮的啮合传动。尺寸 100 是主动齿轮轴线距泵体安装底面的高度尺寸，C 向视图中的 112 和 2×φ9 是这个齿轮油泵的安装尺寸。其他尺寸请读者自行分析。装配图上如有技术要求也需了解。

图 9-25　右泵盖轴测图

6. 归纳总结

在逐一弄清以上各项内容的基础上，一般可就机器或部件的作用、性能、工作原理、结构特点和使用方法，零件间的装配关系、连接方式、定位和调整，部件的安装方法，以及装配图中各个视图的表达内容和每个尺寸所属种类等方面，进行归纳总结，以便加深对机器或部件的全面认识。

9.8.2　由装配图拆画零件图

在机器或部件的设计和制造过程中，有时需要由装配图拆画零件工作图，简称拆图。拆图必须在全面读懂装配图的基础上进行。对于零件图的作用、要求及画法，在第 8 章中已做了说明，本小节着重叙述由装配图拆画零件图时应注意的几个问题。

1. 关于视图的处理

拆画零件图时，零件在装配图上的表达方案可作为参考，不要机械地照搬。零件的表达方案要根据其结构、形状和特点考虑主视图的方向；对于轮盘类零件，非圆的视图作为主视图；对于轴套类零件，一般按加工位置选取主视图；而箱体类零件主视图的方向，可以与装配图一致。

2. 关于零件结构、形状的处理

在装配图中对零件的某些局部结构可能表达不完全，而且对一些工艺标准结构还允许省略（如倒角、圆角、退刀槽、砂轮越程槽等）。拆画零件图时，首先确定零件在装配图中的位置，分离零件投影后，补充被其他零件遮住部分的投影，同时考虑设计和加工工艺的要求，增补被简化掉的结构，合理设计未表达清楚的结构，这些结构可参考《机械设计手册》。

3. 关于零件图上的尺寸处理

装配图中只有一些必要的尺寸，零件的各部分尺寸并未标注完整。因此在拆画零件图时，必须根据零件在机器或部件中的作用、装配和加工工艺的要求，运用结构分析和形体分析的方法，按零件图的要求合理选择尺寸基准，注全尺寸。具体做法如下：

（1）装配图上已有的尺寸直接注出　凡装配图中已经注出的尺寸，在零件图上应直接注出。对于配合尺寸及相对位置尺寸，一般应注出上、下极限偏差数值，或注出公差带代号，如图 9-21 中所示的尺寸 42±0.025、φ22H7 等。

（2）由查表确定的尺寸　凡与标准件相连接或配合的有关尺寸，如螺孔、销孔等的直径，以及有标准规定的结构尺寸，如倒角、退刀槽、砂轮越程槽等，要从相应的标准中查取。

（3）经计算确定的尺寸　需要根据明细栏中所给的数据进行计算的尺寸，如齿轮的齿顶圆、分度圆直径等，要经过计算后再把计算结果标注在图中。

（4）在装配图上度量确定尺寸　首先要知道图样的比例（注：不能看标题栏中填写的比例），要算出图的比例。可以多选择几处标有尺寸的地方进行计算，求其平均值。计算方法为：

图的实际比例=图中测量的尺寸/已知标注的尺寸

实际尺寸=图中测量的尺寸/图的实际比例

但要注意尺寸数字的圆整，尽量取标准化数值。实际尺寸计算出数值后带有小数，需要圆整为整数，尾数删除应采用四舍六入五单双数法，即尾数删除时，逢四以下舍，逢六以上进，遇五则以保证偶数的原则决定进舍。例如：19.6 应圆整为 20；25.3 应圆整为 25；31.5 和 32.5 都应圆整为 32。

对于零件间有配合、有连接关系的尺寸，应注意协调一致，以保证正确装配。

4. 关于零件图中技术要求的处理

技术要求在零件图中占有重要地位，它直接影响零件的加工质量。根据零件在机器或部件中的作用、要求和加工方法及与其他零件的装配关系，参考有关资料，确定表面结构表示法、尺寸公差和几何公差等。零件的其他技术要求，根据零件的作用、要求、加工工艺，参考有关《机械设计手册》拟定。

下面根据图 9-21 所示的齿轮油泵装配图简单说明拆画右泵盖零件图的过程。

（1）从装配图中分离零件图　拆图时首先根据零件的序号和剖面符号，在装配图各视图中找到右泵盖的视图轮廓，如图 9-26a 所示。

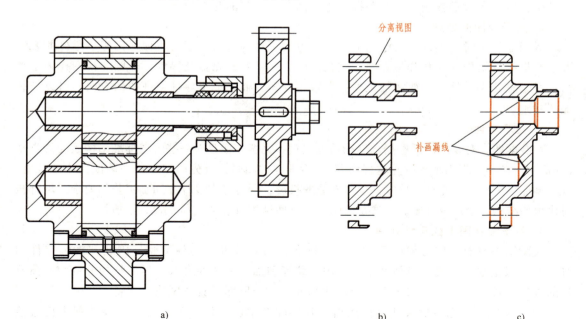

图 9-26　由齿轮油泵装配图拆画右泵盖零件图（一）

a）齿轮油泵装配图　b）分离的右泵盖　c）补全图线的右泵盖

由于在如图 9-26a 所示的主视图中,右泵盖的一部分轮廓线被其他零件遮挡,因此它是一幅不完整的图形,如图 9-26b 所示。根据该零件的作用及装配关系,补全所缺的轮廓线,如图 9-26c 所示。右泵盖为盘盖类零件,一般可用两个视图表达。从装配图的主视图中拆画的右泵盖图形,显示了右泵盖各部分的结构,如图 9-25 所示的轴测图。所以该图仍可作为零件图的主视图,只不过根据其结构特征,并按主要工作位置放置,调整位置后的右泵盖工作图如图 9-28 所示。

右泵盖为轮盘类零件,从装配图的左视图(图 9-27a)中分离的右泵盖的端面形状如图 9-27b 所示。通过分离的这两个视图,可以想象出右泵盖的形状,如图 9-25 所示的轴测图。

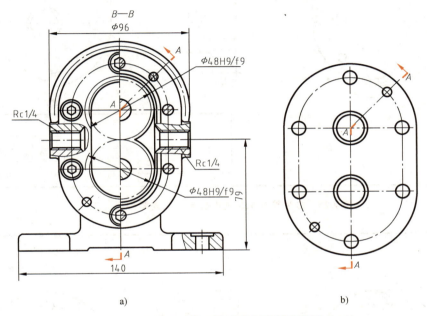

图 9-27 由齿轮油泵装配图拆画右泵盖零件图(二)
a) 齿轮油泵装配图的左视图 b) 分离的右泵盖的端面形状

(2) 选择表达方案 为了看图方便,右泵盖的主视图应与齿轮油泵装配图的主视图一致,所以右端盖剖视图仍可作为零件图的主视图,按主要工作位置放置,左视图用分离后的左视图;增加一个右视图方便看图。画图时,选择合适的图纸幅面和比例,在装配图中已经标出的重要尺寸可以直接注出,如 $\phi 22H7$,42 ± 0.025 等,如图 9-28 所示。

(3) 标注尺寸 计算出图样的比例,从图中量取尺寸,然后圆整,如图 9-29 所示。对于工艺结构的尺寸,如退刀槽、砂轮越程槽、倒角、圆角等尺寸,以及螺钉安装的孔及沉孔,可查阅《机械设计手册》确定其尺寸。

(4) 标注技术要求填写标题栏 ①标注表面粗糙度:配合的表面、有相对运动的表面选择 $Ra\,0.8$;接触的表面,有密封要求的表面为 $Ra\,3.2\sim 1.6$;非接触的加工表面为 $Ra\,6.3$;②几何公差可参阅有关标准选取。完成的右泵盖零件图如图 9-30 所示。

9.8.3 读装配图举例

读挂锁装配图。

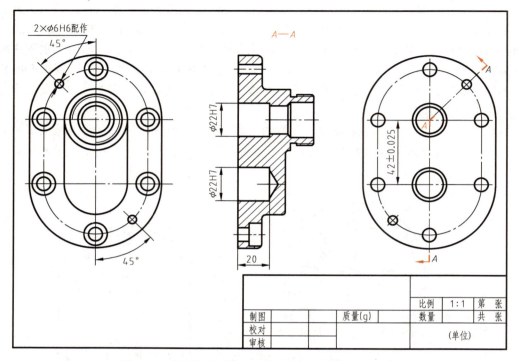

图 9-28　由齿轮油泵装配图拆画右泵盖零件图（三）

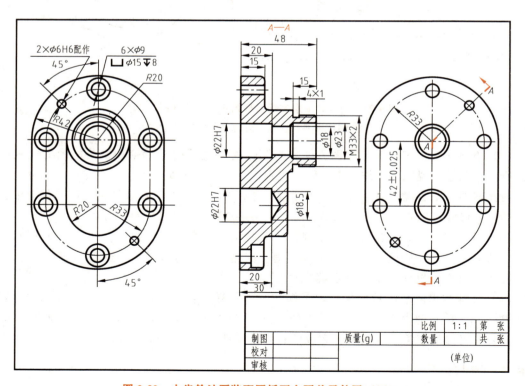

图 9-29　由齿轮油泵装配图拆画右泵盖零件图（四）

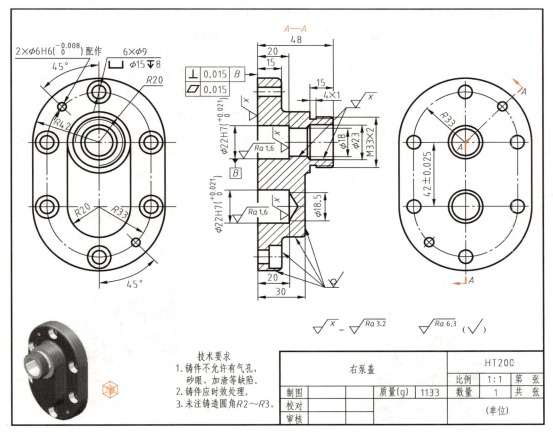

图 9-30 右泵盖零件图

1. 挂锁的用途和结构

挂锁是每个家庭常用的安全装置，挂锁由锁体、锁梁、锁芯、锁舌、上下弹子、锁梁复位弹簧、锁舌复位弹簧、弹子弹簧等15种零件组成，挂锁中使用了很多压缩弹簧，使锁梁、锁舌、上下弹子复位，挂锁的内部结构如图9-31所示。

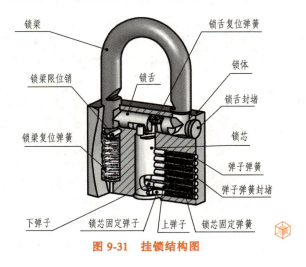

图 9-31 挂锁结构图

2. 挂锁的工作原理

当挂锁按下锁梁时，锁舌在弹簧的作用下插入锁梁的缺口处，锁体中的上下弹子高低不齐，弹子阻止锁芯转动，不能打开挂锁，如图 9-32 所示。当挂锁插入配套的钥匙，钥匙中有许多高低不同的凹槽，在弹子弹簧的作用下，每组弹子与钥匙的凹槽接触，当钥匙的凹槽和下弹子的高度与锁芯外圆柱面相切时，转动钥匙，钥匙带动锁芯旋转，锁芯上部的两个小圆柱带动锁舌向内收缩，锁舌退出锁梁的凹槽，就能打开挂锁，如图 9-33 所示。改变任一下弹子的高度就会组成一把新锁，同样高度的弹子改变其位置也能产生新锁，弹子的组数越多打开挂锁的难度也会增加，挂锁的安全性越高，锁的体积也会增大。提高挂锁的安全性还能采取什么方法，请读者自己考虑。

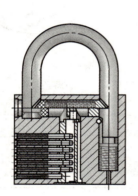

图 9-32　挂锁锁闭结构图

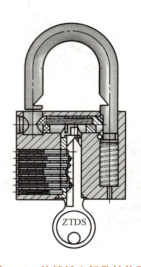

图 9-33　挂锁插入钥匙结构图

3. 挂锁结构、装配关系和材料

锁闭的装配图如图 9-34 所示。锁梁 4 与锁体 1 的孔采用 $\phi 11H11/a11$ 间隙配合，锁梁的下部装有锁梁复位弹簧 6，锁梁限位销 5 使锁梁在打开的状态下，不会掉出来；锁芯 7 的下部有一个锁芯固定弹子 10，如图 9-34 所示 C—C 视图，使锁芯可以转动一个角度，不会沿着锁芯轴线滑出；锁芯上部的小圆柱体与两个锁舌 2 的凹槽接触，如图 9-34 所示 B—B，转动锁芯可以带动两个锁舌向内收缩；不转动时，使锁芯在锁舌复位弹簧的作用下自动复位；所有弹子与锁体的孔都是 $\phi 3H9/d9$ 间隙配合，在弹子弹簧的作用下将弹子压紧。

锁体使用的材料为铸铁 HT200；锁梁使用的材料为 65，淬火+回火，硬度为 48～52HRC；锁芯、锁舌、弹子为黄铜 H62；弹簧可使用 65 碳素弹簧钢丝，淬火+中温回火，硬度为 45～50HRC。

4. 拆画锁舌零件图

从图 9-34 所示挂锁装配图可知零件 2 为锁舌，共有两件。安装在 $\phi 10H11/c11$ 的孔中，其主体形状应该是一个圆柱体，如图 9-35a 所示；前端做了一个>45°的斜面，下部去掉大约一半，如图 9-35b 所示；两个锁舌共用一个孔，而且相互重叠，锁舌的中后部应该是半个圆柱，锁舌的中上部安装有一个弹簧，中间应该有一个孔，如图 9-35c 所示；锁芯上部有一个

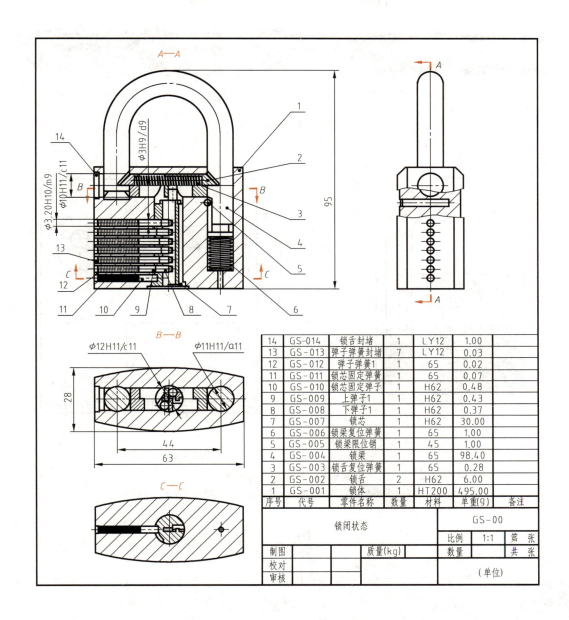

图 9-34 挂锁装配图

小圆柱,能够带动锁舌水平移动,锁舌中后部应该切除下面的一半,如图 9-35d、e 所示。锁梁两孔之间的距离为 44,孔的直径为 φ11,锁舌伸出的长度暂定为 4,后端超过锁芯孔的中心线约 2mm,锁舌的长度大约为 22,如图 9-36 所示。

拆画锁舌零件图,首先从装配图中分离锁舌,如图 9-36a 所示;分离后的锁舌主视图,如图 9-36b 所示,补画漏线;锁舌零件图如图 9-36c 所示。

挂锁的轴测分解图如图 9-37 所示,挂锁的所有零件的零件图如图 9-38 所示。插入钥匙打开挂锁的装配图如图 9-39 所示。

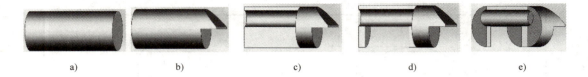

图 9-35　锁舌形状

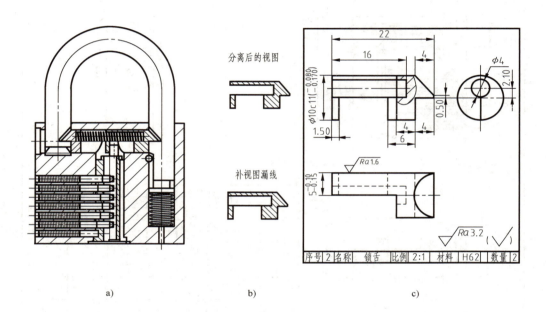

a)　　　　　　　　　　　b)　　　　　　　　　　　c)

图 9-36　拆画锁舌零件图

a）分离锁舌视图　b）分离后的锁舌　c）锁舌零件图

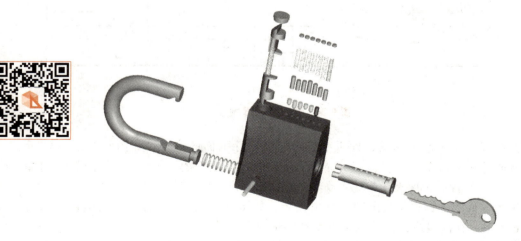

图 9-37　挂锁轴测分解图

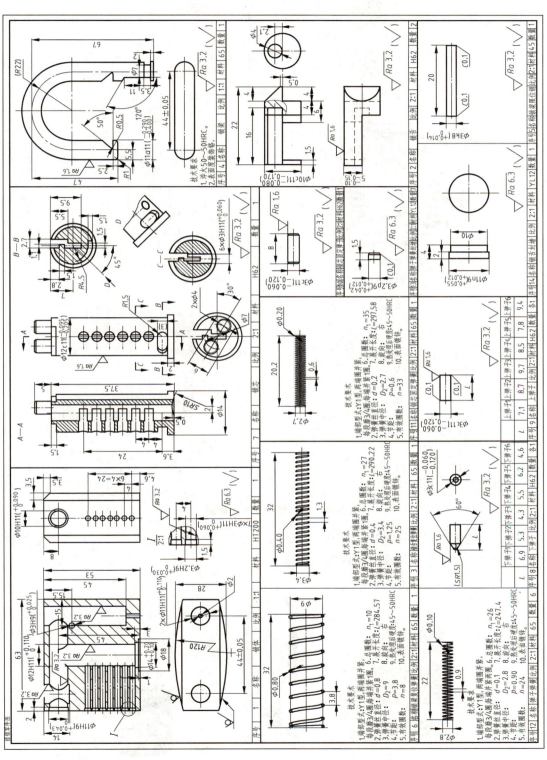

图 9-38 挂锁的零件图

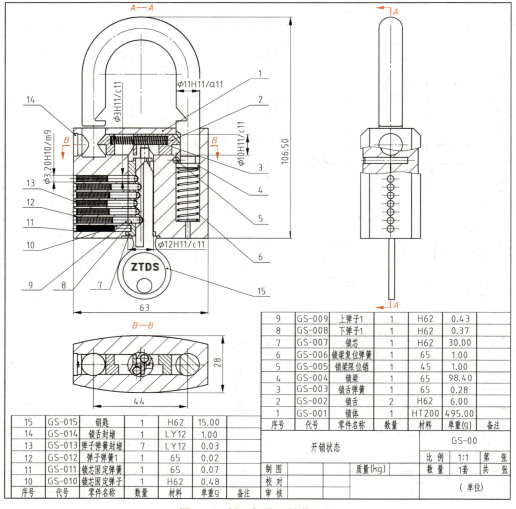

图 9-39 插入钥匙开锁装配图

按照挂锁的工作原理，可以设计出不同用途的锁具，如图 9-40 所示。读者可以根据挂锁的工作原理，设计不同用途和不同类型的锁具。

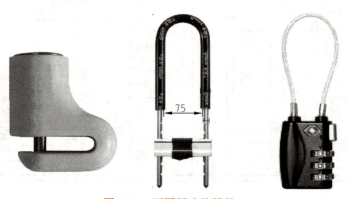

图 9-40 不同用途的锁具

9.9 装配示意图的画法

装配示意图是用规定符号画成的图样，常用来表达机器或部件的传动系统和零部件的相对位置关系。这种图样简单易懂，因此在机械行业中经常使用。如新产品设计时拟订方案，测绘时记录传动关系和零、部件的相互位置，在产品说明中也常用来介绍机器的性能和原理。

9.9.1 装配示意图的符号

常用的装配示意图符号见表 9-1（GB/T 4460—2013）。

表 9-1 机构运动简图符号

名称	基本符号	可用符号	名称	基本符号	可用符号
轴、杆			联轴器一般符号		
机架是回转副的一部分	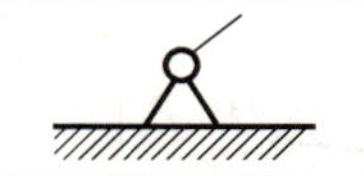		固定联轴器	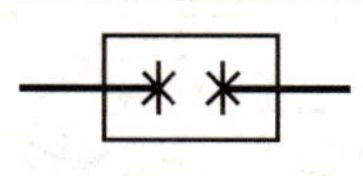	
普通轴承	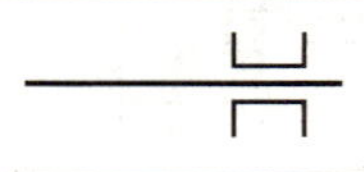		可移式联轴器	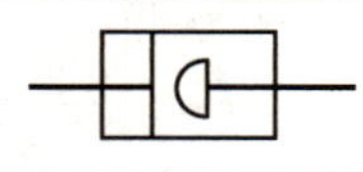	
滚动轴承	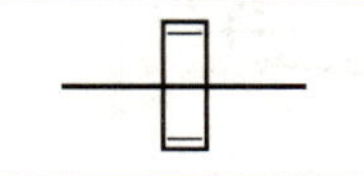	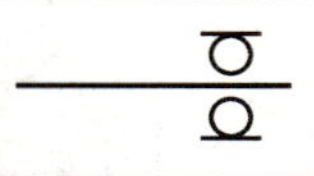	弹性联轴器	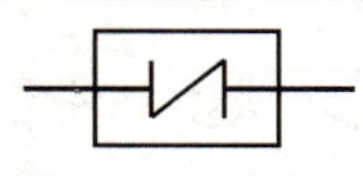	
推力滚动轴承	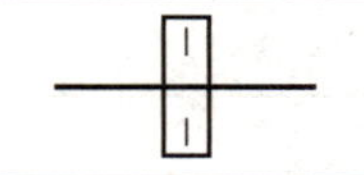	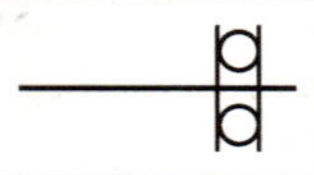	啮合式单向离合器	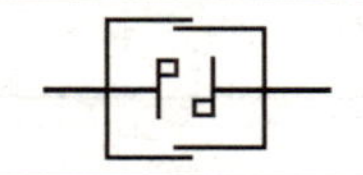	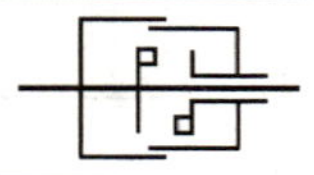
向心推力滚动轴承	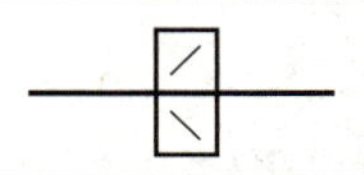	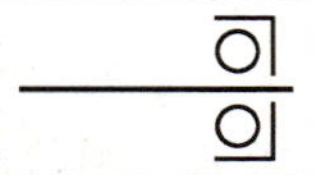	啮合式双向离合器	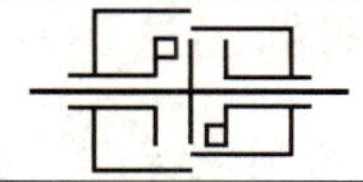	
组成部分与轴的固定连接	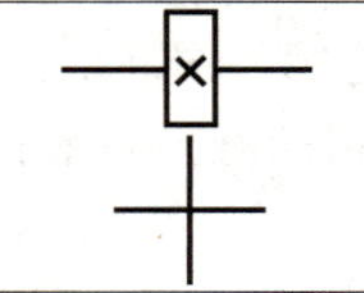		单摩擦式向离合器	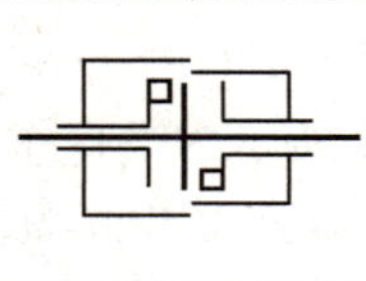	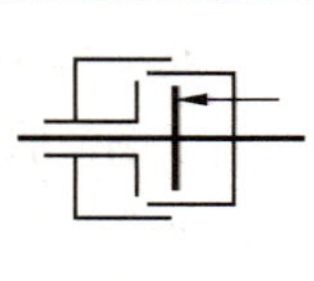
构件组成部分的可调连接			双向摩擦离合器	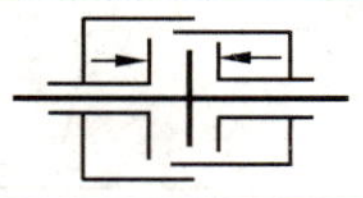	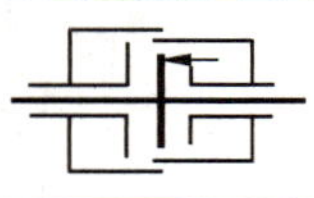
盘形凸轮	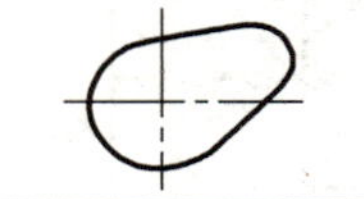		圆柱齿轮	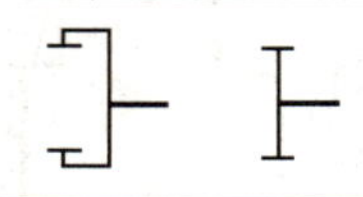	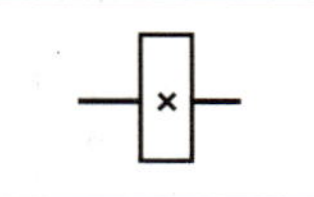
圆柱凸轮	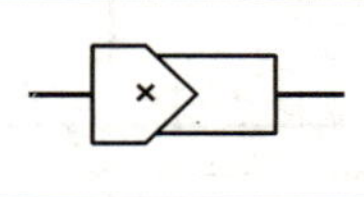	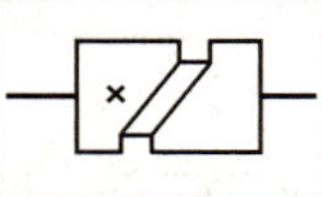	锥齿轮		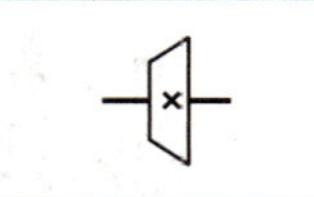
圆锥凸轮	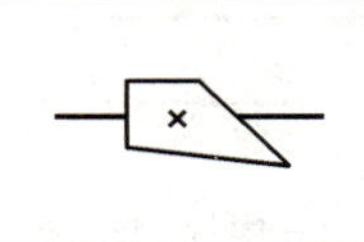	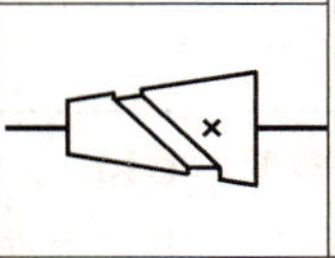	圆柱齿轮传动	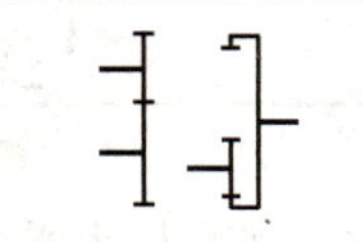	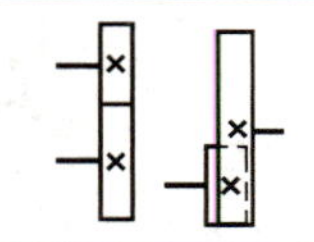

(续)

名称	基本符号	可用符号	名称	基本符号	可用符号
双曲面凸轮			锥齿轮传动		
压缩弹簧			蜗杆传动		
拉伸弹簧			齿条传动		
螺杆传动整体螺母			带传动		
螺杆传动开合螺母			链传动		

9.9.2 装配示意图的画法

装配示意图可参照国家标准《机械制图 机构运动简图符号》（GB/T 4460—2013）绘制。对于国家标准中没有规定符号的零件，可用简单线条勾出大致轮廓。图 9-41 所示为平口钳装配示意图，图 9-42 所示为平口钳装配图；图 9-43 所示为一级齿轮减速器装配示意图，图 9-44 所示为一级齿轮减速器装配图。

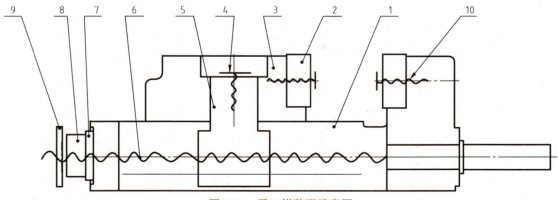

图 9-41 平口钳装配示意图

1—钳座 2—护口板 3—活动钳口 4—螺钉 5—方块螺母 6—螺杆 7—垫圈 8—螺母 9—开口销 10—螺钉

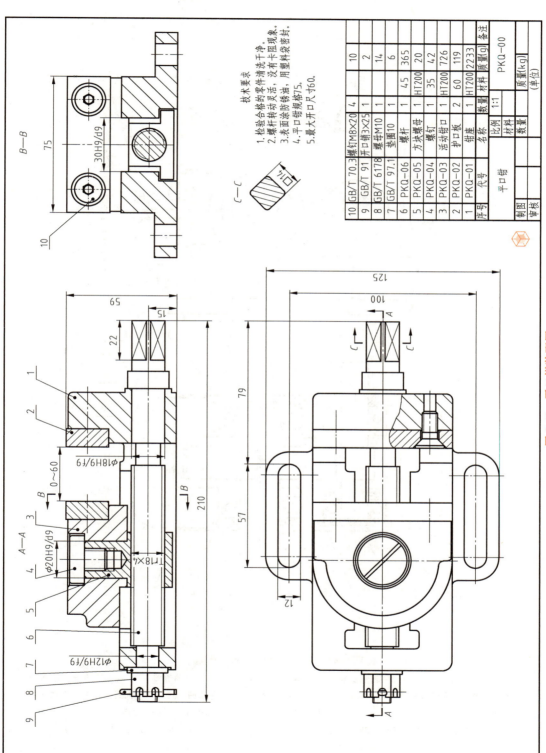

图 9-42 平口钳装配图

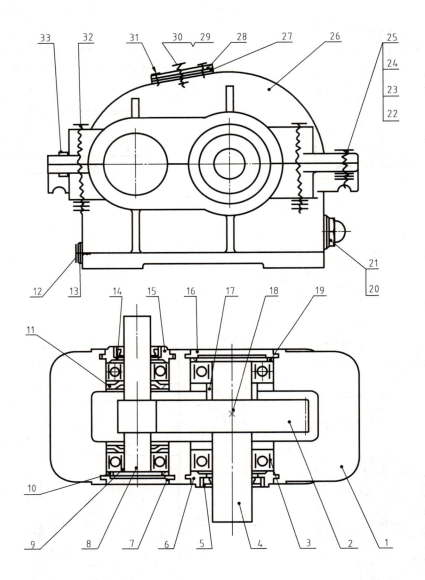

图 9-43 一级减速器装配示意图

1—齿轮箱体 2—大齿轮螺栓 3—轴承垫圈 4—输出轴 5—油封 6—输出轴透盖 7—输入轴端盖 8—输入轴 9—轴承 10—输入轴调整环 11—挡油环 12—放油螺栓 13、24—垫圈 10、14—油封 15—输入轴透盖 16—输出轴端盖 17—套筒 18—键 19—输出轴调整环 20—游标垫片 21—圆形游标 22、29—螺母 23—弹簧垫圈 25—螺栓 26—齿轮箱箱盖 27—加油孔垫片 28—加油孔小盖 30—通孔塞 31—螺钉 32—螺栓 33—销

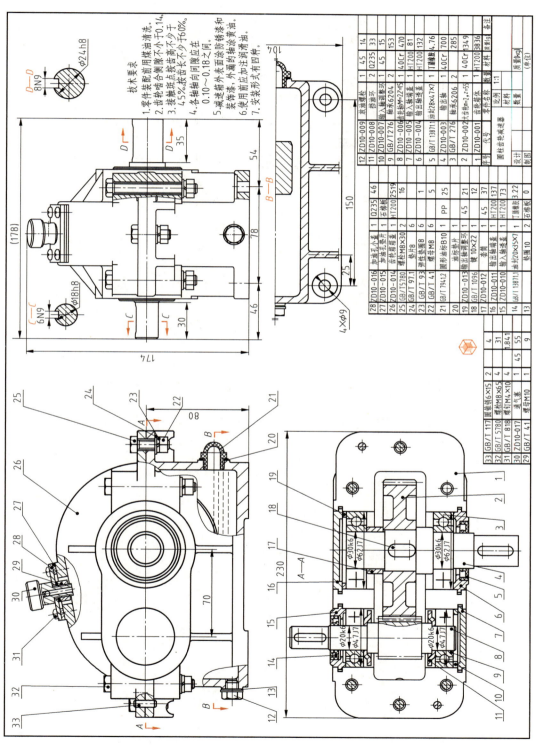

图 9-44 一级齿轮减速器装配图

思 考 题

9-1 装配图的特殊画法有哪些？
9-2 在装配图中一般标注哪几类尺寸？
9-3 在装配图中编排零（部）件的序号时应遵守哪些规定？
9-4 简述读装配图的方法和步骤。
9-5 在由装配图拆画零件图时应注意哪些问题？

附　录

附录 A　螺纹

表 A-1　普通螺纹直径与螺距（GB/T 193—2003）

D—内螺纹大径，d—外螺纹大径
D_2—内螺纹中径，d_2—外螺纹中径
D_1—内螺纹小径，d_1—外螺纹小径
P—螺距，H—原始三角形高度

标记示例

粗牙普通外螺纹，公称直径 $d=10$mm，右旋，中径及顶径公差带均为 6g，中等旋合长度：M10-6g

细牙普通内螺纹，公称直径 $D=10$mm，螺距 $P=1$mm，左旋，中径及顶径公差带均为 6H，中等旋合长度 M10×1 LH-6H

（单位：mm）

公称直径 D、d			螺距 P		粗牙螺纹小径 D_1、d_1
第一系列	第二系列	第三系列	粗 牙	细 牙	
4			0.7	0.5	3.242
5			0.8		4.134
6			1	0.75、(0.5)	4.917
	7				5.917
8			1.25	1、0.75、(0.5)	6.647
10			1.5	1.25、1、0.75、(0.5)	8.376
12			1.75	1.5、1.25、1、(0.75)、(0.5)	10.106
	14		2		11.835
		15		1.5、(1)	13.376①
16			2	1.5、1、(0.75)、(0.5)	13.835

（续）

公称直径 D、d			螺距 P		粗牙螺纹小径 D_1、d_1
第一系列	第二系列	第三系列	粗牙	细牙	
	18		2.5	2、1.5、1、(0.75)、(0.5)	15.294
20					17.294
	22				19.294
24			3	2、1.5、1、(0.75)	20.752
		25		2、1.5、(1)	22.835[①]
	27		3	2、1.5、1、(0.75)	23.752
30			3.5	(3)、2、1.5、1、(0.75)	26.211
	33			(3)、2、1.5、(1)、(0.75)	29.211

注：1. 优先选用第一系列，其次是第二系列，第三系列尽可能不用。
2. 括号内尺寸尽可能不用。
3. M14×1.25 仅用于火花塞，M35×1.5 仅用于滚动轴承锁紧螺母。

① 为细牙参数，是对应于第一种细牙螺距的小径尺寸。

表 A-2　梯形螺纹直径与螺距（GB/T 5796.3—2005）

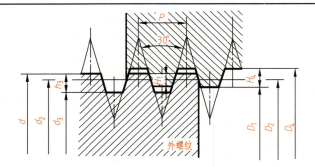

标记示例
公称直径 40mm，导程 14mm，螺距为 7mm 的双线左旋梯形螺纹
Tr40×14(P7)LH

（单位：mm）

公称直径 d		螺距 P	中径 $d_2=D_2$	大径 D_4	小径		公称直径 d		螺距 P	中径 $d_2=D_2$	大径 D_4	小径	
第一系列	第二系列				d_3	D_1	第一系列	第二系列				d_3	D_1
8		1.5	7.25	8.30	6.20	6.50	16		2	15.00	16.50	13.50	14.00
	9	1.5	8.25	9.30	7.20	7.50			4	14.00	16.50	11.50	12.00
		2	8.00	9.50	6.50	7.00		18	2	17.00	18.50	15.00	16.00
10		1.5	9.25	10.30	8.20	8.50			4	16.00	18.50	13.50	14.00
		2	9.00	10.50	7.50	8.00	20		2	19.00	20.50	17.50	18.00
	11	2	10.00	11.50	8.50	9.00			4	18.00	20.50	15.50	16.00
		3	9.50	11.50	7.50	8.00		22	3	20.50	22.50	18.50	19.00
12		2	11.00	12.50	9.50	10.00			5	19.50	22.50	16.50	17.00
		3	10.50	12.50	8.50	9.00			8	18.00	23.00	13.00	14.00
	14	2	13.00	14.50	11.50	12.00	24		3	22.50	24.50	20.50	21.00
		3	12.50	14.50	10.50	11.00			5	21.50	24.50	18.50	19.00
									8	20.00	25.00	15.00	16.00

（续）

公称直径 d		螺距 P	中径 $d_2=D_2$	大径 D_4	小径		公称直径 d		螺距 P	中径 $d_2=D_2$	大径 D_4	小径	
第一系列	第二系列				d_3	D_1	第一系列	第二系列				d_3	D_1
	26	3	24.50	26.50	22.50	23.00		34	3	32.50	34.50	30.50	31.00
		5	23.50	26.50	20.50	21.00			6	31.00	35.00	27.00	28.00
		8	22.00	27.00	17.00	18.00			10	29.00	35.00	23.00	24.00
28		3	26.50	28.50	24.50	25.00	36		3	34.50	36.50	32.50	33.00
		5	25.50	28.50	22.50	23.00			6	33.00	37.00	29.00	30.00
		8	24.00	29.00	19.00	20.00			10	31.00	37.00	25.00	26.00
	30	3	28.50	30.50	26.50	27.00		38	3	36.50	38.50	34.50	35.00
		6	27.00	31.00	23.00	24.00			7	34.50	39.00	30.00	31.00
		10	25.00	31.00	19.00	20.00			10	33.00	39.00	27.00	28.00
32		3	30.50	32.50	28.50	29.00	40		3	38.50	40.50	36.50	37.00
		6	29.00	33.00	25.00	26.00			7	36.50	41.00	32.00	33.00
		10	27.00	33.00	21.00	22.00			10	35.00	41.00	29.00	30.00

表 A-3　55°非密封管螺纹（GB/T 7307—2001）

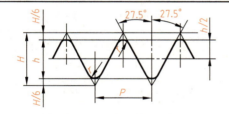

标记示例

尺寸代号 1/2，内螺纹：G1/2

尺寸代号 1/2，A 级外螺纹：G1/2A

尺寸代号 1/2，B 级外螺纹，左旋：G1/2B-LH

（单位：mm）

尺寸代号	每 25.4mm 内的牙数 n	螺距 P	牙高 h	圆弧半径 r≈	基本直径		
					大径 $d=D$	中径 $d_2=D_2$	小径 $d_1=D_1$
$\frac{1}{16}$	28	0.907	0.581	0.125	7.723	7.142	6.561
$\frac{1}{8}$	28	0.907	0.581	0.125	9.728	9.147	8.566
$\frac{1}{4}$	19	1.337	0.856	0.184	13.157	12.301	11.445
$\frac{3}{8}$	19	1.337	0.856	0.184	16.662	15.806	14.950
$\frac{1}{2}$	14	1.814	1.162	0.249	20.955	19.793	18.631
$\frac{5}{8}$	14	1.814	1.162	0.249	22.911	21.749	20.587
$\frac{3}{4}$	14	1.814	1.162	0.249	26.441	25.279	24.117
$\frac{7}{8}$	14	1.814	1.162	0.249	30.201	29.039	27.877

(续)

尺寸代号	每 25.4mm 内的牙数 n	螺距 P	牙高 h	圆弧半径 $r \approx$	基本直径		
					大径 $d=D$	中径 $d_2=D_2$	小径 $d_1=D_1$
1	11	2.309	1.479	0.317	33.249	31.770	30.291
$1\frac{1}{8}$	11	2.309	1.479	0.317	37.897	36.418	34.939
$1\frac{1}{4}$	11	2.309	1.479	0.317	41.910	40.431	38.952
$1\frac{1}{2}$	11	2.309	1.479	0.317	47.803	46.324	44.845
$1\frac{3}{4}$	11	2.309	1.479	0.317	53.746	52.267	50.788
2	11	2.309	1.479	0.317	59.614	58.135	56.656
$2\frac{1}{4}$	11	2.309	1.479	0.317	65.710	64.231	62.752
$2\frac{1}{2}$	11	2.309	1.479	0.317	75.184	73.705	72.226
$2\frac{3}{4}$	11	2.309	1.479	0.317	81.534	80.055	78.576
3	11	2.309	1.479	0.317	87.884	86.405	84.926
$3\frac{1}{2}$	11	2.309	1.479	0.317	100.330	98.851	97.372
4	11	2.309	1.479	0.317	113.030	111.551	110.072
$4\frac{1}{2}$	11	2.309	1.479	0.317	125.730	124.251	122.772
5	11	2.309	1.479	0.317	138.430	136.951	135.472
$5\frac{1}{2}$	11	2.309	1.479	0.317	151.130	149.651	148.172
6	11	2.309	1.479	0.317	163.830	162.351	160.872

表 A-4　55°密封管螺纹（GB/T 7306.2—2000）

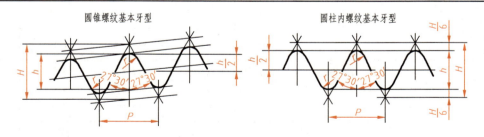

圆锥螺纹基本牙型　　　　圆柱内螺纹基本牙型

$P = \dfrac{25.4}{n}, H = 0.960237P$

$h = 0.640327P, r = 0.137278P$

$P = \dfrac{25.4}{n}, H = 0.960491P, h = 0.640327P$

$r = 0.137329P, \dfrac{H}{6} = 0.160082P$

标记示例
Rc1½（圆锥内螺纹）
R1½LH（圆锥外螺纹，左旋）

（续）

尺寸代号	每25.4mm内的牙数 n	螺距 P/mm	牙高 h/mm	圆弧半径 r/mm	基面上的基本直径 大径（基准直径）$(d=D)$/mm	基面上的基本直径 中径 $(d_2=D_2)$/mm	基面上的基本直径 小径 $(d_1=D_1)$/mm	基准距离 /mm	有效螺纹长度 /mm
1/16	28	0.907	0.581	0.125	7.723	7.142	6.561	4.0	6.5
1/8	28	0.907	0.581	0.125	9.728	9.147	8.566	4.0	6.5
1/4	19	1.337	0.856	0.184	13.157	12.301	11.445	6.0	9.7
3/8	19	1.337	0.856	0.184	16.662	15.806	14.950	6.4	10.1
1/2	14	1.814	1.162	0.249	20.955	19.793	18.631	8.2	13.2
3/4	14	1.814	1.162	0.249	26.441	25.279	24.117	9.5	14.5
1	11	2.309	1.479	0.317	33.249	31.770	30.291	10.4	16.8
1¼	11	2.309	1.479	0.317	41.910	40.431	38.952	12.7	19.1
1½	11	2.309	1.479	0.317	47.803	46.324	44.845	12.7	19.1
2	11	2.309	1.479	0.317	59.614	58.135	56.656	15.9	23.4
2½	11	2.309	1.479	0.317	75.184	73.705	72.226	17.5	26.7
3	11	2.309	1.479	0.317	87.881	86.405	84.926	20.6	29.8
3½[①]	11	2.309	1.479	0.317	100.330	98.851	97.372	22.2	31.4
4	11	2.309	1.479	0.317	113.030	111.551	110.072	25.4	35.8
5	11	2.309	1.479	0.317	138.430	136.951	135.472	28.6	40.1
6	11	2.309	1.479	0.317	163.830	162.351	160.872	28.6	40.1

① 尺寸代号为3½的螺纹，限用于蒸汽机车。

附录 B　常用标准件

表 B-1　六角头螺栓（GB/T 5782—2016、GB/T 5783—2016）

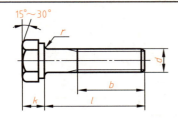

标记示例

螺纹规格 $d=$ M12，长度 $l=$ 80mm，性能等级为8.8级，表面氧化，A级的六角头螺栓

螺栓 GB/T 5782　M12×80

（单位：mm）

螺纹规格 d	M3	M4	M5	M6	M8	M10	M12	(M14)	M16	(M18)	M20	(M22)	M24	(M27)	M30	M36	M42	M48
s（公称）	5.5	7	8	10	13	16	18	21	24	27	30	34	36	41	46	55	65	75
k（公称）	2	2.8	3.5	4	5.3	6.4	7.5	8.8	10	11.5	12.5	14	15	17	18.7	22.5	26	30
r（min）	0.1	0.2	0.2	0.25	0.4	0.4	0.6	0.6	0.6	0.6	0.8	1	0.8	1	1	1	1.2	1.6
e（A级 min）	6.0	7.7	8.8	11.1	14.4	17.8	20	23.4	26.8	30	33.5	37.7	40	45.2	50.9	60.8	72	82.6
b参考 $l\leqslant 125$	12	14	16	18	22	26	30	34	38	42	46	50	54	60	66	78	—	—
b参考 $125<l\leqslant 200$	—	—	—	—	28	32	36	40	44	48	52	56	60	66	72	84	96	108
b参考 $l>200$	—	—	—	—	—	—	53	57	61	65	69	73	79	85	97	109	121	
GB/T 5782 l	20~30	25~40	25~50	30~60	35~80	40~100	45~120	60~140	55~160	80~180	65~200	90~220	80~240	100~260	90~300	110~360	130~400	140~400

（续）

螺纹规格 d	M3	M4	M5	M6	M8	M10	M12	(M14)	M16	(M18)	M20	(M22)	M24	(M27)	M30	M36	M42	M48
GB/T 5783 （全螺纹）l	6~ 30	8~ 40	10~ 50	12~ 60	16~ 80	20~ 100	25~ 100	30~ 140	35~ 100	35~ 180	40~ 100	45~ 200	40~ 100	55~ 200	40~ 100	40~ 100	80~ 500	100~ 500
l 系列	6,8,10,12,16,20,25,30,35,40,45,50,(55),60,(65),70,80,90,100,110,120,130,140,150,160, 180,200,220,240,260,280,300,320,340,360,380,400,420,440,460,480,500																	

注：1. A 级用于 d≤24 和 l≤10d（或≤150）的螺栓，B 级用于 d>24 和 l>10d（或>150）的螺栓（按较小值）。
2. 不带括号的为优先系列。

**表 B-2 双头螺柱 $b_m = 1d$（GB/T 897—1988）、$b_m = 1.25d$（GB/T 898—1988）、
$b_m = 1.5d$（GB/T 899—1988）、$b_m = 2d$（GB/T 900—1988）**

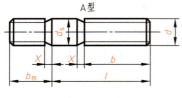

标记示例

1. 两端均为粗牙普通螺纹，d=10mm，l=50mm，性能等级为 4.8 级，不经表面处理 B 型，$b_m = d$ 的双头螺柱

    螺柱 GB/T 897　M10×50

2. 旋入机体一端为粗牙普通螺纹，旋螺母一端为螺距 P=1mm 的细牙普通螺纹，d=10mm，l=50mm，性能等级为 4.8 级，不经表面处理，A 型，$b_m = d$ 的双头螺柱

    螺柱 GB/T 897　AM10-M10×1×50

3. 旋入机体一端为过渡配合螺纹的第一种配合，旋螺母一端为粗牙普通螺纹，d=10mm，l=50mm，性能等级为 8.8 级，镀锌钝化，B 型，$b_m = d$ 的双头螺柱

    螺柱 GB/T 897　GM10-M10×50-8.8-Zn·D

（单位：mm）

螺纹 规格 d	b_m				l/b
	GB/T 897 —1988	GB/T 898 —1988	GB/T 899 —1988	GB/T 900 —1988	
M2			3	4	(12~16)/6,(18~25)/10
M2.5			3.5	5	(14~18)/8,(20~30)/11
M3			4.5	6	(16~20)/6,(22~40)/12
M4			6	8	(16~22)/8,(25~40)/14
M5	5	6	8	10	(16~22)/10,(25~50)/16
M6	6	8	10	12	(18~22)/10,(25~30)/14,(32~75)/18
M8	8	10	12	16	(18~22)/12,(25~30)/16,(32~90)/22
M10	10	12	15	20	(25~28)/14,(30~38)/16,(40~120)/30,130/32
M12	12	15	18	24	(25~30)/16,(32~40)/20,(45~120)/30,(130~180)/36
(M14)	14	18	21	28	(30~35)/18,(38~45)/25,(50~120)/34,(130~180)/40
M16	16	20	24	32	(30~38)/20,(40~45)/30,(60~120)/38,(130~200)/44
(M18)	18	22	27	36	(35~40)/22,(45~60)/35,(65~120)/42,(130~200)/48

(续)

螺纹规格 d	b_m				l/b
	GB/T 897 —1988	GB/T 898 —1988	GB/T 899 —1988	GB/T 900 —1988	
M20	20	25	30	40	(35~40)/25,(45~65)/38,(70~120)/46,(130~200)/52
(M22)	22	28	33	44	(40~45)/30,(50~70)/40,(75~120)/50,(130~200)/56
M24	24	30	36	48	(45~50)/30,(55~75)/45,(80~120)/54,(130~200)/60
(M27)	27	35	40	54	(50~60)/35,(65~85)/50,(90~120)/60,(130~200)/66
M30	30	38	45	60	(60~65)/40,(70~90)/50,(95~120)/66,(130~200)/72,(210~250)/85
M36	36	45	54	72	(65~75)/45,(80~110)/60,120/78,(130~200)/84,(210~300)/97
M42	42	52	63	84	(70~80)/50,(85~110)/70,120/90,(130~200)/96,(210~300)/109
M48	48	60	72	96	(80~90)/60,(95~110)/80,120/102,(130~200)/108,(210~300)/121
l 系列	12,(14),16,(18),20,(22),25,(28),30,(32),35(38),40,45,50,55,60,65,70,75,80,85,90,95,100,110, 120,130,140,150,160,170,180,190,200,210,220,230,240,250,260,280,300				

注：1. $b_m = d$ 一般用于旋入机体为钢的场合；$b_m = (1.25~1.5)d$ 一般用于旋入机体为铸铁的场合；$b_m = 2d$ 一般用于旋入机体为铝的场合。
2. 不带括号的为优先选择系列，仅 GB/T 898—1988 有优先系列。
3. b 不包括螺尾。
4. $d_3 \approx$ 螺纹中径。
5. $X_{max} = 1.5P$（螺距）。

表 B-3 常用螺钉

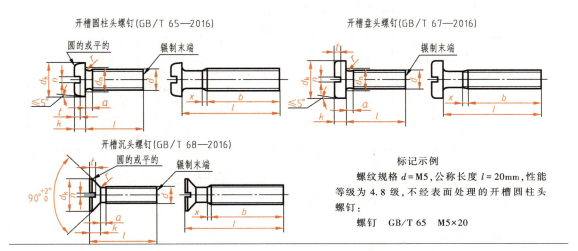

（单位：mm）（续）

螺纹规格 d			M3	M4	M5	M6	M8	M10
a	max		1	1.4	1.6	2	2.5	3
b	min		25	38	38	38	38	38
x	max		1.25	1.75	2	2.5	3.2	3.8
n	公称		0.8	1.2	1.2	1.6	2	2.5
GB/T 65—2016	d_k	max	—	7	8.5	10	13	16
		min	—	6.78	8.28	9.78	12.73	15.73
	k	max	—	2.6	3.3	3.9	5	6
		min	—	2.45	3.1	3.6	4.7	5.7
	l	min		1.1	1.3	1.6	2	2.4
GB/T 67—2016	d_k	max	5.6	8	9.5	12	16	20
		min	5.3	7.64	9.14	11.57	15.57	19.48
	k	max	1.8	2.4	3	3.6	4.8	6
		min	1.6	2.2	2.8	3.3	4.5	5.7
	l	min	0.7	1	1.2	1.4	1.9	2.4
GB/T 65—2016 GB/T 67—2016	r	min	0.1	0.2	0.2	0.25	0.4	0.4
	d_a	max	3.6	4.7	5.7	6.8	9.2	11.2
	$\dfrac{l}{b}$		$\dfrac{4\sim30}{l-a}$	$\dfrac{5\sim40}{l-a}$	$\dfrac{6\sim40}{l-a}$ $\dfrac{45\sim50}{b}$	$\dfrac{8\sim40}{l-a}$ $\dfrac{45\sim60}{b}$	$\dfrac{10\sim40}{l-a}$ $\dfrac{45\sim80}{b}$	$\dfrac{12\sim40}{l-a}$ $\dfrac{45\sim80}{b}$
GB/T 68—2016	d_k	理论值 max	6.3	9.4	10.4	12.6	17.3	20
		实际值 max	5.5	8.4	9.3	11.3	15.8	18.3
		实际值 min	5.2	8	8.9	10.9	15.4	17.8
	k	max	1.65	2.7	2.7	3.3	4.65	5
	r	max	0.8	1	1.3	1.5	2	2.5
	t	min	0.6	1	1.1	1.2	1.8	2
		max	0.85	1.3	1.4	1.6	2.3	2.6
	$\dfrac{l}{b}$		$\dfrac{5\sim30}{l-(k+a)}$	$\dfrac{6\sim40}{l-(k+a)}$	$\dfrac{8\sim45}{l-(k+a)}$ $\dfrac{50}{b}$	$\dfrac{8\sim45}{l-(k+a)}$ $\dfrac{50\sim60}{b}$	$\dfrac{10\sim45}{l-(k+a)}$ $\dfrac{50\sim80}{b}$	$\dfrac{12\sim45}{l-(k+a)}$ $\dfrac{50\sim80}{b}$

注：1. 表中（4~30）/（$l-a$）表示全螺纹，其余同。

2. 螺钉的长度系列 l 为：4，5，6，8，10，12，（14），16，20，25，30，35，40，45，50，（55），60，（65），70，（75），80，尽可能不采用括号内的规格。

3. d 为过渡圆直径。

4. 无螺纹部分杆径 ≈ 中径或 = 螺纹大径。

表 B-4 内六角圆柱头螺钉（GB/T 70.1—2008）

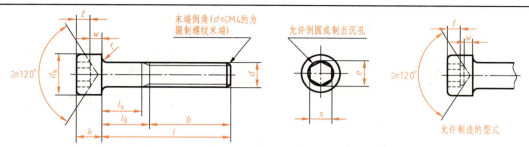

标记示例

螺纹规格 $d=M5$，公称长度 $l=20mm$，性能等级为 8.8 级，表面氧化的内六角圆柱头螺钉

螺钉 GB/T 70.1 M5×20

（单位：mm）

螺纹规格 d		M4	M5	M6	M8	M10	M12	M16	M20	M24	M30
b 参考		20	22	24	28	32	36	44	52	60	72
d_k	max[①]	7	8.5	10	13	16	18	24	30	36	45
	max[②]	7.22	8.72	10.22	13.27	16.27	18.27	24.33	30.33	36.39	45.39
	min	6.78	8.28	9.78	12.73	15.73	17.73	23.67	29.67	35.61	44.61
k	max	4	5	6	8	10	12	16	20	24	30
	min	3.82	4.82	5.70	7.64	9.64	11.57	15.57	19.48	23.48	29.48
t	min	2	2.5	3	4	5	6	8	10	12	15.5
s	公称	3	4	5	6	8	10	14	17	19	22
e	min	3.44	4.58	5.72	6.86	9.15	11.43	16.00	19.44	21.73	25.15
w	min	1.4	1.9	2.3	3.3	4	4.8	6.8	8.6	10.4	13.1
r	min	0.2		0.25		0.4		0.6		0.8	1
l	③	6~25	8~25	10~30	12~35	(16)~40	20~45	25~(55)	30~(65)	40~80	45~90
	④	30~40	30~50	35~60	40~80	45~100	50~120	60~160	70~200	90~200	100~200

注：l 的长度系列为：6，8，10，12，(14)，(16)，20，25，30，35，40，45，50，(55)，60，(65)，70，80，90，100，110，120，130，140，150，160，180，200。

① 光滑头部。

② 滚花头部。

③ 杆部螺纹制到距头部 $3P$（螺距）以内。

④ $l_{gmax} = l_{公称} - b_{参考}$；$l_{smin} = l_{gmax} - 5P$。$l_g$ 表示最末一扣完整螺纹到支承面的距离；l_s 表示无螺纹杆部长度。

表 B-5 紧定螺钉

开槽锥端紧定螺钉(GB/T 71—2018)   开槽平端紧定螺钉(GB/T 73—2017)

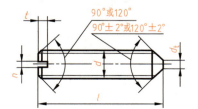 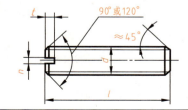

(续)

开槽凹端紧定螺钉(GB/T 74—2018)　　开槽长圆柱端紧定螺钉(GB/T 75—2018)

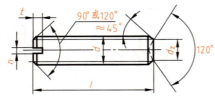
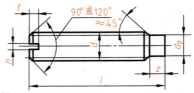

标记示例

螺纹规格 d = M5，公称长度 l = 12mm，性能等级为 14H 级，表面氧化的开槽锥端紧定螺钉

螺钉 GB/T 71　M5×12

（单位：mm）

螺纹规格 d		M1.2	M1.6	M2	M2.5	M3	M4	M5	M6	M8	M10	M12
n		0.2	0.25	0.25	0.4	0.4	0.6	0.8	1	1.2	1.6	2
t		0.5	0.7	0.8	1	1.1	1.4	1.6	2	2.5	3	3.6
d_z			0.8	1	1.2	1.4	2	2.5	3	5	6	8
d_t		0.1	0.2	0.2	0.3	0.3	0.4	0.5	1.5	2	2.5	3
d_p		0.6	0.8	1	1.5	2	2.5	3.5	4	5.5	7	8.5
z			1.1	1.3	1.5	1.8	2.3	2.8	3.3	4.3	5.3	6.3
公称长度 l	GB/T 71	2~6	2~8	3~10	3~12	4~16	6~20	8~25	8~30	10~40	12~50	14~60
	GB/T 73	2~6	2~8	2~10	2.5~12	3~16	4~20	5~25	6~30	8~40	10~50	12~60
	GB/T 74		2~8	2.5~10	3~12	3~16	4~20	6~25	6~30	8~40	10~50	12~60
	GB/T 75			2.5~8	3~10	4~12	5~16	6~20	8~25	8~30	10~40	12~50	14~60
公称长度 l ≤ 右表内值时，GB/T 71 两端制成 120°，其他为开槽端制成 120°	GB/T 71	2	2.5	2.5	3	3	4	5	6	8	10	12
	GB/T 73		2	2.5	3	3	4	5	6	6	8	10
公称长度 l > 右表内值时，GB/T 71 两端制成 90°，其他为开槽端制成 90°	GB/T 74		2	2.5	3	4	5	5	6	8	10	12
	GB/T 75			2.5	3	4	5	8	10	14	16	20
l 系列		2,2.5,3,4,5,6,8,10,12,(14),16,20,25,30,35,40,45,50,(55),60										

表 B-6　六角螺母

1型六角螺母—A级和B级　　2型六角螺母—A级和B级　　六角薄螺母—A级和B级、倒角
GB/T 6170—2015　　　　　GB/T 6175—2016　　　　　GB/T 6172.1—2016

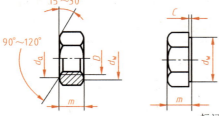
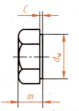
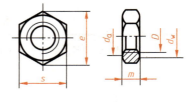

标记示例

螺纹规格 D = M12，性能等级为 10 级，不经表面处理，A 级的六角螺母
1 型　螺母　GB/T 6170　M12
2 型　螺母　GB/T 6175　M12
薄螺母、倒角　螺母　GB/T 6172.1　M12

（单位：mm）（续）

螺纹规格D		M3	M4	M5	M6	M8	M10	M12	M16	M20	M24	M30	M36
e_{min}		6.01	7.66	8.79	11.05	14.38	17.77	20.03	26.75	32.95	39.95	50.85	60.79
s	max	5.5	7	8	10	13	16	18	24	30	36	46	55
	min	5.32	6.78	7.78	9.78	12.73	15.73	17.73	23.67	29.16	35	45	53.8
c_{max}		0.4	0.4	0.5	0.5	0.6	0.6	0.6	0.8	0.8	0.8	0.8	0.8
d_{wmin}		4.6	5.9	6.9	8.9	11.6	14.6	16.6	22.5	27.7	33.2	42.7	51.1
d_{smax}		3.45	4.6	5.75	6.75	8.75	10.8	13	17.3	21.6	25.9	32.4	38.9
GB/T 6170—2015 m	max	2.4	3.2	4.7	5.2	6.8	8.4	10.8	14.8	18	21.5	25.6	31
	min	2.15	2.9	4.4	4.9	6.44	8.04	10.37	14.1	16.9	20.2	24.3	29.4
GB/T 6172.1—2016 m	max	1.8	2.2	2.7	3.2	4	5	6	8	10	12	15	18
	min	1.55	1.95	2.45	2.9	3.7	4.7	5.7	7.42	9.10	10.9	13.9	16.9
GB/T 6175—2016 m	max	—	—	5.1	5.7	7.5	9.3	12	16.4	20.3	23.9	28.6	34.7
	min	—	—	4.8	5.4	7.14	8.94	11.57	15.7	19	22.6	27.3	33.1

表 B-7 垫圈

GB/T 848—2002　　　　GB/T 97.1—2002　　　　GB/T 97.2—2002　　　　GB/T 95—2002
小垫圈-A 级　　　　　平垫圈-A 级　　　　　平垫圈 倒角型-A 级　　　　平垫圈-C 级

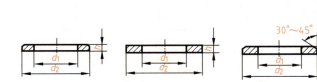
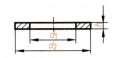

标记示例

公称尺寸 $d=8$mm，性能等级为 140HV 级，倒角型，不经表面处理的平垫圈

垫圈 GB/T 97.2—2002-8-140HV　　（其余标记相仿）

（单位：mm）

公称尺寸（螺纹规格d）			3	4	5	6	8	10	12	14	16	20	24	30	36
内径 d_1	产品等级	A	3.2	4.3	5.3	6.4	8.4	10.5	13	15	17	21	25	31	37
		C			5.5	6.6	9	11	13.5	15.5	17.5	22	26	33	39
GB/T 848—2002	外径 d_2		6	8	9	11	15	18	20	24	28	34	39	50	60
	厚度 h		0.5	0.5	1	1.6	1.6	1.6	2	2.5	2.5	3	4	4	5
GB/T 97.1—2002 GB/T 97.2—2002* GB/T 95—2002*	外径 d_2		7	9	10	12	16	20	24	28	30	37	44	56	66
	厚度 h		0.5	0.8	1	1.6	1.6	2	2.5	2.5	3	3	4	4	5

注：1. *主要用于规格为 M5~M36 的标准六角头螺栓、螺钉和螺母。
　　2. 性能等级 140HV 表示材料的硬度，HV 表示维氏硬度，140 为硬度值。有 140HV、200HV 和 300HV 等三种。

(续)

标准型弹簧垫圈（摘自 GB/T 93—1987）

标记示例

规格 16mm、材料为 65Mn、表面氧化的标准型弹簧垫圈

垫圈 GB/T 93—1987 16

（单位：mm）

规格(螺纹大径)		4	5	6	8	10	12	16	20	24	30
d	min	4.1	5.1	6.1	8.1	10.2	12.2	16.2	20.2	24.5	30.5
	max	4.4	5.4	6.68	8.68	10.9	12.9	16.9	21.04	25.5	31.5
$S(b)$	公称	1.1	1.3	1.6	2.1	2.6	3.1	4.1	5	6	7.5
	min	1	1.2	1.5	2	2.45	2.95	3.9	4.8	5.8	7.2
	max	1.2	1.4	1.7	2.2	2.75	3.25	4.3	5.2	6.2	7.8
H	min	2.2	2.6	3.2	4.2	5.2	6.2	8.2	10	12	15
	max	2.75	3.25	4	5.25	6.5	7.75	10.25	12.5	15	18.75
$m \leqslant$		0.55	0.65	0.8	1.05	1.3	1.55	2.05	2.5	3	3.75

表 B-8 平键键槽的剖面尺寸（GB/T 1095—2003）、普通型平键（GB/T 1096—2003）

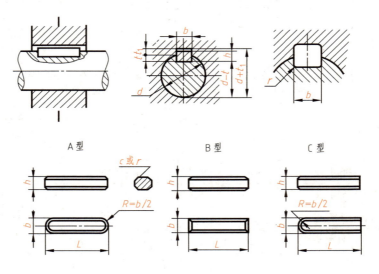

标记示例

圆头普通平键 A 型, $b=16$mm, $h=10$mm, $L=100$mm；GB/T 1096 键 16×10×100

平头普通平键 B 型, $b=16$mm, $h=10$mm, $L=100$mm；GB/T 1096 键 B16×10×100

单圆头普通平键 C 型, $b=16$mm, $h=10$mm, $L=100$mm；GB/T 1096 键 C16×10×100

(单位:mm) (续)

轴	键		键槽									
				宽度 b				深度			半径 r	
公称直径 d	公称尺寸 b×h	长度 L	公称尺寸 b	偏差				轴 t		毂 t_1		
				松连接		正常连接		紧密连接				
				轴 H9	毂 D10	轴 N9	毂 JS9	轴和毂 P9	公称 偏差	公称 偏差	最小	最大
>10~12	4×4	8~45	4	+0.030 0	+0.078 +0.030	0 −0.030	±0.015	−0.012 −0.042	2.5 +0.1 0	1.8 +0.1 0	0.08	0.16
>12~17	5×5	10~56	5						3.0	2.3		
>17~22	6×6	14~70	6						3.5	2.8	0.16	0.25
>22~30	8×7	18~90	8	+0.036 0	+0.098 +0.040	0 −0.036	±0.018	−0.015 −0.051	4.0	3.3		
>30~38	10×8	22~110	10						5.0	3.3		
>38~44	12×8	28~140	12						5.0	3.3		
>44~50	14×9	36~160	14	+0.043 0	+0.120 +0.050	0 −0.043	±0.0215	−0.018 −0.061	5.5	3.8	0.25	0.40
>50~58	16×10	45~180	16						6.0 +0.2 0	4.3 +0.2 0		
>58~65	18×11	50~200	18						7.0	4.4		
>65~75	20×12	56~220	20						7.5	4.9		
>75~85	22×14	63~250	22	+0.052 0	+0.149 +0.065	0 −0.052	±0.026	−0.022 −0.074	9.0	5.4	0.40	0.60
>85~95	25×14	70~280	25						9.0	5.4		
>95~110	28×16	80~320	28						10.0	6.4		

注:1. (d−t) 和 (d+t) 两组组合尺寸的偏差按相应的 t 和 t_1 的偏差选取,但 (d−t) 偏差的值应取负号 (−)。
2. L 系列:6~22 (2 进位)、25、28、32、36、40、45、50、56、63、70、80、90、100、110、125、140、160、180、200、220、250、280、320、360、400、450、500。

表 B-9 半圆键键槽的剖面尺寸 (GB/T 1098—2003)、普通型半圆键 (GB/T 1099.1—2003)

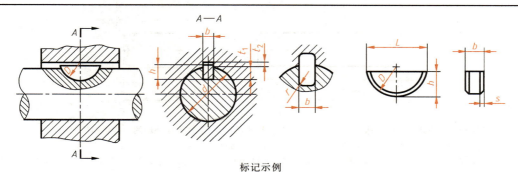

标记示例
半圆键 b=6mm, h=10mm, d=25mm, L=24.5mm 的标记
GB/T 1099.1 键 6×10×25

(单位:mm)

轴颈 d		普通半圆键的尺寸				键槽深		S 倒角或圆角		r 半径	
键传递转矩用	键传动定位用	b	h	D	L≈	轴 t_1	轮毂 t_2	min	max	min	max
自 3~4	自 3~4	1.0	1.4	4	3.9	1.0	0.6	0.16	0.25	0.08	0.16
>4~5	>4~6	1.5	2.6	7	6.8	2.0	0.8				

(续)

轴颈 d		普通半圆键的尺寸				键槽深		S 倒角或圆角		r 半径	
键传递转矩用	键传动定位用	b	h	D	L≈	轴 t_1	轮毂 t_2	min	max	min	max
>5~6	>6~8	2.0	2.6	7	6.8	1.8	1.0	0.16	0.25	0.08	0.16
>6~7	>8~10		3.7	10	9.7	2.9					
>7~8	>10~12	2.5	3.7	10	9.7	2.7	1.2				
>8~10	>12~15	3.0	5.0	13	12.7	3.8	1.4				
>10~12	>15~18		6.5	16	15.7	5.3					
>12~14	>18~20	4.0	6.5	16	15.7	5.0	1.8				
>14~16	>20~22		7.5	19	18.6	6.0					
>16~18	>22~25	5.0	6.5	16	15.7	4.5	2.3	0.25	0.4	0.16	0.25
>18~20	>25~28		7.5	19	18.6	5.5					
>20~22	>28~32		9	22	21.6	7.0					
>22~25	>32~36	6	9	22	21.6	6.5	2.8				
>25~28	>36~40		10	25	24.5	7.5					
>28~32	40	8	11	28	27.4	8.0	3.3	0.4	0.6	0.25	0.40
>32~38	—	10	13	32	31.4	10.0					

注：在工作图中，轴槽深用 $(d-t_1)$ 或 t_1 标注，轮毂槽深用 $(d+t_2)$ 标注。

表 B-10　圆柱销（GB/T 119.1—2000、GB/T 119.2—2000）

GB/T 119.1 规定了公称直径 $d=0.6\sim50\text{mm}$、公差为 m6 和 h8、材料为不淬硬钢和奥氏体不锈钢的圆柱销

GB/T 119.2 规定了公称直径 $d=1\sim20\text{mm}$、公差为 m6、材料为 A 型钢（普通淬火）和 B 型钢（表面淬火），以及马氏体不锈钢的圆柱销

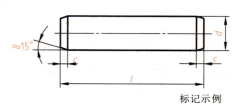

末端形状由制造者确定。
允许倒圆或凹穴。

标记示例

公称直径 $d=6\text{mm}$、公差为 m6、公称长度 $l=30\text{mm}$、材料为钢不经淬火、不经表面处理的圆柱销的标记
销　GB/T 119.1　6m6×30

公称直径 $d=6\text{mm}$、公差为 m6、公称长度 $l=30\text{mm}$、材料为 A1 组奥氏体、不锈钢表面简单处理的圆柱销的标记
销　GB/T 119.1　6m6×30-A1

（单位：mm）

d	4	5	6	8	10	12	16	20	25	30	40	50
c≈	0.63	0.80	1.2	1.6	2	2.5	3	3.5	4	5	6.3	8
长度范围 l	8~40	10~50	12~60	14~80	18~95	22~140	26~180	35~200	50~200	60~200	80~200	95~200
l（系列）	6、8、10、12、14、16、18、20、22、24、26、28、30、32、35、40、45、50、55、60、70、75、80、85、90、95、100、120、140、160、180、200											

表 B-11 圆锥销（GB/T 117—2000）

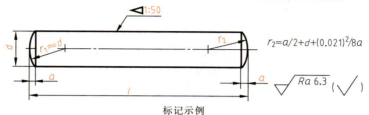

标记示例

公称直径 $d=6$mm、公称长度 $l=30$mm、材料为 35 钢、热处理硬度 28~38HRC、表面氧化处理的 A 型圆锥销的标记

销 GB/T 117 6×30

（单位：mm）

d	4	5	6	8	10	12	16	20	25	30	40	50
$a\approx$	0.50	0.63	0.8	1	1.2	1.6	2	2.5	3	4	5	6.3
长度范围 l	14~55	18~60	22~90	22~120	26~160	32~180	40~200	45~200	50~200	55~200	60~200	65~200
l（系列）	14、16、18、20、22、24、26、28、30、32、35、40、45、50、55、60、65、70、75、80、85、90、95、100、120、140、160、180、200											

表 B-12 开口销（GB/T 91—2000）

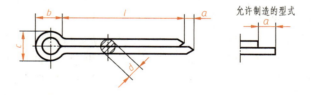

标记示例

公称规格为 5mm、公称长度 $l=50$mm、材料为 Q215 或 Q235、不经表面处理的开口销的标记

销 GB/T 91 5×50

（单位：mm）

d	公称	0.6	0.8	1	1.2	1.6	2	2.5	3.2	4	5	6.3	8	10	13
	min	0.4	0.6	0.8	0.9	1.3	1.7	2.1	2.7	3.5	4.4	5.7	7.3	9.3	12.4
	max	0.5	0.7	0.9	1	1.4	1.8	2.3	2.9	3.7	4.6	5.9	7.5	9.5	12.4
c	max	1	1.4	1.8	2	2.8	3.6	4.6	5.8	7.4	9.2	11.8	15	19	24.8
	min	0.9	1.2	1.6	1.7	2.4	3.2	4	5.1	6.5	8	10.3	13.1	16.6	21.7
$b\approx$		2	2.4	3		3.2	4	5	6.4	8	10	12.6	16	20	26
a_{max}		1.6				2.5			3.2		4			6.3	
l（公称）		4~12	5~16	6~20	8~26	8~32	10~40	12~50	14~63	18~80	22~100	32~125	40~160	45~200	71~200
长度 l 的系列		4、5、6、8、10、12、14、16、18、20、22、25、28、30、32、36、40、45、50、56、60、70、80、90、100、112、125、140、160、180、200、224、250													

注：1. 销孔的公称直径等于 $d_{公称}$。

2. 开口销的材料用碳素钢 Q215、Q235、B2、B3、4Cr18Ni9Ti 或 H62。

表 B-13 滚动轴承 （单位：mm）

GB/T 276—2013 深沟球轴承	GB/T 297—2015 圆锥滚子轴承	GB/T 301—2015 推力球轴承

标记示例 滚动轴承 6308 GB/T 276	标记示例 滚动轴承 30209 GB/T 297	标记示例 滚动轴承 51205 GB/T 301

轴承型号	d	D	B	轴承型号	d	D	B	C	T	轴承型号	d	D	H	d_{1min}
尺寸系列(02)				尺寸系列(02)						尺寸系列(12)				
6202	15	35	11	30203	17	40	12	11	13.25	51202	15	32	12	17
6203	17	40	12	30204	20	47	14	12	15.25	51203	17	35	12	19
6204	20	47	14	30205	25	52	15	13	16.25	51204	20	40	14	22
6205	25	52	15	30206	30	62	16	14	17.25	51205	25	47	15	27
6206	30	62	16	30207	35	72	17	15	18.25	51206	30	52	16	32
6207	35	72	17	30208	40	80	18	16	19.75	51207	35	62	18	37
6208	40	80	18	30209	45	85	19	16	20.75	51208	40	68	19	42
6209	45	85	19	30210	50	90	20	17	21.75	51209	45	73	20	47
6210	50	90	20	30211	55	100	21	18	22.75	51210	50	78	22	52
6211	55	100	21	30212	60	110	22	19	23.75	51211	55	90	25	57
6212	60	110	22	30213	65	120	23	20	24.75	51212	60	95	26	62
尺寸系列(03)				尺寸系列(03)						尺寸系列(13)				
6302	15	42	13	30302	15	42	13	11	14.25	51304	20	47	18	22
6303	17	47	14	30303	17	47	14	12	15.25	51305	25	52	18	27
6304	20	52	15	30304	20	52	15	13	16.25	51306	30	60	21	32
6305	25	62	17	30305	25	62	17	15	18.25	51307	35	68	24	37
6306	30	72	19	30306	30	72	19	16	20.75	51308	40	78	26	42
6307	35	80	21	30307	35	80	21	18	22.75	51309	45	85	28	47
6308	40	90	23	30308	40	90	23	20	25.25	51310	50	95	31	52
6309	45	100	25	30309	45	100	25	22	27.25	51311	55	105	35	57
6310	50	110	27	30310	50	110	27	23	29.25	51312	60	110	35	62
6311	55	120	29	30311	55	120	29	25	31.5	51313	65	115	36	67
6312	60	130	31	30312	60	130	31	26	33.5	51314	70	125	40	72
6313	65	140	33	30313	65	140	33	28	36.0	51315	75	135	44	77

附录 C　常用材料与热处理

表 C-1　钢铁材料

名称	标准	牌号	应用举例	说　明
灰铸铁	GB/T 9439—2010	HT100	属低强度铸铁。用于手轮、盖、油盘、支架等非重要零件	HT——灰铸铁代号 200——最小抗拉强度(MPa)
		HT150	属中等强度铸铁。通常用于制造端盖、轴承座、阀壳、机床座、床身、带轮、箱体等	
		HT200	属高强度铸铁。如气缸、齿轮、凸轮、衬套、轴承座、齿轮箱、飞轮等	
		HT250	承受较大载荷和较重要的零件,如油缸、联轴器、凸轮、齿轮等	
球墨铸铁	GB/T 1348—2009	QT400-18 QT400-15 QT500-7	有焊接性及切削加工性能好、韧性高等特性。用于犁铧、犁柱、收割机、差速器壳、护刃器、离合器壳、拨叉、阀体、阀盖、油泵齿轮、传动轴、飞轮等	QT——球墨铸铁代号 400——抗拉强度(MPa) 18——伸长率(%)
		QT600-3 QT700-2 QT800-2	具有中、高强度,低塑性,耐磨性较好。用于曲轴、凸轮轴、连杆、进排气门座、机床主轴、缸体、缸套、球磨机齿轴等	
优质碳素结构钢	GB/T 699—2015	15、20	有良好冲压、焊接性能,塑性、韧性较高,用于焊接容器、螺钉、螺母、法兰盘、杆件、轴套等	20——平均碳含量(万分之几)
		35	用于中等载荷的零件,如连杆、套筒、钩环、圆盘、垫圈、螺钉、螺母、轴类零件	
		40、45	具有良好的力学性能,主要用来制造齿轮、齿条、连接杆、蜗杆、活塞销、销子、机床主轴、花键轴等,但需表面淬火处理	
		60Mn、65Mn	具有较高的耐磨性、弹性。用于制造弹簧、农机耐磨件、弹簧垫圈,也可作机床主轴、弹簧卡头、机床丝杆等	60——平均碳含量(万分之几) Mn——锰含量
铸钢	GB/T 5613—2014	ZG200-400	有良好的塑性、韧性,用于各种机械零件,如:轴承座、连杆、缸体等	ZG——铸钢代号 200——屈服强度(MPa) 400——抗拉强度
		ZG230-450	有一定的强度,较好的塑性、韧性、焊接性,用于各种机械零件,如砧座、外壳、底板、阀体、犁柱等	
		ZG270-500	有较高的强度和较好的塑性、铸造性能,用于轧钢机机架、连杆、箱体、曲拐、缸体等	
碳素结构钢	GB/T 700—2006	Q195	具有较高的塑性和韧性,用于制造铆钉、地脚螺栓、开口销、拉杆、冲压等	Q——屈服强度("屈"字汉语拼音字首) 275——屈服强度数值(MPa) A——质量等级
		Q235A	具有一定的强度和塑性,韧性和焊接性。用于制造齿轮、拉杆、螺栓、钩子、套环、销钉等	
		Q275	具有较高的强度,塑性,焊接性较差。用于农机犁钢、螺栓、连杆、吊钩、工具、轴、齿轮、键等	

表 C-2　非铁金属材料

名称	标准	牌号	应用举例	说　明
铸造铝合金	GB/T 1173—2013	ZAlSi7Mg	用于形状复杂的砂型、金属型和压力铸造零件，如铝合金活塞、仪器零件、水泵壳体等	Z——铸造代号 Al——基体金属铝元素符号 Si7、Mg——硅镁元素符号及名义含量(%)
		ZAlSi9Mg	用于砂型、金属型和压力铸造的形状复杂、在200℃以下工作的零件，如发动机壳体，气缸体等	
		ZAlZn11Si7	用于铸造零件，工作温度不超过200℃、结构形状复杂的汽车、飞机零件	
铸造铜及铜合金	GB/T 1176—2013	ZCuSn10Zn2	用于中等负荷及在1.5MPa(15at)以上工作的重要管配件、阀、泵、齿轮和轴套等	Z——铸造代号 Cu——基体金属铜元素符号 Sn10、Pb1——锡、铅元素符号及名义含量(%)
		ZCuSn10Pb1	重要用途的轴承、齿轮、套圈和轴套等	
		ZCuSn5Pb5Zn5	用于离合器、轴瓦、缸套、蜗轮、油塞等耐磨和耐腐蚀零件	

表 C-3　非金属材料

名称	标准	牌号	应用举例	说　明
工业用平面毛毡	FJ 314	T112-32-44 T122-30-38 T132-32-36	用于密封、防振缓冲衬垫	T112——细毛 T122——半粗毛 T132——粗毛 后两个数是密度值(g/cm³)×100，如T112-32-44是指密度为0.32~0.44g/cm³
尼龙		尼龙6、尼龙66	韧性好，耐磨、耐水、耐油，用于一般机械零件、传动件及减磨、耐磨件，如齿轮轴承、螺母、凸轮、螺钉、垫圈等。其特点是运输时噪声小	6、66——序号，数字大，力学性能、线膨胀系数高
软钢纸板	QB/T 365		规格：4000×300、650×400	用于密封连接处垫片

表 C-4　常用热处理和表面处理（GB/T 7232—2012，JB/T 8555—2008）

名称	代号	说　明	目　的
退火	5111	加热—保温—随炉冷却	用来消除铸、锻、焊零件的内应力，降低硬度，以利切削加工，细化晶粒，改善组织，增加韧性
正火	5121	加热—保温—空气冷却	用于处理低碳钢、中碳结构钢及渗碳零件，细化晶粒，增加强度与韧性，减少内应力，改善切削性能

(续)

名称	代号	说明	目的
淬火	5131	加热—保温—急冷	提高机件强度及耐磨性,但淬火后引起内应力,使钢变脆,所以淬火后必须回火
调质	5151	淬火—高温回火	提高韧性及强度。重要的齿轮、轴及丝杆等零件需调质
渗碳淬火	5311	将零件在渗碳剂中加热,使碳原子渗入钢的表面后,再淬火回火,渗碳深度 0.5~2mm	提高机件表面的硬度、耐磨性、抗拉强度等适用于低碳、中碳(C<0.40%)结构钢的中小型零件
渗氮	5330	将零件放入氨气内加热,使氮原子渗入钢表面,渗氮层 0.025~0.8mm,渗氮时间 40~50h	提高机件的表面硬度、耐磨性、疲劳强度和抗蚀能力,适用于合金钢、碳钢、铸钢件,如机床主轴、丝杆、重要液压元件中的零件
时效	时效处理	机件精加工前,加热到 100~150℃后,保温 5~20h,空气冷却,铸件可天然时效(露天放一年以上)	消除内应力,稳定机件形状和尺寸,常用于处理精密机件,如精密轴承、精密丝杆等
发蓝发黑	发蓝或发黑	将零件置于氧化剂内加热氧化,使表面形成一层氧化铁保护膜	防腐蚀、美化,如用于螺纹连接件
硬度	HBW(布氏) HRC(洛氏) HV(维氏)	材料抵抗硬物压入其表面的能力,依测定方法不同而有布氏、洛氏、维氏等几种	HBW 用于退火、正火、调质的零件及铸件。HRC 用于经淬火、回火及表面渗碳、渗氮等处理的零件,HV 用于薄层硬化零件

附录 D 常用标准结构

表 D-1 普通螺纹收尾、肩距、退刀槽和倒角（摘自 GB/T 3—1997）

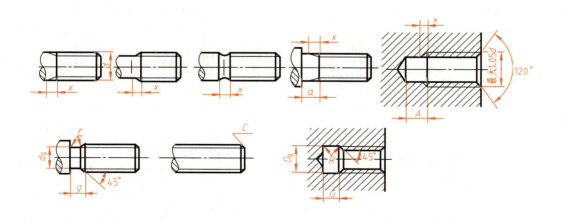

303

（单位：mm）（续）

螺距 P	粗牙螺纹大径 d	外螺纹					倒角 C	内螺纹				
		螺纹收尾 x	肩距 a	退刀槽 g	r≈	d_g		螺纹收尾 x	肩距 A	退刀槽 G	R	D_g
0.2	—	0.5	0.6	—	—	—	0.2	0.8	1.2	—	—	—
0.25	1, 1.2	0.6	0.75	0.75	0.12	d−0.4		1	1.5			
0.3	1.4	0.75	0.9	0.9	0.16	d−0.5	0.3	1.2	1.8			
0.35	1.6, 1.8	0.9	1.05	1.05	0.16	d−0.6		1.4	2.2			
0.4	2	1	1.2	1.2	0.2	d−0.7	0.4	1.6	2.5			
0.45	2.2, 2.5	1.1	1.35	1.35	0.2	d−0.7		1.8	2.8			
0.5	3	1.25	1.5	1.5	0.2	d−0.8	0.5	2	3	2	0.2	
0.6	3.5	1.5	1.8	1.8	0.4	d−1		2.4	3.2	2.4	0.3	
0.7	4	1.75	2.1	2.1	0.4	d−1.1	0.6	2.8	3.5	2.8	0.4	d+0.3
0.75	4.5	1.9	2.25	2.25	0.4	d−1.2		3	3.8	3	0.4	
0.8	5	2	2.4	2.4	0.4	d−1.3	0.8	3.2	4	3.2	0.4	
1	6, 7	2.5	3	3	0.6	d−1.6	1	4	5	4	0.5	
1.25	8	3.2	4	3.75	0.6	d−2	1.2	5	6	5	0.6	
1.5	10	3.8	4.5	4.5	0.8	d−2.3	1.5	6	7	6	0.8	
1.75	12	4.3	5.3	5.25	1	d−2.6		7	9	7	0.9	
2	14, 16	5	6	6	1	d−3	2	8	10	8	1	
2.5	18, 20, 22	6.3	7.5	7.5	1.2	d−3.6		10	12	10	1.2	
3	24, 27	7.5	9	9	1.6	d−4.4	2.5	12	14	12	1.5	d+0.5
3.5	30, 33	9	10.5	10.5	1.6	d−5		14	16	14	1.8	
4	36, 39	10	12	12	2	d−5.7	3	16	18	16	2	
4.5	42, 45	11	13.5	13.5	2	d−6.4		18	21	18	2.2	
5	48, 52	12.5	15	15	2.5	d−7	4	20	23	20	2.5	
5.5	56, 60	14	16.5	17.5	3.2	d−7.7		22	25	22	2.8	
6	64, 68	15	18	18	3.2	d−8.3	6	24	28	24	3	

注：1. 本表只列入 x、a、g、G、A 的一般值；长的、短的和窄的数值未列入。

2. 肩距 a（A）是螺纹收尾 x 加螺纹空白的总长。

3. 外螺纹倒角和退刀槽过渡角一般按 45°，也可按 60° 或 30°，当螺纹按 60° 或 30° 倒角时，倒角深度约等于螺纹深度。内螺纹倒角一般是 120° 圆锥角，也可以是 90° 圆锥角。

4. 细牙螺纹按本表螺距 P 选用。

表 D-2 砂轮越程槽（GB/T 6403.5—2008）

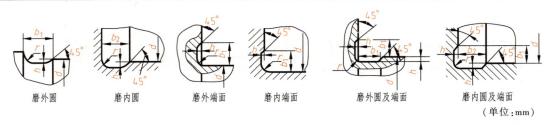

磨外圆　　磨内圆　　磨外端面　　磨内端面　　磨外圆及端面　　磨内圆及端面

（单位：mm）

b_1	0.6	1.0	1.6	2.0	3.0	4.0	5.0	8.0	10
b_2	2.0		3.0		4.0		5.0	8.0	10
h	0.1		0.2		0.3		0.4	0.6	0.8	1.2
r	0.2		0.5		0.8		1.0	1.6	2.0	3.0
d		~10		>10~50		>50~100		>100	

表 D-3 与直径 d 或 D 相应的倒角 C、倒圆 R 的推荐值（GB/T 6403.4—2008）

（单位：mm）

d 或 D	~3	>3~6	>6~10	>10~18	>18~30	>30~50
C 或 R	0.2	0.4	0.6	0.8	1.0	1.6
d 或 D	>50~80	>80~120	>120~180	>180~250	>250~320	>320~400
C 或 R	2.0	2.5	3.0	4.0	5.0	6.0
d 或 D	>400~500	>500~630	>630~800	>800~1000	>1000~1250	>1250~1600
C 或 R	8.0	10	12	16	20	25

附录 E 公差与配合

表 E-1 标准公差数值（GB/T 1800.1—2009）

公称尺寸/mm		标准公差等级																	
		IT1	IT2	IT3	IT4	IT5	IT6	IT7	IT8	IT9	IT10	IT11	IT12	IT13	IT14	IT15	IT16	IT17	IT18
大于	至	μm											mm						
—	3	0.8	1.2	2	3	4	6	10	14	25	40	60	0.1	0.14	0.25	0.4	0.6	1	1.4
3	6	1	1.5	2.5	4	5	8	12	18	30	48	75	0.12	0.18	0.3	0.48	0.75	1.2	1.8
6	10	1	1.5	2.5	4	6	9	15	22	36	58	90	0.15	0.22	0.36	0.58	0.9	1.5	2.2
10	18	1.2	2	3	5	8	11	18	27	43	70	110	0.18	0.27	0.43	0.7	1.1	1.8	2.7
18	30	1.5	2.5	4	6	9	13	21	33	52	84	130	0.21	0.33	0.52	0.84	1.3	2.1	3.3
30	50	1.5	2.5	4	7	11	16	25	39	62	100	160	0.25	0.39	0.62	1	1.6	2.5	3.9
50	80	2	3	5	8	13	19	30	46	74	120	190	0.3	0.46	0.74	1.2	1.9	3	4.6
80	120	2.5	4	6	10	15	22	35	54	87	140	220	0.35	0.54	0.87	1.4	2.2	3.5	5.4
120	180	3.5	5	8	12	18	25	40	63	100	160	250	0.4	0.63	1	1.6	2.5	4	6.3
180	250	4.5	7	10	14	20	29	46	72	115	185	290	0.46	0.72	1.15	1.85	2.9	4.6	7.2
250	315	6	8	12	16	23	32	52	81	130	210	320	0.52	0.81	1.3	2.1	3.2	5.2	8.1
315	400	7	9	13	18	25	36	57	89	140	230	360	0.57	0.89	1.4	2.3	3.6	5.7	8.9
400	500	8	10	15	20	27	40	63	97	155	250	400	0.63	0.97	1.55	2.5	4	6.3	9.7
500	630	9	11	16	22	44	70	110	175	280	440		0.7	1.1	1.75	2.8	4.4	7	11
630	800	10	13	18	25	36	50	80	125	200	320	500	0.8	1.25	2	3.2	5	8	12.5
800	1000	11	15	21	28	40	56	90	140	230	360	560	0.9	1.4	2.3	3.6	5.6	9	14
1000	1250	13	18	24	33	47	66	105	165	260	420	660	1.05	1.65	2.6	4.2	6.6	10.5	16.5
1250	1600	15	21	29	39	55	78	125	195	310	500	780	1.25	1.95	3.1	5	7.8	12.5	19.5
1600	2000	18	25	35	46	65	92	150	230	370	600	920	1.5	2.3	3.7	6	9.2	15	23
2000	2500	22	30	41	55	78	110	175	280	440	700	1100	1.75	2.8	4.4	7	11	17.5	28
2500	3150	26	36	50	68	96	135	210	330	540	860	1350	2.1	3.3	5.4	8.6	13.5	21	33

注：1. 公称尺寸>500mm 的 IT1~IT5 的标准公差数值为试行。

2. 公称尺寸≤1mm 时，无 IT14~IT18。

表 E-2 孔的极限

常用公

公称尺寸/mm		A	B		C	D				E		F			
大于	至	11	11	12	11	8	9	10	11	8	9	6	7	8	9
—	3	+330 +270	+200 +140	+240 +140	+120 +60	+34 +20	+45 +20	+60 +20	+80 +20	+28 +14	+39 +14	+12 +6	+16 +6	+20 +6	+31 +6
3	6	+345 +270	+215 +140	+260 +140	+145 +70	+48 +30	+60 +30	+78 +30	+105 +30	+38 +20	+50 +20	+18 +10	+22 +10	+28 +10	+40 +10
6	10	+370 +280	+240 +150	+300 +150	+170 +80	+62 +40	+76 +40	+98 +40	+130 +40	+47 +25	+61 +25	+22 +13	+28 +13	+35 +13	+49 +13
10	14	+400 +290	+260 +150	+330 +150	+205 +95	+77 +50	+93 +50	+120 +50	+160 +50	+59 +32	+75 +32	+27 +16	+34 +16	+43 +16	+59 +16
14	18														
18	24	+430 +300	+290 +160	+370 +160	+240 +110	+98 +65	+117 +65	+149 +65	+195 +65	+73 +40	+92 +40	+33 +20	+41 +20	+53 +20	+72 +20
24	30														
30	40	+470 +310	+330 +170	+420 +170	+280 +120	+119 +80	+142 +80	+180 +80	+240 +80	+89 +50	+112 +50	+41 +25	+50 +25	+64 +25	+87 +25
40	50	+480 +320	+340 +180	+430 +180	+290 +130										
50	65	+530 +340	+380 +190	+490 +190	+330 +140	+146 +100	+174 +100	+220 +100	+290 +100	+106 +60	+134 +60	+49 +30	+60 +30	+76 +30	+104 +30
65	80	+550 +360	+390 +200	+500 +200	+340 +150										
80	100	+600 +380	+440 +220	+570 +220	+390 +170	+174 +120	+207 +120	+260 +120	+340 +120	+126 +72	+159 +72	+58 +36	+71 +36	+90 +36	+123 +36
100	120	+630 +410	+460 +240	+590 +240	+400 +180										
120	140	+710 +460	+510 +260	+660 +260	+450 +200	+208 +145	+245 +145	+305 +145	+395 +145	+148 +85	+185 +85	+68 +43	+83 +43	+106 +43	+143 +43
140	160	+770 +520	+530 +280	+680 +280	+460 +210										
160	180	+830 +580	+560 +310	+710 +310	+480 +230										
180	200	+950 +660	+630 +340	+800 +340	+530 +240	+242 +170	+285 +170	+355 +170	+460 +170	+172 +100	+215 +100	+79 +50	+96 +50	+122 +50	+165 +50
200	225	+1030 +740	+670 +380	+840 +380	+550 +260										
225	250	+1110 +820	+710 +420	+880 +420	+570 +280										
250	280	+1240 +920	+800 +480	+1000 +480	+620 +300	+271 +190	+320 +190	+400 +190	+510 +190	+191 +110	+240 +110	+88 +56	+108 +56	+137 +56	+186 +56
280	315	+1370 +1050	+860 +540	+1060 +540	+650 +330										
315	355	+1560 +1200	+960 +600	+1170 +800	+720 +360	+299 +210	+350 +210	+440 +210	+570 +210	+214 +125	+265 +125	+98 +62	+119 +62	+151 +62	+202 +62
355	400	+1710 +1350	+1040 +680	+1250 +680	+760 +400										

附录

偏差（摘自 GB/T 1800.2—2009） （单位：μm）

差带	G		H							JS			K			M		
	6	7	6	7	8	9	10	11	12	6	7	8	6	7	8	6	7	8
	+8 +2	+12 +2	+6 0	+10 0	+14 0	+25 0	+40 0	+60 0	+100 0	±3	±5	±7	0 −6	0 −10	0 −11	−2 −8	−2 −12	−2 −16
	+12 +4	+16 +4	+8 0	+12 0	+18 0	+30 0	+48 0	+75 0	+120 0	±4	±6	±9	+2 −6	+3 −9	+5 −13	−1 −9	0 −12	+2 −16
	+14 +5	+20 +5	+9 0	+15 0	+22 0	+36 0	+58 0	+90 0	+150 0	±4.5	±7	±11	+2 −7	+5 −10	+6 −16	−3 −12	0 −15	+1 −21
	+17 +6	+24 +6	+11 0	+18 0	+27 0	+43 0	+70 0	+110 0	+180 0	±5.5	±9	±13	+2 −9	+6 −12	+8 −19	−4 −15	0 −18	+2 −25
	+20 +7	+28 +7	+13 0	+21 0	+33 0	+52 0	+84 0	+130 0	+210 0	±6.5	±10	±16	+2 −11	+6 −15	+10 −23	−4 −17	0 −21	+4 −29
	+25 +9	+34 +9	+16 0	+25 0	+39 0	+62 0	+100 0	+160 0	+250 0	±8	±12	±19	+3 −13	+7 −18	+12 −27	−4 −20	0 −25	+5 −34
	+29 +10	+40 +10	+19 0	+30 0	+46 0	+74 0	+120 0	+190 0	+300 0	±9.5	±15	±23	+4 −15	+9 −21	+14 −32	−5 −24	0 −30	+5 −41
	+34 +12	+47 +12	+22 0	+35 0	+54 0	+87 0	+140 0	+220 0	+350 0	±11	±17	±27	+4 −18	+10 −25	+16 −38	−6 −28	0 −35	+6 −43
	+39 +14	+54 +14	+25 0	+40 0	+63 0	+100 0	+160 0	+250 0	+400 0	±12.5	±20	±31	+4 −21	+12 −28	+20 −43	−8 −33	0 −40	+8 −55
	+44 +15	+61 +15	+29 0	+46 0	+72 0	+115 0	+185 0	+290 0	+460 0	±14.5	±23	±36	+5 −24	+13 −33	+22 −50	−8 −37	0 −46	+9 −63
	+49 +17	+69 +17	+32 0	+52 0	+81 0	+130 0	+210 0	+320 0	+520 0	±16	±26	±40	+5 −27	+16 −36	+25 −56	−9 −41	0 −52	+9 −72
	+54 +18	+75 +18	+36 0	+57 0	+89 0	+140 0	+230 0	+360 0	+570 0	±18	±28	±44	+7 −29	+17 −40	+28 −61	−10 −46	0 −57	+11 −78

307

（续）

公称尺寸/mm		常用公差带										
		N			P		R		S		T		U
大于	至	6	7	8	6	7	6	7	6	7	6	7	7
—	3	-4 -10	-4 -14	-4 -18	-6 -12	-6 -16	-10 -16	-10 -20	-14 -20	-14 -24	—	—	-18 -28
3	6	-5 -13	-4 -16	-2 -20	-9 -17	-8 -20	-12 -20	-11 -23	-16 -24	-15 -27	—	—	-19 -31
6	10	-7 -16	-4 -19	-3 -25	-12 -21	-9 -24	-16 -25	-13 -28	-20 -29	-17 -32	—	—	-22 -37
10	14	-9 -20	-5 -23	-3 -30	-15 -26	-11 -29	-20 -31	-16 -34	-25 -36	-21 -39	—	—	-26 -44
14	18												
18	24	-11 -24	-7 -28	-3 -36	-18 -31	-14 -35	-24 -37	-20 -41	-31 -44	-27 -48	—	—	-33 -54
24	30										-37 -50	-33 -54	-40 -61
30	40	-12 -28	-8 -33	-3 -42	-21 -37	-17 -42	-29 -45	-25 -50	-38 -54	-34 -59	-43 -59	-39 -64	-51 -76
40	50										-49 -65	-45 -70	-61 -86
50	65	-14 -33	-9 -39	-4 -50	-26 -45	-21 -51	-35 -54	-30 -60	-47 -66	-42 -72	-60 -79	-55 -85	-76 -106
65	80						-37 -56	-32 -62	-53 -72	-48 -78	-69 -88	-64 -94	-91 -121
80	100	-16 -38	-10 -45	-4 -58	-30 -52	-24 -59	-44 -66	-38 -73	-64 -86	-58 -93	-84 -106	-78 -113	-111 -146
100	120						-47 -69	-41 -76	-72 -94	-66 -101	-97 -119	-91 -126	-131 -166
120	140	-20 -45	-12 -52	-4 -67	-36 -61	-28 -68	-56 -81	-48 -88	-85 -110	-77 -117	-115 -140	-107 -147	-155 -195
140	160						-58 -83	-50 -90	-93 -118	-85 -125	-127 -152	-119 -159	-175 -215
160	180						-61 -86	-53 -93	-101 -126	-93 -133	-139 -164	-131 -171	-195 -235
180	200	-22 -51	-14 -60	-5 -77	-41 -70	-33 -79	-68 -97	-60 -106	-113 -142	-101 -155	-157 -186	-149 -195	-219 -265
200	225						-71 -100	-63 -109	-121 -150	-113 -159	-171 -200	-163 -209	-241 -287
225	250						-75 -104	-67 -113	-131 -160	-123 -169	-187 -216	-179 -225	-267 -313
250	280	-25 -57	-14 -66	-5 -86	-47 -79	-36 -88	-85 -117	-74 -126	-149 -181	-138 -190	-209 -241	-198 -250	-295 -347
280	315						-89 -121	-78 -130	-161 -193	-150 -202	-231 -263	-220 -272	-330 -382
315	355	-26 -62	-16 -73	-5 -94	-51 -87	-41 -98	-97 -133	-87 -144	-179 -215	-169 -226	-257 -293	-247 -304	-369 -426
355	400						-103 -139	-93 -150	-197 -233	-187 -244	-283 -319	-273 -330	-414 -471

表 E-3 轴的极限偏差（摘自 GB/T 1800.2—2009） （单位：μm）

公称尺寸/mm		常用公差带											
		a	b		c			d				e		
大于	至	11	11	12	9	10	11	8	9	10	11	7	8	9
—	3	−270 −330	−140 −200	−140 −240	−60 −85	−60 −100	−60 −120	−20 −34	−20 −45	−20 −60	−20 −80	−14 −24	−14 −28	−14 −39
3	6	−270 −345	−140 −215	−140 −260	−70 −100	−70 −118	−70 −145	−30 −48	−30 −60	−30 −78	−30 −105	−20 −32	−20 −38	−20 −50
6	10	−280 −370	−150 −240	−150 −300	−80 −116	−80 −138	−80 −170	−40 −62	−40 −76	−40 −98	−40 −130	−25 −40	−25 −47	−25 −61
10	14	−290 −400	−150 −260	−150 −330	−95 −138	−95 −165	−95 −205	−50 −77	−50 −93	−50 −120	−50 −160	−32 −50	−32 −59	−32 −75
14	18													
18	24	−300 −430	−160 −290	−160 −370	−110 −162	−110 −194	−110 −240	−65 −98	−65 −117	−65 −149	−65 −195	−40 −61	−40 −73	−40 −92
24	30													
30	40	−310 −470	−170 −330	−170 −420	−120 −182	−120 −220	−120 −280	−80 −119	−80 −142	−80 −180	−80 −240	−50 −75	−50 −89	−50 −112
40	50	−320 −480	−180 −340	−180 −430	−130 −192	−130 −230	−130 −290							
50	65	−340 −530	−190 −380	−190 −490	−140 −214	−140 −260	−140 −330	−100 −146	−100 −174	−100 −220	−100 −290	−60 −90	−60 −106	−60 −134
65	80	−360 −550	−200 −390	−200 −500	−150 −224	−150 −270	−150 −340							
80	100	−380 −600	−220 −440	−220 −570	−170 −257	−170 −310	−170 −390	−120 −174	−120 −207	−120 −260	−120 −340	−72 −107	−72 −126	−72 −159
100	120	−410 −630	−240 −460	−240 −590	−180 −267	−180 −320	−180 −400							
120	140	−460 −710	−260 −510	−260 −660	−200 −300	−200 −360	−200 −450	−145 −208	−145 −245	−145 −305	−145 −395	−85 −125	−85 −148	−85 −185
140	160	−520 −770	−280 −530	−280 −680	−210 −310	−210 −370	−210 −460							
160	180	−580 −830	−310 −560	−310 −710	−230 −330	−230 −390	−230 −480							
180	200	−660 −950	−340 −630	−340 −800	−240 −355	−240 −425	−240 −530	−170 −242	−170 −285	−170 −355	−170 −460	−100 −146	−100 −172	−100 −215
200	225	−740 −1030	−380 −670	−380 −840	−260 −375	−260 −445	−260 −550							
225	250	−820 −1110	−420 −710	−420 −880	−280 −395	−280 −465	−280 −570							
250	280	−920 −1240	−480 −800	−480 −1000	−300 −430	−300 −510	−300 −620	−190 −271	−190 −320	−190 −400	−190 −510	−110 −162	−110 −191	−110 −240
280	315	−1050 −1370	−540 −860	−540 −1060	−330 −460	−330 −540	−330 −650							
315	355	−1200 −1560	−600 −960	−800 −1170	−360 −500	−360 −590	−360 −720	−210 −299	−210 −350	−210 −440	−210 −570	−125 −182	−125 −214	−125 −265
355	400	−1350 −1710	−680 −1040	−680 −1250	−400 −540	−400 −630	−400 −760							

公称尺寸/mm		f					g			h							
大于	至	5	6	7	8	9	5	6	7	5	6	7	8	9	10	11	12
—	3	−6 −10	−6 −12	−6 −16	−6 −20	−6 −31	−2 −6	−2 −8	−2 −12	0 −4	0 −6	0 −10	0 −14	0 −25	0 −40	0 −60	0 −100
3	6	−10 −15	−10 −18	−10 −22	−10 −28	−10 −40	−4 −9	−4 −12	−4 −16	0 −5	0 −8	0 −12	0 −18	0 −30	0 −48	0 −75	0 −120
6	10	−13 −19	−13 −22	−13 −28	−13 −35	−13 −49	−5 −11	−5 −14	−5 −20	0 −6	0 −9	0 −15	0 −22	0 −36	0 −58	0 −90	0 −150
10	14	−16 −24	−16 −27	−16 −34	−16 −43	−16 −59	−6 −14	−6 −17	−6 −24	0 −8	0 −11	0 −18	0 −27	0 −43	0 −70	0 −110	0 −180
14	18																
18	24	−20 −29	−20 −33	−20 −41	−20 −53	−20 −72	−7 −16	−7 −20	−7 −28	0 −9	0 −13	0 −21	0 −33	0 −52	0 −84	0 −130	0 −210
24	30																
30	40	−25 −36	−25 −41	−25 −50	−25 −64	−25 −87	−9 −20	−9 −25	−9 −34	0 −11	0 −16	0 −25	0 −39	0 −62	0 −100	0 −160	0 −300
40	50																
50	65	−30 −43	−30 −49	−30 −60	−30 −76	−30 −104	−10 −23	−10 −29	−10 −40	0 −13	0 −19	0 −30	0 −46	0 −74	0 −120	0 −190	0 −300
65	80																
80	100	−36 −51	−36 −58	−36 −71	−36 −90	−36 −123	−12 −27	−12 −34	−12 −47	0 −15	0 −22	0 −35	0 −54	0 −87	0 −140	0 −220	0 −350
100	120																
120	140	−43 −61	−43 −68	−43 −83	−43 −106	−43 −143	−14 −32	−14 −39	−14 −54	0 −18	0 −25	0 −40	0 −63	0 −100	0 −160	0 −250	0 −400
140	160																
160	180																
180	200	−50 −70	−50 −79	−50 −96	−50 −122	−50 −165	−15 −35	−15 −44	−15 −61	0 −20	0 −29	0 −46	0 −72	0 −115	0 −185	0 −290	0 −460
200	225																
225	250																
250	280	−56 −79	−56 −88	−56 −108	−56 −137	−56 −186	−17 −40	−17 −49	−17 −69	0 −23	0 −32	0 −52	0 −81	0 −130	0 −210	0 −320	0 −520
280	315																
315	355	−62 −87	−62 −98	−62 −119	−62 −151	−62 −202	−18 −43	−18 −54	−18 −75	0 −25	0 −36	0 −57	0 −89	0 −140	0 −230	0 −360	0 −570
355	400																

（续）

差带														
	js			k			m			n			p		
	5	6	7	5	6	7	5	6	7	5	6	7	5	6	7
	±2	±3	±5	+4 0	+6 0	+10 0	+6 +2	+8 +2	+12 +2	+8 +4	+10 +4	+14 +4	+10 +6	+12 +6	+16 +6
	±2.5	±4	±6	+6 +1	+9 +1	+13 +1	+9 +4	+12 +4	+16 +4	+13 +8	+16 +8	+20 +8	+17 +12	+20 +12	+24 +12
	±3	±4.5	±7	+7 +1	+10 +1	+16 +1	+12 +6	+15 +6	+21 +6	+16 +10	+19 +10	+25 +10	+21 +15	+24 +15	+30 +15
	±4	±5.5	±9	+9 +1	+12 +1	+19 +1	+15 +7	+18 +7	+25 +7	+20 +12	+23 +12	+30 +12	+26 +18	+29 +18	+36 +18
	±4.5	±6.5	±10	+11 +2	+15 +2	+23 +2	+17 +8	+21 +8	+29 +8	+24 +15	+28 +15	+36 +15	+31 +22	+35 +22	+43 +22
	±5.5	±8	±12	+13 +2	+18 +2	+27 +2	+20 +9	+25 +9	+34 +9	+28 +17	+33 +17	+42 +17	+37 +26	+42 +26	+51 +26
	±6.5	±9.5	±15	+15 +2	+21 +2	+32 +2	+24 +11	+30 +11	+41 +11	+33 +20	+39 +20	+50 +20	+45 +32	+51 +32	+62 +32
	±7.5	±11	±17	+18 +3	+25 +3	+38 +3	+28 +13	+35 +13	+48 +13	+38 +23	+45 +23	+58 +23	+52 +37	+59 +37	+72 +37
	±9	±12.5	±20	+21 +3	+28 +3	+43 +3	+33 +15	+40 +15	+55 +15	+45 +27	+52 +27	+67 +27	+61 +43	+68 +43	+83 +43
	±10	±14.5	±23	+24 +4	+33 +4	+50 +4	+37 +17	+46 +17	+63 +17	+51 +31	+60 +31	+77 +31	+70 +50	+79 +50	+96 +50
	±11.5	±16	±26	+27 +4	+36 +4	+56 +4	+43 +20	+52 +20	+72 +20	+57 +34	+66 +34	+86 +34	+79 +56	+88 +56	+108 +56
	±12.5	±18	±28	+29 +4	+40 +4	+61 +4	+46 +21	+57 +21	+78 +21	+62 +37	+73 +37	+94 +37	+87 +62	+98 +62	+119 +62

表 E-4 基孔制和基轴制优先、常用配合（摘自 GB/T 1801—2009）

公称尺寸至 500mm 基孔制优先、常用配合

基准孔	a	b	c	d	e	f	g	h	js	k	m	n	p	r	s	t	u	v	x	y	z
				间隙配合						过渡配合						过盈配合					
H6						H6/f5	▼H6/g5	▼H6/h5	H6/js5	H6/k5	H6/m5	▼H6/n5	▼H6/p5	H6/r5	▼H6/s5	H6/t5					
H7						H7/f6	▼H7/g6	▼H7/h6	H7/js6	▼H7/k6	H7/m6	▼H7/n6	▼H7/p6	H7/r6	▼H7/s6	H7/t6	▼H7/u6	H7/v6	H7/x6	H7/y6	H7/z6
H8					H8/e7	▼H8/f7	H8/g7	▼H8/h7	H8/js7	H8/k7	H8/m7	H8/n7	▼H8/p7	H8/r7	H8/s7	H8/t7	▼H8/u7				
				H8/d8	H8/e8	H8/f8		H8/h8													
H9			▼H9/c9	▼H9/d9	H9/e9	▼H9/f9		H9/h9													
H10			H10/c10	H10/d10				H10/h10													
H11	▼H11/a11	▼H11/b11	H11/c11	▼H11/d11				H11/h11													
H12		H12/b12						H12/h12													

标注▼的配合为优先配合

公称尺寸至 500mm 基轴制优先、常用配合

基准轴	A	B	C	D	E	F	G	H	JS	K	M	N	P	R	S	T	U	V	X	Y	Z
				间隙配合						过渡配合						过盈配合					
h5						F6/h5	G6/h5	H6/h5	Js6/h5	K6/h5	M6/h5	N6/h5	P6/h5	R6/h5	S6/h5	T6/h5					
h6						▼F7/h6	G7/h6	▼H7/h6	Js7/h6	▼K7/h6	M7/h6	▼N7/h6	▼P7/h6	R7/h6	▼S7/h6	T7/h6	▼U7/h6				
h7					E8/h7	▼F8/h7		▼H8/h7	Js8/h7	K8/h7	M8/h7	N8/h7									
h8				D8/h8	E8/h8	F8/h8		H8/h8													
h9				▼D9/h9	E9/h9	F9/h9		▼H9/h9													
h10				D10/h10				▼H10/h10													
h11	A11/h11	B11/h11	▼C11/h11	▼D11/h11				▼H11/h11													
h12		B12/h12						H12/h12													

标注▼的配合为优先配合

参 考 文 献

[1] 陶冶，王静，何扬清. 工程制图［M］. 2版. 北京：高等教育出版社，2013.
[2] 王成刚，赵奇平. 工程图学简明教程［M］. 5版. 武汉：武汉理工大学出版社，2017.
[3] 吴志军，翟彤. 机械制图［M］. 西安：西北工业大学出版社，2005.
[4] 郑爱云. 机械制图［M］. 1版. 北京：机械工业出版社，2017.
[5] 高俊亨，毕万全，马全明. 工程制图［M］. 4版. 北京：高等教育出版社，2014.
[6] 姚春东，王巍. 工程制图基础［M］. 北京：机械工业出版社，2016.
[7] 冯开平，莫春柳. 画法几何与机械制图［M］. 3版. 广州：华南理工大学出版社，2013.
[8] 樊宁，何培英. 典型机械零部件表达方法350例［M］. 北京：化学工业出版社，2015.
[9] 陈意平，赵凤芹，朱颜. 机械制图［M］. 2版. 沈阳：东北大学出版社，2017.
[10] 陶冶，邵立康，樊宁，等. 全国大学生先进成图技术与产品信息建模创新大赛命题解答汇编：1~11届，机械类、水利类与道桥类［M］. 北京：中国农业大学出版社，2019.